Manual Básico de Configuración de Redes Cisco 2011

Francisco Valencia Arribas

ISBN 978-1-4092-9380-4
Manual Básico de Configuración de Redes Cisco

Francisco Valencia Arribas
Cisco CCNA, CCDA, CCNP, CCDP, QoS, Secure, Certified Information Systems Auditor (CISA), CompTIA Security+ Certified, ITIL v3 Foundation Certified, Allot Certified Technical Engineer (ACTE), Brand-Rex International Partner, Nexans Certified Supervisor, Infoblox WinConnect Sales Associate (WCSA), NEC SV8100 Engineer Certified

www.francisco-valencia.es

Manual Básico de Configuración de Redes Cisco 2011

Francisco Valencia Arribas

La tarea de diseñar, implementar, mantener y gestionar una red de Telecomunicaciones no es una tarea sencilla. Se hace necesaria una gran capacidad de análisis, y conocimientos acerca de múltiples tecnologías, fabricantes y protocolos para disponer de la solución que más se aproxime a las necesidades del entorno en el que estamos trabajando.

Existe mucha documentación al respecto, especialmente relativa a Cisco, fabricante líder en el entorno de Telecomunicaciones. Pero, siendo esto verdad, toda la documentación que he encontrado en mi carrera son libros demasiado extensos, ideales para lograr un entendimiento profundo sobre los diferentes protocolos y plataformas, pero poco prácticos cuando solo necesitas configurar una red concreta, necesitas un repaso rápido, o necesitas superar una prueba de certificación en un breve espacio de tiempo, lo que, en términos generales, es el día a día de un profesional TIC.

Por eso he decidido publicar este documento. Durante mi experiencia en el sector de las Telecomunicaciones, he leído multitud de libros, realizado muchos exámenes de certificación y recertificación, me he encontrado con necesidades concretas de configuración o mantenimiento de determinada funcionalidad en un router, y siempre he echado de menos una obra como la que tienes entre las manos, un documento cómodo, en el que resulte sencillo localizar la respuesta a mi pregunta de configuración de un equipo, que me sirva como repaso antes de realizar un examen, y además escrito en castellano (En castellano de verdad, sin hablar de términos como el "Protocolo de la Manzana que Habla", como llaman en otras obras a Apple Talk).

Este documento ha surgido a partir de los planes de formación para los exámenes de Cisco que forman parte de su plan de certificados. Estos exámenes forman parte de los planes de obtención de CCNA, CCDA, CCNP, CCDP, CCVP y CCSP. En la edición que estás leyendo, se incluyen los temas tratados en los siguientes exámenes de Cisco (en el momento en que yo los realicé, si pretendes certificarte deberías asegurar que todo el temario de tu examen concreto se encuentre reflejado en el libro):

- Interconnecting Cisco Network Devices (ICND), 2001

- Building Cisco Multilayer Switched Networks (BCMSN), 2001

- Building Scalable Cisco Networks (BSCN), 2002

- Building Cisco Remote Access Networks (BCRAN), 2002

- Design Cisco Networks (DCN), 2002

- Cisco Internetwork Design (CID), 2002

- Cisco Internetwork Troubleshooting (CIT), 2003

- Cisco Composite (COMP), 2005

- Cisco QoS (QOS), 2008

- Securing Networks with Cisco Routers and Switches (SECURE), 2011

Además, se ha empleado el libro "CCIE Routing and Switching Exam Certification Guide", y otra documentación de Cisco Press y Cisco Systems, IEEE y RFC's.

Este libro, entonces, no es un libro de texto, sino más bien un libro de notas, un manual del día a día, que puede serte útil para alcanzar tus metas de certificación o recertificación, configuración de elementos de red, repaso del funcionamiento de protocolos y estándares, etc.

Todas las marcas que aparecen en el libro son de sus respectivos propietarios, especialmente Cisco Systems, siendo su utilización en este libro realizada exclusivamente a modo de referencia, pero respetando sus derechos sobre las marcas.

Espero que te sea útil.

Francisco Valencia Arribas

www.francisco-valencia.es

A mi mujer Gemma y mis hijos Laura y Pablo.
Gracias.

ÍNDICE

1 CONCEPTOS DE NETWORKING

1.1 MODELO DE REFERENCIA OSI

El modelo de referencia OSI (Open Systems Interconnection) es un formato creado por la ISO (International Standards Organization) dónde pueden incluirse todas las tecnologías de comunicaciones existentes. Tiene una serie de ventajas frente a una estructura "plana":

- Proporciona una forma de entender como funcionan las redes.

- Sirve como guía para crear nuevos protocolos, dispositivos, etc.

- Reduce la complejidad de las redes

- Permite la estandarización de los protocolos

- Facilita la Ingeniería modular, ya que un cambio no afecta al resto de las capas.

- Asegura la interoperabilidad entre sistemas de distintos fabricantes

- Acelera la evolución tecnológica

- Simplifica el aprendizaje y la enseñanza.

Está estructurada en siete capas, cada una de ellas con una función muy definida:

CAPA	NOMBRE	DESCRIPCIÓN	PROTOCOLOS
7	Aplicación	Es donde el usuario interactúa con el ordenador. Los protocolos de esta capa identifican compañeros de comunicación, determina disponibilidad de recursos y sincroniza la comunicación.	TELNET, FTP SMTP, HTTP SNMP
6	Presentación	Proporciona funciones de codificación y conversión a la capa de aplicación. Se asegura que los datos de la capa de aplicación de un sistema puedan ser interpretados por el receptor.	ASCII GIF, TIF, MPEG G.711
5	Sesión	Establece, gestiona y finaliza la comunicación entre capas de presentación y aplicaciones. Coordina la comunicación entre sistemas. Las sesiones consisten en la solicitud de servicios y la respuesta de éstos.	NetBIOS ZIP H.323
4	Transporte	Define el establecimiento de sesiones entre dos estaciones (punto a punto). Permite varias sesiones sobre los mismos protocolos inferiores empleando identificadores llamados puertos. Permite entrega fiable de los paquetes, enviando acknowledge al emisor, o reenviando la trama si no se recibe el acknowledge. También coloca los paquetes en el orden en que fueron enviados, y realiza tareas de control de congestión. Multiplexa capas de nivel superior.	UDP, TCP SPX RTP ATP
3	Red	Los datos son paquetes. Define los métodos para establecer el camino hasta el destino. Incluye fragmentación de paquetes, direccionamiento lógico y protocolos de routing.	IP,IPX ARP ICMP RIP, EIGRP, CLNP
2	Enlace	Los datos son formateados en tramas. Define la secuencia de las tramas, control de flujo, sincronización, notificación de errores, topología física de la red y direccionamiento físico. La IEEE divide esta capa en dos subcapas: LLC (Logical Link Control): Gestiona la comunicación entre dispositivos MAC (Media Access Control): Protocolo de acceso al medio físico	FR, ATM, RDSI SDLC, HDLC, PPP ETHERNET, TR STP, SNA, NETBIOS
1	Física	Describe el transporte de bits sobre el medio físico. Especifica los aspectos eléctricos y mecánicos para mantener el enlace entre varios sistemas.	EIA/TIA-232, V.35 ETHERNET, RJ-45 TR, FDDI

1.2 ENCAPSULACIÓN

Cada capa OSI tiene sus propios protocolos de comunicación con su misma capa en el dispositivo remoto. Para cambiar información, las capas emplean PDU's (Protocol Data Unit). Un PDU incluye datos de información y de control. Como en cada capa se emplean PDU con diferentes funciones, cada una tiene un nombre diferente.

Cuando una capa desea transmitir algo, manda un PDU al nivel inferior, este trata el PDU recibido como datos, le agrega información de control (cabecera y trailers) y forma un nuevo PDU, que manda al nivel inferior.

Cuando el paquete llega al receptor, éste empieza a viajar por los distintos niveles, y en cada uno de ellos se recibe, interpreta y elimina la información de control contenida en el PDU, dando la parte de datos al nivel superior. Este proceso se llama desencapsulación.

1.3 SISTEMAS NUMÉRICOS

DECIMAL	HEXADECIMAL	BINARIO
0	0	0000
1	1	0001
2	2	0010
3	3	0011
4	4	0100
5	5	0101
6	6	0110
7	7	0111
8	8	1000
9	9	1001
10	A	1010
11	B	1011
12	C	1100
13	D	1101
14	E	1110
15	F	1111

1.4 MODELO JERÁRQUICO DE REDES

El diseño jerárquico consiste en un diseño por capas, de modo que:

- Simplifica la tarea de comunicar dos estaciones

- Cada capa se encarga de tareas específicas

- Utiliza el ancho de banda apropiado entre cada capa

- Facilita la gestión modular y distribuida

- Ahorra coste de personal y aprendizaje

Está compuesta por tres capas, acceso, distribución y core.

- **Capa de core:**

    o Backbone de alta velocidad de conmutación, sin procesamiento de nivel 3
    o Alta fiabilidad, redundancia
    o Rápida convergencia ante cambios
    o Baja latencia
    o Sin manipulación de paquetes (filtros)
    o Diámetro limitado

- **Capa de distribución:**

    o La capa de distribución es una combinación de switches y routers. Hace de frontera para los dominios de broadcast y realiza las funciones de inter-VLAN routing.
    o Punto de unión entre la capa de acceso y la de core

- o Direccionamiento
- o Limitación de los dominios de broadcast y multicast
- o Traducciones de medio
- o Redistribución entre dominios de routing
- o Se realizan las tareas más pesadas de manipulación de paquetes, como routing y seguridad

- **Capa de acceso:**

  - o Proporciona el acceso a los usuarios
  - o Caracterizado por LAN conmutada y compartida
  - o Proporciona acceso a usuarios remotos con FR, RDSI o líneas dedicadas (controla el coste usando DDR)
  - o La topología habitualmente empleada es la llamada Hub-and-Spoke, que concentra todos los accesos (spoke) en un único punto conectado en la oficina central (hub)
  - o Se realizan tareas de nivel 2, como VLAN y filtrado por MAC.

Este modelo siempre ha de tener tres capas. Puede ser conmutado (switches en todas las capas) o enrutado (routers en la capa de distribución y/o en la de core)

1.5 DISPOSITIVOS BÁSICOS DE NETWORKING

Los elementos de la LAN están evolucionando a plataformas únicas capaces de realizar tareas de nivel 2 (switching) y de nivel 3 (routing).

Antes de seleccionar un equipo Cisco, hay que comprobar que cumple con las necesidades del diseño (número de puertos, interfaces, slots, memoria...). Para ello se puede usar la herramienta "Cisco Product Selection Tool", "Cisco Products Quick Reference Guide" o la lista de precios de Cisco.

1.5.1 Hubs y repetidores

Los repetidores operan en la capa física del modelo OSI. Básicamente, amplifican las señales eléctricas de los bits. Los HUBs son repetidores con varios puertos que repiten la señal que reciben por cada uno de ellos por todos los demás. No eliminan colisiones, solo repiten las señales físicas. No hacen frontera para dominios de colisión ni de broadcast.

1.5.2 Bridges y switches L2

Operan en la capa 2 OSI. Los Bridges aprenden la dirección MAC de los dispositivos conectados (almacenando la dirección origen cada vez que ingresa una trama, y asociándola al puerto por el que entró) y repiten la señal sólo por el puerto donde está conectado el dispositivo destino de la trama.

Si un bridge o un switch reciben una trama cuya dirección no es conocida, la repiten por todos los interfaces del mismo. Si el puerto destino es el mismo que por el que ha ingresado la trama, no hacen nada.

Habitualmente, los bridges trabajan en modo store and forward, es decir, esperan a recibir la trama entera para comprobar que no tiene errores de CRC, y luego la transmiten. Algunos switches, pueden trabajar en modo cut-through, y empiezan a transmitir la trama en el momento en que conocen la MAC destino.

Los bridges o swtiches dividen los dominios de colisión, o dominios de ancho de banda.

La diferencia entre un bridge y un switch, es que el switch realiza una conmutación hardware, con unos circuitos integrados específicos, mientras que los bridges suelen realizar esta operación con un soporte software.

El uso de switches en la LAN ofrece mayor ancho de banda, bajo coste por puerto, configuración y gestión fáciles y minimización de colisiones.

1.5.3 Routers y switches L3

Los routers operan en el nivel 3 OSI. Toman las decisiones de forwarding basándose en la dirección de red. Definen tanto dominios de colisión como dominios de broadcast.

Los routers se configuran con un protocolo de routing, de modo que bien de manera estática o bien de manera dinámica, los routers aprenden unos de otros a fin de conocer el mejor camino por el que transmitir el paquete.

El uso de routers ofrece:

* Segmentar la red en dominios de broadcast más pequeños

* Forwarding de paquetes inteligente

* Caminos redundantes

* Seguridad

* Acceso WAN

1.6 CLASIFICACIÓN DE LOS PROTOCOLOS DE ROUTING

Routing es el proceso por el cual un router sabe el camino que debe seguir una trama para alcanzar a su destino. Para que el proceso funcione, el router debe saber la dirección destino, identificar las fuentes de información, descubrir rutas, seleccionar rutas y mantener la información de routing. Esta información puede ser estática, dinámica o por defecto.

La diferencia con switching es que éste el hecho de mandar un paquete de un interface a otro dentro del router. La función de switching consta de 4 pasos:

* El paquete entra en el interface

* Se compara su dirección destino con la tabla de rutas, y se decide el interface de salida

- Se asocia la dirección del siguiente salto con el tipo de interface, para crear la cabecera de nivel 2

- Se encapsula el paquete en el nivel 2 y se manda por el interface de salida

Para que se pueda cumplir el proceso de routing es necesario que:

- El paquete esté identificado con una dirección destino que el router pueda entender (IP, IPX, etc).

- Esta dirección destino debe ser entendida por el router. Si no conoce el destino, mandará un paquete ICMP al origen, notificando esta situación, y descartará el paquete. Puede existir una ruta por defecto.

- El router debe conocer el interface de salida para alcanzar el siguiente salto con destino a esa red. Si se conoce por más de un interface, se compara la métrica, una métrica baja indica un camino mejor. Si tienen la misma métrica, se realizará balanceo de carga por ellos (hasta 6 enlaces). Una vez que se conoce el interface, se encapsula el paquete en un tipo de trama concreta para mandarlo por el interface adecuado.

Los protocolos de routing mantienen una red libre de bucles, consiguiendo el mejor camino para alcanzar un destino. La diferencia entre los protocolos de routing es la definición del "mejor camino", mientras que para algunos es el número de saltos, para otros puede ser el ancho de banda del enlace. De este modo, cada router pone a las redes conocidas un valor de métrica, calculado según los criterios del protocolo, y este valor se va sumando a medida que tiene que pasar por otros routers de la red. Por ejemplo la métrica para RIP es el número de saltos mientras que la métrica para IGRP es el ancho de banda, retardo, fiabilidad, carga y MTU

Aunque se entiende que los protocolos de routing pertenecen a la capa de red, eso depende del modo en que tengan de trabajar. Por ejemplo, IGRP pertenece a la capa de transporte (protocolo número 9) y RIP pertenece a la capa de aplicación (trabaja con el puerto UDP 520)

Los protocolos de routing se caracterizan por la información que intercambian entre pares de routers. Los protocolos pueden enviar updates periódicos o tener un mecanismo de hello, y cambiar información sobre enlaces o rutas.

Las limitaciones de los protocolos de routing son el límite en las métricas (por ejemplo RIP sólo soporta 15 saltos) y el tiempo de convergencia

El tiempo de convergencia depende de los temporizadores, el diámetro y complejidad de la red, la frecuencia en la que los protocolos mandan los updates, las características del protocolo de routing y tiene dos componentes: el tiempo en que se tarda en detectar un fallo y el tiempo que se tarda en seleccionar una nueva ruta.

Atendiendo a sus propiedades, un protocolo de routing puede ser:

- Estático o dinámico

- Interior o Exterior

- De vector de distancia, de estado de enlace o híbrido

- Jerárquico o plano

1.6.1 Rutas estáticas

Las rutas estáticas se definen router a router y no pueden responder a los cambios de topología (salvo si se definen apuntando a un interface, que en caso de caída del mismo la ruta desaparece de la tabla). La ventaja es que no genera overload por el tráfico de routing. En redes stub (sin otra salida), se recomienda el uso de rutas estáticas.

Las rutas estáticas son puestas por el administrador con el comando siguiente, donde el parámetro **permanent** indica al router que la ruta debe permanecer incluso si el interface se cae.

ip route [network] [mask] {address | interface} [distance] [permanent].

Un caso particular de las rutas estáticas es la ruta por defecto, tanto la red destino como la máscara se identifican como **0.0.0.0**.

Otra forma de establecer la ruta por defecto es con el comando **ip default-network [network].** Este comando indica que la ruta a seguir para alcanzar la red indicada es la misma que para aquellos destinos que no estén en la tabla de rutas.

El comando **ip default-network** se puede utilizar sólo si el protocolo habilitado en el router es IP. Si se trata de otro protocolo e IP está deshabilitado (**no ip routing**), se puede usar el comando **ip default-gateway [gateway]**, para acceder a un servidor TFTP y actualizar la IOS. Si el router está en modo boot y aún no se ha activado ningún protocolo de routing, empleará el indicado en **ip default-gateway**.

1.6.2 Protocolos dinámicos

Los protocolos dinámicos permiten que los routers aprendan unos de otros la topología de la red. Las rutas dinámicas son aprendidas automáticamente por el router gracias a la intervención de un protocolo de routing, que son protocolos de la capa de red. Todas las rutas son almacenadas en la tabla de routing, en la que se incluye la siguiente información:

- Mecanismo por el cual se conoce la red

- Red destino

- Distancia administrativa del protocolo

- Métrica

- Dirección del siguiente salto

- Tiempo desde que esta ruta fue aprendida o refrescada

- Interface de salida

Además de los anuncios, el router genera la tabla de rutas en base a la siguiente información:

- Rutas estáticas

- Configuración de los interfaces

- Estado de los interfaces

- Protocolos de routing dinámicos

- ARP y Inverse ARP

- Redistribución entre protocolos

- Listas de acceso

La tabla de rutas se almacena de modo que la búsqueda resulte más eficiente. Pueden existir varias rutas a un mismo destino (balanceo de carga). El comando **show ip route** las muestra y el comando **clear ip route** las elimina de la tabla (se volverán a aprender)

1.6.3 Protocolos interiores o exteriores

Hay dos tipos de protocolos de routing, internos (IGP) y externos (EGP). Se definen sistemas autónomos que son las zonas administrativas donde un protocolo trabajará. Los sistemas autónomos para EGP's los asigna el IANA (Internet Assigned Numbers Authority) y más específicamente:

- **ARIN** (American Registry for Internet Numbers) en América, Caribe y África.

- **RIPE-NIC** (Reseaux IP europeennes-Network Information Center) para Europa.

- **AP-NIC** (Asia Pacific NIC) Para Asia

Un protocolo de routing es interno cuando pertenece a un mismo administrador, y externo para conectar redes administradas por separado.

1.6.4 Protocolos de vector de distancia

También llamados Bellman-Ford-Fullkerson algorithms. Se pasa por cada interface de manera periódica toda la tabla de enrutamiento. Cada router recibe y envía a sus vecinos directos la tabla de routing. Este mecanismo se conoce como "routing por rumor". RIP, RIPv2, IGRP y AppleTalk AURP son protocolos de vector de distancia. Son más usados en redes pequeñas o medianas.

Estos protocolos son classfull, lo que implica que la consolidación de rutas (sumarización) se hace siempre en la frontera de la red. La mayoría de ellos (excepto RIPv2) no soportan redes discontinuas.

Cada router aumenta la métrica en el valor que él mismo provoca en la misma al mandar un update. Por ejemplo, si la distancia es el número de saltos, incrementará en 1 toda la tabla antes de pasársela a su vecino.

Cada router escogerá la ruta que le llegue con una métrica mejor. La ruta puede determinarse basándose en uno o varios de los siguientes parámetros:

- **Número de saltos**

- **Ticks**, que es una medida de tiempo para determinar el retardo.

- **Coste**, un valor fijado por el administrador en función del coste del enlace, por ejemplo.

- **Ancho de banda**

- **Retardo**

- **Carga**

- **Fiabilidad**

- **MTU** (Maximun Transmision Unit), tamaño máximo del paquete que puede atravesar el enlace.

Los intercambios de rutas son fácilmente interpretables por un analizador.

Proceso de convergencia:

- Se detecta un fallo en la red

- El router que lo ha detectado envía un triggered update indicando que la red es inalcanzable.

- Éste es enviado a los routers adyacentes, que a su vez envían otro triggered update a los suyos.

- Los routers continúan mandando sus updates periódicos.

Ante una convergencia lenta, pueden producirse bucles en el camino a seguir por una ruta caída. Si una red directamente conectada a un router falla, y su vecino le anuncia su tabla de rutas, puede ver un camino alternativo a esta red a través de su vecino, que le anuncia de nuevo la red que él mismo le había anunciado antes, pero con una métrica (número de saltos) superior. Esta situación se quedaría indefinidamente, anunciándose la ruta de uno a otro. Hay varias soluciones posibles a este problema:

- **Defining a maximun (Counting to Infinity):** Una solución al problema anterior es definir un máximo valor para la métrica, y a partir de ese momento se considera la red inalcanzable. Por ejemplo, si el número máximo de saltos es 15, y al 16 se considera la red inalcanzable, el bucle se podría repetir un máximo de 15 veces, pero quedaría solucionado al intento 16.

- **Split Horizon:** Otra forma de eliminar este problema es basarse en la idea de que anunciar una ruta al mismo router que la anunció antes no sirve para nada. De este modo, las rutas nunca se anuncian por el interface por el que fueron aprendidas.

- **Poison Reverse:** Es similar a Split horizon, pero las rutas si que se anuncian por todos los interfaces, marcadas con una métrica que las hace inalcanzables (métrica infinita).

- **Hold-down timer:** Cuando un router recibe una ruta como inalcanzable (poison reverse) inicia un temporizador llamado hold-down timer. En lo que dura este tiempo, no aceptará ninguna otra ruta al mismo destino a no ser que tenga una métrica mejor que la que ya tenía configurada antes del envenenamiento. En todo este tiempo, la ruta se marca como "posiblemente caída" y sigue usándola para pasar el tráfico. Si el hold-down timer finaliza y no ha recibido una ruta mejor, la elimina por completo de su tabla de routing, y permite que un nuevo anuncio le indique que la red está activa de nuevo. De este modo, si otro router que desconoce que la red se ha caído se la vuelve a anunciar como activa, el router no hará caso a esta información.

Con estas técnicas se soluciona el problema de los bucles, pero el tiempo de convergencia se eleva demasiado. Como las actualizaciones de las tablas de rutas son realizadas de manera periódica, y una vez recibido el anuncio se inician los procesos que hemos visto, el tiempo de convergencia total se hace muy grande. Para prevenirlo, se usa la técnica llamada **Triggered update** con la que, en cuanto se conoce un cambio en la topología de la red, se manda de manera inmediata la nueva tabla de rutas, sin esperar al momento en que tenía que haber sido enviada regularmente. Si un router recibe un Triggered update, inicia el hold-down timer, para evitar que otra información pueda hacerle creer que la red está levantada.

El Hold down timer se resetea si:

- Expira

- El router recibe una tarea proporcional al número de enlaces de la red

- Se recibe un update indicando que el estado de la red ha cambiado.

Todas estas técnicas se implementan conjuntamente, para aumentar la fiabilidad y rapidez en la convergencia de la red.

1.6.5 Protocolos de estado de enlace

En los protocolos de estado de enlace, los routers generan información sobre sí mismos (direcciones IP, tipos de interface y estado de los interfaces (up/down), y la transmiten a todos los routers de la red en unos mensajes llamados LSA (Link State Advertisement) que se montan sobre LSP (Link State Packet). Éstos la almacenan y no la modifican nunca. Con esta información, recibida de cada uno de los routers de la red, cada router genera su propia tabla de rutas. Cuando hay un cambio, el router que lo detecta manda sólo ese cambio al resto de la red.

Cuando la red es estable, los protocolos de estado de enlace generan actualizaciones de la tabla de routing sólo cuando hay un cambio en la red. En este caso se manda un LSA a todos los vecinos indicando sólo el cambio. Éstos actualizan su tabla de topología de la red, y mandan el mismo LSA a sus vecinos. En algunos, se manda la tabla entera cada cierto tiempo, para asegurar que se encuentra sincronizada en todos los routers (Para OSPF es cada 30 minutos)

Este tipo de protocolos mantiene información sobre la topología completa de la red, mientras que los de vector de distancia sólo tienen información sobre la ruta que le ha mandado su vecino.

Los protocolos de estado de enlace le notifican a los otros routers el estado de los enlaces directamente conectados. Generalmente las grandes redes usan protocolos de estado de enlace. OSPF y NLSP (NetWare Link Services Protocol, usado en IPX) son protocolos de estado de enlace.

Los protocolos de estado de enlace requieren un diseño jerárquico, para permitir sumarización y reducir el tráfico de los LSA. OSPF, por ejemplo, trabaja en áreas.

Se soporta subnetting y discontinuidad de redes. Hay que configurar sumarización siempre que sea posible, ya que la caída de un enlace supone que todos los routers tengan que recalcular la tabla de rutas, y consume mucha CPU.

El proceso de convergencia es como sigue:

* Se detecta un fallo en un enlace

* Los routers cambian su información de routing y recalculan una nueva tabla.

* Un temporizador de 5 segundos evita información inconsistente.

1.6.6 Protocolos híbridos

Un caso especial es EIGRP, que está considerado un híbrido entre vector de distancia y estado de enlace. Se trata de un protocolo de vector de distancia, que implementa características de estado de enlace. EIGRP manda sólo actualizaciones (cambios) de su tabla de rutas, y no manda updates periódicos, sólo triggered updates.

EIGRP elige el mejor camino basándose en vector de distancia, pero no se intercambian toda la tabla de routing, sino únicamente los cambios que haya sufrido.

EIGRP Soporta VLSM y redes discontinuas y puede escalar a redes grandes (cientos de routers). Tiene módulos para poder trabajar con IP, IPX y AppleTalk.

Convergencia:

* Se detecta un fallo

* El router que lo ha detectado trata de encontrar, usando a los vecinos si es necesario, una ruta alternativa para alcanzar al destino

* Si lo encuentra en local, conmuta inmediatamente a la nueva ruta.

* Si no la encuentra, manda query de la ruta a los vecinos, que se propaga hasta que se encuentra una.

* Todos los routers afectados modifican su tabla de rutas.

1.6.7 Protocolos jerárquicos y protocolos planos

Algunos protocolos de routing precisan de una arquitectura de red jerárquica, en la que a algunos routers se les asigna funciones de backbone. Los demás routers publican sus rutas a este backbone.

Los protocolos planos no requieren una topología de red jerárquica, lo que quiere decir que cualquier router puede ser peer de cualquier otro, sin que ninguno de ellos tenga una función especial. Aunque no la precisen, todos los protocolos trabajan mejor en una red jerárquica.

1.6.8 Protocolos classless y protocolos classful

Los protocolos classful no anuncian máscaras en sus routing updates, y todas las subredes se interpretan con la misma máscara que está configurada en los equipos. Si la ruta recibida pertenece a la clase del interface por el que se recibe, se asume la máscara configurada en ese interface. Si pertenece a una clase distinta, se asume la máscara por defecto.

Si en la red todas las máscaras de los interfaces de la misma clase son iguales, se pueden compartir subredes, pero al cambiar de clase se sumariza la red entera (clase). Por ello, no se soporta la discontinuidad de redes.

Los protocolos classless anuncian su máscara en los routing updates, lo que permite configurar cada subred a un tamaño concreto, e incluso agregar varias rutas para sumarizar.

VLSM (Variable Lengh Subnet Mask) permite que haya diferentes máscaras en cada interface de un router, útil por ejemplo para direccionar enlaces serie, que sólo necesitan 2 direcciones de hosts.

La sumarización consiste en agregar bits a la máscara, de modo que la red resultante sea la suma de todas las subredes. CIDR (Classless Interdomin Routing) es un caso de sumarización, que permite que en BGP4 sólo se publique una red donde puedan ser sumarizadas las redes de un AS.

Cuando un router tiene en su tabla rutas al mismo destino, utiliza la más concreta, es decir, la que tiene máscara con mayor número de bits, independientemente del método de cómo la aprendido.

1.7 SUMARIZACION

Sumarizar es anunciar por un interface diversas redes que han sido aprendidas por otros, de manera que, modificando la máscara, se anuncie menor cantidad de redes, y de ese modo el consumo de recursos es menor, y el tiempo de convergencia disminuye. Las tablas de rutas del resto de los equipos decrecen, lo que les permite una mayor rapidez en la consulta del destino.

Sumarizando se consigue aumentar la escalabilidad de una red, y minimizar el tamaño de las tablas de rutas en los equipos, lo que conlleva también a aumentar el performance de la red.

2 CONFIGURACIÓN BÁSICA DE EQUIPOS CISCO

2.1 ROUTERS CISCO

2.1.1 Configuración hardware de un router

Todas los routers de Cisco tienen una estructura hardware muy similar. En este capítulo veremos los elementos más significativos de este hardware, y veremos parámetros básicos de configuración.

En un router existen los siguientes elementos básicos:

- **Central Processing Unit (CPU):** Es el cerebro del router. Ejecuta los protocolos de routing, filtros, gestión, etc. Se puede comprobar la CPU instalada con el comando **show version**. El comando **show process** o **show process cpu** muestra una lista de los procesos ejecutados por la CPU, y su carga en los últimos 5 segundos, un minuto y 5 minutos.

- **Memoria principal (DRAM):** Es utilizada por la IOS para almacenar los datos volátiles, como las tabla de rutas y la configuración activa. Es preciso dimensionar adecuadamente la memoria, porque determinadas funciones consumen mucha (118.000 rutas BGP precisan al menos de 256 Mb).

- **Non volatile RAM (NVRAM):** Almacena el archivo de configuración.

- **Read-Only Memory (ROM):** Algunos routers tienen una ROM con una "Mini-IOS" cargada. También tienen el POST (Power-On Self Test), el código de bootstrap, que lee el Registro de Configuración y arranca el router en el modo que se indique y la ROM Monitor, un sistema operativo de bajo nivel que se encarga de funciones como diagnósticos del sistema, inicialización del hardware, inicio del sistema operativo, password recovery, cambios del registro de configuración, descarga de imágenes IOS, y dispone de un prompt de la forma **rommon >**

- **BOOT FLASH:** Es similar a la ROM, almacena el ROM Monitor y el POST. Los routers nuevos tienen Boot Flash en lugar de ROM

- **FLASH:** Permite almacenar las imágenes IOS. La que se usará se determina con el comando **boot system**. Pueden ser externas o internas. Las externas disponen de interface PCMCIA (Personal Computer Memory Card International Association). La memoria flash dispone de un sistema de archivos que se gestiona con comandos:

  - **show flash:** Ve el contenido de la memoria FLASH
  - **dir:** Lista los archivos del directorio o sistema de archivos actual
  - **cd:** cambia de tarjeta PCMCIA (cd slot0, cd slot1)
  - **delete:** Marca ficheros como borrables ("D")
  - **dir deleted:** Lista los archivos marcados como borrables
  - **squeeze:** Borra los archivos marcados como borrables

- **Interfaces.** Los equipos Cisco almacenan la información de los interfaces y subinterfaces configurados guardando un IDB (Interface Description Block) por cada uno de ellos en memoria. Puesto que esto consume una gran cantidad de memoria del equipo, se ha limitado a 300. Hay que tener en cuenta que un T1 canalizado con todos los interfaces creados serán 24 entradas de IDB, cada subinterface de un interface es uno más. Los PVC de una línea Frame Relay no consumen IDB, puesto que no se trata de subinterfaces.

- **Registro de Configuración:** Registro de 16 bits que especifica la secuencia de arranque, lo parámetros de "break", y la velocidad del puerto de consola. Es de la forma:

Bit	15	14	13	12	11	10	9	8	7	6	5	4	3	2	1	0
0x2102	0	0	1	0	0	0	0	1	0	0	0	0	0	0	1	0

La tabla siguiente indica el significado de los bits:

BIT	DESCRIPCION
0-3	Indica modo de arranque: 0000 – Bootstrap prompt (ROM Monitor) 0001 – Boot Image de EPROM (Mini-IOS) 0010-1111 Utiliza el comando **boot system**
4	No utilizado
5	No utilizado
6	El router ignora la NVRAM. Usado para password recovery
7	Bit OEM habilitado
8	Activado el router no obedece a la tecla break. Si no está activado, el router pude entrar en bootstrap monitor.
9	No utilizado
10	Broadcast IP con 0.0.0.0, no es utilizado normalmente
11-12	Velocidad de consola: 00 - 9600 bps 01 – 4800 bps 10 – 1200 bps 11 – 2400 bps
13	Arranca con BOOT si falla el arranque desde red
14	No tienen número los IP broadcasts
15	Habilita mensajes de diagnósticos e ignora el contenido de la NVRAM

El registro se puede modificar con el comando **router(config)# config-register 0x0000**.

Para comprobar su valor se pueden ejecutar los comandos **show version** desde el modo EXEC o el comando **"o"** desde el modo ROM Monitor.

El valor por defecto es 0x2102.

2.1.2 Proceso de arranque de un router

Cuando un router Cisco arranca, se ejecutan los siguientes pasos:

- Se arranca el POST (Power-On Self Test)

- Se lee el último byte del registro de configuración.

- Si los tres últimos bytes son 000: Se arranca en modo ROM Monitor (> ó rommon>)

- Si los tres últimos bytes son 001: Se arranca desde la ROM o bootflash (Mini-IOS) (Router(boot)>)

- Si los tres últimos bytes son 010 - 111: Lee el comando **boot system** de la NVRAM y carga la IOS desde donde éste indique (FLASH, TFTP o ROM). Si hay varios, sólo hará caso al primero de ellos.

- Si falla (no existe el comando o no puede cargar la IOS): Carga el primer archivo IOS que encuentre en la FLASH.

- Si falla (No existe ninguna IOS en FLASH): Hace un broadcast solicitando la IOS indicada en el comando **boot system**. O un nombre por defecto, creado como "cisco-xxxx", donde n es el valor de los tres últimos bytes del registro de configuración y xxxx es el procesador (ej: "cisco3-4500")

- Si falla arranca desde la ROM o bootflash (Mini-IOS) (Router(boot)>)

- Si falla, arranca en modo ROM Monitor (rommon>)

- Una vez que se ha encontrado una IOS, se carga en RAM para ser ejecutada y se busca una configuración válida en NVRAM.

- Si no la encuentra, intenta localizarla en un servidor TFTP (que ya ha tenido que ser configurado). Si tampoco la encuentra ejecuta el modo "setup".

2.1.3 Router modes

El router tiene varios modos de CLI:

- **ROM Monitor:** El router no ha conseguido cargar ninguna IOS y arranca desde lo más básico. El prompt es ">" o "**rommon >**"

- **Boot Mode:** El router ha arrancado desde la botflash, "Mini-IOS". En este estado, el router no ha cargado una IOS operativa, pero puede ser configurado y se comporta como un host, sin funcionalidades de routing. Se puede configurar un default gateway para poder descargar una IOS por TFTP. El prompt es "**router(boot) >**"

- **Setup Mode:** O dialogo de configuración inicial. Si el router no ha conseguido cargar un archivo de configuración, pregunta si queremos entrar en este modo, en el que hace una serie de preguntas para configurar los parámetros más básicos del equipo. Los datos introducidos se almacenan en NVRAM.

- **User Exec Mode:** El router ha conseguido cargar una IOS válida. Es el primer nivel de acceso al equipo. Funcionan algunos comandos "show" para ver determinada información del sistema. No se puede ver la configuración, ni modificarla, ni funciona el comando debug. El prompt es "**router >**"

- **Privileged Exec Mode:** Es el segundo nivel de acceso al equipo, llamado modo enable. Se puede ver la configuración y funcionan los comandos debug. El prompt es "**router#**"

- **Configuration Mode:** Se accede con el comando **configure terminal**, se pueden introducir comandos de configuración. Hay varios sub modos:

- Configuración global: router(config)#
- Configuración de interface: router(config-if)#
- Configuración de líneas: router(config-line)#
- Configuración de protocolo de routing: router(config-router)#
- Configuración de route-map : router(config-route-map)#

2.1.4 Operaciones básicas en un router

2.1.4.1 Password

Se puede poner password en consola, puerto auxiliary, VTY y TTY (controlador de terminal). El comando **login** indica que se ha de solicitar la password. El comando **password** establece ésta. Si no se pone **login** se permite acceso siempre, si se pone **login** y no se pone **password** no se permite el acceso a nadie. El comando **login** también permite indicar donde está la password (TACACS, local, etc)

Para poner password al modo enable, hay dos métodos. **enable password** y **enable secret**. El segundo es más seguro, y si están los dos, se hace caso a éste.

2.1.4.2 Password recovery

Para recuperar la password de un equipo, se han de seguir los siguientes pasos:

- Apagar y encender el equipo

- Entrar en ROM Monitor ("break" mientras está arrancando) con CTRL.-D, CTRL.-Break, etc

- Si es un procesador RISC (Reduced Instruction Set Computer)

  - Rommon > confreg 0x2142
  - Rommon > Reset

- Si es un procesador no-RISC (2000,2500,3000,4000,7000(RP),AGS,IGS)

  - o/r 0x2142
  - i

- Contestar que no cuando solicite entrar en modo setup

  - enable
  - Copy startup-config running-config
  - Configure terminal
  - Cambiar las passwords
  - Poner en no shutdown los interfaces
  - Config-register 0x2102
  - end
  - Write memory

- Reiniciar

2.1.4.3 Manipulación de ficheros de configuración

COMANDO	DESCRIPCIÓN
write terminal	Muestra la configuración
show running-config	
configure terminal	Entra en modo configuración
configure memory	Copia la NVRAM a la configuración activa
copy startup-config running-config	
write memory	Copia la configuración activa a la NVRAM
copy running-config startup-config	
copy tftp running-config	Copia la configuración desde un TFTP
configure network	
copy running-config tftp	Guarda la configuración en un TFTP
write network	
write erase	Borra la NVRAM
show configuration	Muestra la configuración
show start-up config	Muestra la NVRAM
copy flash tftp	Copia la IOS a TFTP
copy tftp flash	Copia una IOS desde TFTP

2.1.4.4 Accesos al router

Al router se puede acceder, para tareas de configuración, por uno de los siguientes tipos de acceso:

- **Consola:** 9600 bps, sin paridad, 8 bits de datos, 1 bit de stop y sin control de flujo. Se puede modificar desde el registro de configuración.

- **Puerto auxiliar:** Se puede conectar un módem, con la siguiente configuración:

  - Line aux 0
  - Password [password]
  - Login
  - Transport input all
  - Modem autoconfigure discovery
  - Exec-timeout 30 0

- **TELNET:** A través de un terminal virtual (VTY):

  - Line vty 0 4
  - Password [password]
  - login

- **Interfaces asíncronos:** Los servidores de terminal pueden acceder a los routers, y un router con interfaces asíncronos puede hacer de servidor de terminales, con la función reverse telnet. Se define una IP de loopback, y al acceder a esa IP por TELNET, con un puerto determinado (200x) se accede a la consola del equipo conectado a ese interface asíncrono (ej: telnet 1.1.1.1 2001 accede al primer interface asíncrono). Se puede volver al servidor con la combinación CTRL-SHIFT-6x

- **SNMP:** Se puede acceder al equipo a través del protocolo SNMP. Se ha de definir una community y darle permisos de escritura o de lectura con **snmp community [community] [ro | rw]**. También se puede hacer que el equipo mande traps SNMP a una máquina con **snmp host [ip] [community]**

2.1.4.5 Comandos de verificación show y debug

Show es uno de los comandos más empleados, para el diagnóstico y verificación de las configuraciones del router. **show ip** y sus subcomandos ofrecen una amplia información acerca del trabajo del router en cuanto al routing IP. **show versión** o **show hardware** dan las misma información, relativa al estado hardware y software del equipo, valor del registro de configuración, etc.

Debug Se trata de una herramienta de troubleshooting incluida en los routers. Se activa con el comando **debug [argumentos]**. Es buena para analizar qué hacen los protocolos activos en el equipo.

Al analizar protocolos, usualmente permite dos alternativas entre otras, **packets** y **events**. La primera ofrece más información, pero consume más recursos.

Para indicar el momento exacto del debug, se puede activar el timestamp de tiempo con **router(config)# service timestamps debug [datetime | uptime].** Para verlo desde un terminal TELNET, se ha de indicar con **terminal monitor**. Para desactivarlo, se hace con no **debug all** o **undebug all**

Algunos consejos de utilización son:
El router da la máxima prioridad de proceso a debug, más incluso que al tratamiento del tráfico. Por ello, el comando **debug all** no debe usarse, ya que además de no ofrecer buena información, por la rapidez a la que aparece, puede llegar a tirar el router.
Antes de usar **debug**, hay que mirar la CPU del router. Si está por encima del 50%, usarlo con modo **events**.
Utilizar **debug** en momentos de menor tráfico o con pocas aplicaciones críticas.
Desactivar el debug tan rápido como sea posible. Es una herramienta de troubleshooting, no de monitorización. Para esto, es mejor instalar un analizador.

Si se combina con una lista de acceso, puede dar información sobre una sesión en concreto.

2.1.4.6 Error Message Logging

Logging está activado por defecto, y su salida es la consola. Puede ser desactivado con no logging on. Si se activa, puede elegirse el destino entre los siguientes, ordenados de mayor a menor overhead:

- Consola

- Sesión TELNET

- Servidor de syslog

- Búffer interno

Comandos:

COMANDO	FUNCIÓN
Logging console [level]	Manda el logging de nivel indicado a la consola
Logging buffered [level]	Manda el logging de nivel indicado al buffer interno
Logging monitor [level]	Manda el logging de nivel indicado al TELNET
Logging trap [level]	Manda el logging de nivel indicado al servidor de syslog
Logging [ip address]	Indica el servidor de syslog al que se mandará el logging

Logging tiene 8 niveles de indicadores. En la tabla se ven:

Nivel	Nombre	Descripción
0	Emergencia	Sistema inutilizado
1	Alerta	Necesaria acción inmediata
2	Crítica	Condiciones críticas
3	Error	Condición de error
4	Warning	Condición de warning
5	Notificación	Condición normal
6	Información	Mensaje de información
7	Debug	Mensajes de debug

El comando show logging muestra los mensajes almacenados en el búffer, y toda la información configurada de este comando (qué nivel se manda a qué sitio)

2.2 CONFIGURACIÓN BÁSICA DE UN SWITCH CISCO

La mayoría de los Catalyst de Cisco funcionan con un sistema de comandos SET, pero algunos (como el Catalyst 1900) también están en versiones IOS.

La configuración por defecto de un Catalyst es la siguiente:

- IP address: 0.0.0.0

- CDP y STP habilitados

- Modo de switching: Fragment Free

- Puertos a 100 Mbps con Full-Duplex negociado y puertos a 10 Mbps en modo Half-Duplex

- Sin password

Al iniciarse el switch, se inicia el POST (Power On Self Test), que comprueba la ROM, RAM, DRAM, EARL y BOOTROM. La salida se muestra por pantalla, pero se puede ver con los comandos **show test** y **show system** una vez arrancado el equipo.

Si se configura Full-Duplex negociado, se pueden producir errores si el otro dispositivo no soporta la negociación. Se fijan manualmente en ambos extremos el modo Half o el modo Full.

En la tabla se ven los comandos para establecer la configuración básica en un switch:

DEFINICIÓN	COMANDOS IOS	COMANDOS SET
Establecer password	(config)#enable password level 1 [pass]	set password
Establecer password de enable	(config)#enable password level 15 [pass]	set enablepass
Establecer hostname	(config)#hostname [name]	set prompt [name]
Configurar dirección IP	(config)#ip address [ip] [mask] (siempre en vlan1)	set interface sc0 [ip] [mask] set interface sc0 [vlan]
Default gateway		set ip default [ip]
Identificar puertos	(config)#description [description]	set port name [port] [name]
Velocidad del puerto	no puede modificarse	set port speed [port] [speed]
Modo de línea	(config)#duplex [modo]	set port duplex [port] [modo]
Ver información de interfaces	show interface	show port show interface (para sc0)
Ver la tabla de MAC	show arp	show mac-address-table
Asocia una MAC a un puerto estáticamente		mac-address-table permanent
Indica el puerto de entrada permitido para una MAC determinada que además está asociada a un puerto		mac-address-table restricted static
Indica número máximo de MACS en un puerto		port secure
Borra toda la configuración		delete nvram clear config all
Guarda la configuración		copy nvram tftp
Ver qué tarjetas hay instaladas	show module [modulo]	
Activar default gateway	ip default-gateway [gateway]	set ip route [destino] [gateway] [metric]

Algunos Comandos de troubleshooting en los switches son:

TIPO	COMANDO	SIGNIFICADO
PING Y CDP	ping	Debe tener una IP en SC0 del rango de la VLAN asociada (por defecto la 1), y una ruta al gateway.
	show cdp neighbor [detail]	Muestra los equipos Cisco adyacentes
COMANDOS SHOW	show system	Muestra información del estado del sistema (fuentes, ventiladores, temperatura, uptime, módem, % de tráfico, etc.)
	show test	Muestra el resultado del test. Puede indicarse el módulo a probar.
	show interface	Muestra información del interface SC0 y SL0 (SLIP)
	show log	Muestra el log de errores del módulo indicado.
	show mac	Número de tramas enviadas y recibidas por cada puerto, separadas por Unicast, multicast y broadcast
	show module	Muestra el estado e información sobre el módulo indicado
	show port	Muestra el estado, contadores y configuración de los puertos del conmutador
	show config	Muestra la configuración del switch
	show span	Indica si la función SPAN está activada, el puerto a monitorizar y el puerto de salida
	show flash	Muestra lor archivos de código que residen en FLASH
	show trunk	Muestra información de trunk (puertosd, VLAN permitidas, etc)
	show spantree	Información de STP para la VLAN indicada
	show vtp domain	Información del dominio VTP (nombre, modo del switch, número de VLANs, número de revisión y la IP del equipo que mandó la última actualización)

2.2.1 Switched port Analyzer (SPAN)

SPN manda todo el tráfico de un puerto origen o una VLAN a un puerto destino (mirror) para diagnóstico o análisis. Algunas restricciones son:

- El puerto destino no puede estar en FEC, tener configurado port security, ser multi-VLAN o ser un trunk

- El puerto origen no puede tener configurado port-seurity y debe tener la misma VLAN que el mirror.

Si el puerto fuente es un trunk, las tramas salen sin etiquetar por el puerto destino.

El puerto destino no participa en STP.

Es posible hacer mirror de puertos de diferentes VLAN al mismo puerto destino.

2.2.2 Route Processors

Algunos switches tienen la posibilidad de ser equipados con una RP, que reliza funciones de nivel 3, como si se tratara de un router interno al conmutador. Algunas de ellas son:

- En Catalyst 5000, la RSM (Route Switch Module) y la RSFC (Route Switch Feature Card)

- En Catalyst 6000, la MSFC (Multilayer Switch Feature Card) y la MSM (Multilayer Switch Module)

3 LAN

Las redes de área local son aquellas que están limitadas a un área geográfico limitado, por ejemplo el interior de un edificio, aunque este concepto comienza cada vez a ser más amplio, y se utilizan las mismas tecnologías para redes de área metropolitana (MAN), o incluso para determinados enlaces WAN. En este capítulo se van a analizar las tecnologías LAN existentes.

3.1 DIRECCIONAMIENTO MAC

Todos los dispositivos Ethernet y Token ring tienen una dirección BIA (burned-in address) llamada dirección física. Es una implementación del nivel 2 OSI (Subcapa MAC). La dirección MAC tiene 48 bits (6 octetos) y se representa en hexadecimal.

Los primeros 3 octetos son asignados por la OUI (Organizational Unique Identifier) y el resto los administra cada fabricante.

En la transmisión, tanto Ethernet como Token Ring transmiten los octetos de la dirección de izquierda a derecha (de MSB a LSB), pero Ethernet invierte cada octeto, transmitiéndolo de LSB a MSB (los bits del octeto). Esto se llama formato canónico. Ejemplo:

MAC	AC	10	7B	3A	92	3C
BINARIO	10101100	00010000	01111011	00111010	10010010	00111100
TOKEN RING	10101100	00010000	01111011	00111010	10010010	00111100
ETHERNET	00110101	00001000	11011110	01011100	01001001	00111100

Esto es porque el último bit (LSB) del primer octeto es para Ethernet el bit Individual/Group (I/G), e identifica si la dirección es unicast, multicast o broadcast. Si este bit es un "1" quiere decir que es multicast o broadcast. La dirección del ejemplo es unicast.

El segundo bit LSB del primer octeto (segundo que se transmite) es el bit U/L. Si es un "1" quiere decir que la MAC es administrada en local (como una privada). Si es un "0" indica que es universalmente administrada (única).

3.2 TECNOLOGÍA ETHERNET

Ethernet está basado en el desarrollo de Digital, Intel y Xerox (DIX). Trabaja en un topología en bus, y emplea un algoritmo denominado CSMA/CD (Carrier-Sense Multiple Access with Collision Detect) para evitar colisiones (todas las estaciones ven todo el tráfico).

CSMA/CD está basado en que una estación que quiere transmitir debe primero escuchar para asegurarse de que ninguna otra estación transmite. Si dos estaciones transmiten al mismo tiempo, lo detectan y dejan de transmitir, calculan un tiempo aleatorio y lo vuelven a intentar. El cálculo del tiempo aleatorio se denomina collision back-off. Una estación intenta transmitir cada trama 16 veces antes de mandar un mensaje error al ULP (Upper Layer Protocol). CSMA/CD no se usa en full duplex, ya que no hay colisiones.

3.2.1 Ethernet MAC y LLC (capa 2 OSI)

Ethernet se encuentra en los niveles 1 y 2 de la capa OSI. Para la capa 1, Ethernet utiliza la codificación Manchester, basada en que un "1" se representa como una transición de bajo a alto en el centro del ciclo de reloj, y un "0" se representa como una transición de alto a bajo en el centro del ciclo de reloj.

Para la capa 2, existen cuatro formatos de trama que pueden convivir en una misma Ethernet. En cualquier formato de trama, la longitud siempre es la misma, mínimo de 64 bytes y máximo de 1.518 bytes.

	7	1	6	6	2	3	5	38 – 1492	4
ETHERNET V2 (DECNET, IP) (LLC1)	PREAMBULO		DA	SA	TIPO	DATOS		DATOS	FCS
NOVELL IEEE 802.3 RAW (IPX)									
IEEE 802.3 (IBM SNA)	PREAMBULO	SFD			LONGITUD	LLC2	DATOS		
IEEE 802.3 SNAP							SNAP		

- **PREÁMBULO:** Cadena de "1" y "0" que indica el comienzo de una trama.

- **SFD (Start Frame Delimiter):** Cadena "10101011" que indica comienzo de la MAC destino. Es igual que el último byte del preámbulo de Ethernet V2.

- **DA (Destination Address):** Dirección MAC destino.

- **SA (Source Address):** Dirección MAC origen

- **TIPO:** Es un número que indica el ULP. Siempre es mayor que 1500, para que sea compatible con la longitud en los otros modos. Ejemplo: 0x0800 para IP

- **LONGITUD:** En lugar de tipo, aparecen dos bytes que indican el tamaño de los datos

- **LLC (Logical Link Control):** Definido por IEEE 802.2. Identifica el ULP. Proporciona servicios orientados a conexión (LLC2, IBM SNA) y servicios no orientados a conexión (LLC1 en Ethernet). Tiene 3 bytes:

  o **DSAP (Destination Service Access point):** Identifica el destino del ULP. (En SNAP=0xAA)

  o **SSAP (Source Service Access Point):** Identifica el origen del ULP. (En SNAP=0xAA) Ejemplos:
    - NetBIOS: 0xF0
    - Bridge PDU: 0x42
    - SNA: 0x04, 0x05 y 0x0C
    - X.25: 0x7E
    - IP: 0x06

  o **Control:** En redes Ethernet, se pone a 0x03

- **SNAP (Subnetwork Access Protocol):** Son 5 bytes. Los 3 primeros identifican al fabricante, y los dos segundos son iguales que el campo TIPO en Ethernet V2.

- **DATOS:** Información útil. En RAW deben comenzar con "FFFF"

- **FCS (Frame Check Sequence):** CRC para detectar errores

El formato de trama más empleado es Ethernet V2, utilizado por IP y DEC. IPX utiliza NOVELL IEEE 802.3 RAW y SNA usa IEEE 802.3.

3.2.2 LLC Flow control

LLC emplea una técnica para corregir situaciones de congestión basada en modificar el tamaño de ventana de transmisión.

Se detecta congestión por la pérdida de PDU's. una vez detectado se pone K=1 y luego se va subiendo el valor de k (ventana) desde 1 hasta 127, hasta que se detecta de nuevo congestión (un valor de k más bajo implica un menor riesgo de congestión)

3.2.3 Modos de transmisión

En Ethernet se soporta el modo full duplex, que consiste en que una estación es capaz de transmitir y recibir datos al mismo tiempo, consiguiendo 10, 100 o 1000 Mbps en cada sentido, y negociación, para obtener la mejor calidad del enlace. Se recomienda no usar negociación si el otro elemento no la soporta. El orden de preferencias es:

- 100BaseTX full duplex

- 100BaseT4

- 100BaseTX

- 10BaseT full duplex

- 10BaseT

- **Half-duplex:** En este modo se emplea el protocolo CSMA/CD. Sólo un dispositivo puede transmitir en un momento determinado. El riesgo de colisiones es alto, en función del número de estaciones y de la cantidad de tráfico a transmitir. Es el modo empleado por las LAN. Se puede alcanzar un promedio del 50-60% de la capacidad de la línea.

- **Full-Duplex:** Este modo sólo permite conexiones punto a punto en una LAN. Está completamente libre de colisiones. Se puede transmitir y recibir al mismo tiempo. El circuito que detecta las colisiones (CD) debe ser desactivado en las NIC (Network Interface Card). Ofrece el 100% de la capacidad de la línea.

Como es un dominio de colisión, a medida que aumenta el tráfico en la red también lo hacen las colisiones, hasta el punto de que el ancho de banda útil en una Ethernet puede llegar al 35 o 40% del total. Este problema se limita usando switches. A medida que aumentan las necesidades de ancho de banda de los hosts en la LAN, es necesario aumentar la tecnología. Si un usuario llegara a necesitar 10 Mbps de ancho de banda, sólo él podría estar en un entorno LAN. Si necesita más, habría que migrar a FastEthernet, Gigabit Ethernet, FDDI/CDDI o ATM

Los bridges y los switches permiten segmentar la LAN en varios dominios de colisión, pero manteniendo el mismo dominio de broadcast. Las estaciones pueden mejorar su capacidad de utilización del ancho de banda.

3.2.4 Cambio tecnológico 10, 100 y 1000 Mbps

En una red Ethernet, toda la limitación de ancho de banda y distancias está marcada por la necesidad de CSMA/CD de reconocer las colisiones. El paquete de tamaño mínimo en Ethernet es de 64 bytes, y hay que asegurar que una estación que está transmitiendo un paquete, es capaz de detectar una colisión antes de finalizar de mandarlo.

Cada elemento de una red Ethernet supone un retardo a este tiempo, por lo que el diseño correcto se hará teniendo en cuenta todos los retardos de todos los elementos.

Los repetidores Ethernet añaden retardo, que limita más la distancia de cable. Hay repetidores de clase I (retardo inferior a 0.7 microsegundos) y de clase II (retardo inferior a 0.46 microsegundos). Se permite poner un repetidor de clase I con 100 metros entre éste y la estación Ethernet o dos de clase II, con 100 metros entre ellos y la estación y un cable de 5 metros entre ellos. El no respetar estas distancias implicará colisiones y errores de CRC.

Si se realiza un diseño distinto al recomendado, hay que asegurar que se cumple la regla del retardo máximo. Para ello, hay que calcular el retardo de la red montada (PDV: Propagation Delay Value), comprobando los retardos de los segmentos (LSDV: Link Segment Delay Value), de los repetidores (clase I o clase II), del DTE (lo indicará el fabricante) y dejando un margen de seguridad de 5 bit times. La suma de todos los retardos no debe superar 512.

Un LAN extender pueda ampliar la LAN, y filtrar tramas broadcast y multicast.

El retardo de los distintos elementos es:

Componente	Retardo en bit times
Dos DTE TX/FE	100
Dos DTE T4	138
Un DTE TX/Fe y uno T4	127
Cable categoría 3	1.14 por metro
Cable categoría 4	1.14 por metro
Cable categoría 5	1.112 por metro
Cable STP	1.112 por metro
Fibra óptica	1 por metro
Repetidor clase I	140
Repetidor clase II con puerto TX/FE	92
Repetidor clase II con algún puerto T4	67

3.2.4.1 Fast Ethernet

Fast Ethernet aumenta la capacidad de Ethernet de 10 a 100 Mbps. Está definido en el standard IEEE 802.3u. Trabaja sobre el mismo concepto que Ethernet. (CSMA/CD). Puede trabajar sobre UTP 3,4 o 5 y sobre fibra óptica.

Se puede emplear en la capa de acceso para ofrecer 100 Mbps a los PC, entre la capa de acceso y distribución y entre la de distribución y la de core, desde la de core hasta los servidores y entre los switches de core

3.2.4.2 Gigabit Ethernet

Gigabit Ethernet permite aumentar la capacidad de Fast Ethernet a 1 Gbps. A partir de IEEE 802.3 y ANSI X3T11, surgen la IEEE 802.3z. (GbE sobre fibra óptica y coaxial) y la IEEE 802.3ab (GbE sobre pares UTP Cat 5)

Trabaja en el mismo concepto que Ethernet, incluyendo modos half y full duplex, y CSMA/CD

3.2.4.3 10 Gigabit Ethernet

10 Gigabit Ethernet está definido en IEEE 802.3ae. Sólo trabaja sobre fibra óptica y en modo full-duplex (Sin CSMA/CD)

3.2.5 Medio físico Ethernet (cableado)

El cableado surge de las definiciones de la EIA/TIA (Electronic Industries Asociation / Telecommunications Industry Association). Hay varios standards:

Standard	Cable	Distancia	Estaciones	Conector	Topología Observaciones
10 Base 5 (Thick Ethernet o Thicknet)	Coaxial 0.4"	500 m	100	AUI	BUS
10 Base 2 (Thinnet)	Coaxial 0.2"	185 m	30	T	BUS
10 Base T	UTP Cat 3	100 m	2	RJ-45	Estrella (HUB)
10 Base FP	Fibra óptica	500 m	2		Estrella pasiva
10 Base FB	Fibra óptica	2 Km	2		Backbone
10 Base FL	Fibra monom.	2 Km	2		Link
100 Base TX	UTP Cat 5	100 m	2	RJ-45	Estrella (HUB)
100 Base T4	UTP Cat 3 (4 pares)	100 m	2		
100 Base FX	Fibra óptica	400 (monom) 10 Km (multi)	2	ST o SC	
1000 Base CX	UTP blindado	25 m	2		
1000 Base T	UTP Cat 5 (4 pares)	100 m	2		
1000 Base SX	Fibra multim.	550 m	2		
1000 Base LX	Fibra óptica	550 (monom) 5 Km (multi)	2		

Para conectar el switch a un host o a un router se usa un cable plano (straight-through). Para conectar el switch a otro switch o HUB, se usa un cable cruzado (crossover) y para el cable de consola, se emplea un cable invertido (rollover).

La regla de diseño más importante en Ethernet es asegurar un retardo máximo igual al que tardarían en mandarse 512 bits (64 bytes). Este tiempo es de 51.2 microsegundos para Ethernet y 5.12 microsegundos en FastEthernet

3.2.6 Unidirectional-Link Detection (UDLD)

UDLD es un protocolo de capa 2 propietario Cisco que utiliza mecanismos de nivel 1 para determinar el estado de un enlace. Trabaja cambiando paquetes UDLD en el que se indica el puerto del equipo local y del remoto. Si es contestado con el puerto del equipo local, el enlace está OK y si no, se considera un enlace unidireccional. Ambos equipos deben soportar y tener activado UDLD.

3.3 TOKEN RING

Desarrollado por IBM y estandarizado por la IEEE 802.5. Token Ring es una tecnología LAN que permite un ancho de banda de 4 o de 16 Mbps sobre UTP o STP (Pares trenzados o blindados) utilizando la codificación Manchester diferencial (un "0" es una transición al inicio de la fase, y un "1" es la ausencia de la misma). El acceso al medio se basa en la idea de token passing. Al no existir colisiones, se puede aprovechar casi todo el ancho de banda disponible (hasta el 90%). Los switches Token Ring utilizan la tecnología cut-through, y se encuentra la congestión en el enlace con el backbone o anillo central. Hay dos standards, uno propietario de IBM y el otro definido en la IEEE 802.5. En la tabla aparecen sus diferencias:

	IBM Token Ring	IEEE 802.5
Velocidad	4 o 16 Mbps	4 o 16 Mbps
Topología	Estrella	No especificada
Longitud máxima	Depende de tipo de cable	Depende de tipo de cable
Número de elementos conectados	260 para STP y 72 para UTP	250 para STP y 72 para UTP
Diámetro máximo de la red	Depende de tipo de cable	Depende de tipo de cable
Cable	Par trenzado	No especificado
Señalización	Banda base, manchester diferencial	Banda base, manchester diferencial
Acceso	Token Passing	Token Passing

La topología del BUS puede ser en anillo o en estrella (más utilizado). Los dispositivos se conectan a los MSAU (MultiStation Access Unit) en forma de estrella, y los MSAU son conectados formando un anillo. Los MSAU puede hacer bypass de una estación defectuosa o ausente.

El funcionamiento de Token Ring es como sigue:

El acceso a la red es controlado por un token (testigo) que va viajando de estación a estación en el anillo. Si una estación no quiere transmitir, pasa el token a la siguiente. Si quiere transmitir, manda la trama al destino, el cual marca los bits de "dirección reconocida" y "trama copiada" la devuelve al origen. Cuando el origen recibe esta trama, libera el token, mandándolo a la siguiente estación.

3.3.1 Formato de la trama Token Ring

La trama TR tiene el siguiente formato:

CAMPO	SD	AC	FC	DA	SA	DATOS	FCS	ED	FS
TAMAÑO	1	1	1	6	6		4	1	1
NOMBRE	Start Delimiter	Access Control	Frame Control	Destination Address	Source Address	Datos	Frame Check Sequence	End Delimiter	Frame Status

- El campo AC (Access control) es de la forma PPPTMRRR, donde T identifica si se trata de un token o de datos. Los bits P y R marcan la prioridad y la reserva.

- El campo FC (Frame Control) indica si la trama es de datos o es un comando con información de control.

- El campo FS (Frame Status) indica si la trama ha sido reconocida y leída por el destino.

3.3.2 Prioridad Token Ring

La operación normal es round-robin, aunque en Token Ring es posible definir prioridades. La trama Token Ring incorpora 3 bits de reserva y 3 bits de prioridad, que permiten fijar 8 niveles de prioridad diferentes. Cuando una estación con prioridad desea transmitir, espera a que pase una trama de datos, y la marca con su nivel de prioridad. Cuando el paquete llega al destino, manda el token a la estación que la ha marcado, la cual transmite su información, vuelve a marcar el token con la prioridad anterior, y continua la operación normal.

3.3.3 Active monitor (AM)

Una estación del anillo es seleccionada para ser AM, y es la encargada del mantenimiento de la red. Se encarga de eliminar tramas que están permanentemente circulando por un error en la estación transmisora. Cuando una trama pasa por la AM, marca el bit monitor. Si pasa una trama con este bit marcado, la AM asume que el transmisor no ha sido capaz de eliminarla trama, y la elimina ella, manda una mensaje de error al Ring Error Monitor y genera un nuevo token.

El AM también proporciona información de tiempo a las estaciones del anillo. Inserta un retardo de 24 bits para prevenir que el comienzo de la trama se solape con el final de la misma, y asegura que ha recibido una trama cada 10 milisegundos.

En la red existen también el Standby Monitor y el Ring Error Monitor. El Standby Monitor hace las funciones de AM si éste no está disponible. El Ring Error Monitor recoge estadísticas de errores y funcionamiento.

Los errores de Token Ring pueden ser de dos tipos, aislados y no aislados. Los errores aislados son:

- **Line error:** Es una trama con un error en un bit. También conocido como error de CRC.

- **Burst error:** Señal con codificación incorrecta. Normalmente debido a ruidos en la línea o a problemas físicos.

- **Abort error:** Si una estación tiene problemas durante la transmisión generará este error.

- **Internal error:** Cuando una estación tiene un error interno recuperable.

- **ARI-FCI error:** Cuando una estación recibe una trama monitor (activo o standby) con su dirección y los bits de copiados marcados a cero.

Los errores no aislados son:

- **Lost frame:** Una estación no recibe una trama que ha transmitido.

- **Copy error:** Una estación recibe una trama dirigida a ella con los bits de "reconocida" ya marcados.

- **Receive congestion:** Una estación no es capaz de copiar todas las tramas que ha recibido.

- **Token error:** Generado por AM cuando manda una señal para recuperar el anillo dañado o perdido.

- **Frecuency error:** Una estación detecta que la frecuencia de entrada es incorrecta.

3.3.4 Beaconing

Si una estación deja de recibir tramas (token o datos) de su antecesor comienza a mandar una trama llamada beacon. Estará transmitiendo continuamente esta trama hasta que comience a recibir datos de nuevo. El beacon contiene la MAC de la estación que tiene el error, y la MAC de la estación NAUN (Nearest Active Upstream Neighbor), es decir, la antecesora a ella en el anillo, para indicar dónde se encuentra el problema.

3.3.5 Early token release (ETR)

Es una propiedad que aumenta la velocidad de una red Token Ring. Sólo funciona en redes de 16 Mbps. Normalmente, una estación bloquea un token hasta que ha recibido confirmada la trama de datos que envió. Con ETR activo, en cuanto manda la trama libera el token, y se lo manda a la siguiente estación. De este modo, en la red habrá un token conviviendo con varias tramas de datos. Se configura con el comando **early-token-release** dentro del interface TR.

3.3.6 Ring insertion

El proceso para que una estación ingrese en el anillo tiene 5 fases:

- **Fase 0. Lobe Media Test:** Pruebas del transmisor, el receptor, el adaptador y el cable entre la estación y el MSAU

- **Fase 1. Physical Insertion:** Se abre un relay en el MSAU y se comprueba la existencia de un AM.

- **Fase 2. Address Verification:** Se verifica que la MAC presentada por la nueva estación es única en el anillo. Puede ocurrir si las MACs son localmente administradas.

- **Fase 3. Participation in ring poll:** La nueva estación aprende la MAC de su antecesor en el anillo e informa a su predecesor de la inserción.

- **Fase 4. Request initialization:** La nueva estación manda tramas de solicitud de inicialización al RPS (Ring Parameter Server). Éste le devuelve los parámetros del anillo (velocidad, número de anillo, etc). Si no existe el RPS, la estación utiliza sus propios valores por defecto.

3.4 WIRELESS LAN

Las redes inalámbricas permiten el acceso a una red vía radio, a una frecuencia de 2.4 GHz, sin necesidad de cablear. El primer standard que las define es el IEEE 802.11, que permite trabajar a 1 o 2 Mbps. Actualmente, se utiliza el IEEE 802.11b, capaz de transmitir hasta 11 Mbps. Se está trabajando en los estándares IEEE 802.11a que permite alcanzar hasta 54 Mbps.

Todos los elementos de una WLAN deben tener configurado el SSID (Service Set Identifier), que es una cadena de entre 2 y 32 caracteres, y que identifica a la estación como parte de la WLAN.

En el acceso al medio, se implementa CSMA/CA (Carrier Sense, Multiple Access with Collision Avoidace). Si una estación quiere transmitir, escucha antes de hacerlo. Si no hay actividad, transmite. Si la hay, pone un temporizador aleatorio y vuelve a intentarlo al finalizar el tiempo.

Una WLAN puede estar configurada en varios modos:

- **BBS (Basic Service Set):** Se pone un AP (Access Point), que es el que da acceso a la red cableada y todas las estaciones "hablan" con él. No pueden hablar entre ellas.

- **IBSS (Independen Basic Service Set):** No existe AP, ni conexión a red cableada. Las estaciones hablan entre ellas. Es conocido como modo ad-hoc

- **ESS (Extended Service Set):** Es como el BBS, pero existen varios AP.

Las WLAN no tienen una naturaleza segura, ya que cualquier estación cercana puede recibir la señal radio. El SSID es la primera medida de seguridad, pero como se transmite en la red, puede ser hackeada. El estándar define el WEP (Wired Equivalent Privacy), codificación a 64 y a 128 bits, pero también es fácilmente hackeable. Algunos AP implementan filtros MAC y de protocolo, pero estamos en la misma situación.

Cisco mejora el WEP con password dinámicas, de modo que cada usuario tiene para cada sesión una password diferente. Para la autenticación, cisco ha desarrollado el LEAP (Cisco Extensible Authentication Protocol), que emplea un RADIUS.

Para aumentar la seguridad, es preciso establecer una VPN o utilizar un protocolo de control de puertos.

4 SWITCHING

4.1 TRANSPARENT BRIDGING

Un switch es un dispositivo de LAN que se conecta físicamente de la misma forma que un HUB, pero permite limitar el impacto de las colisiones. Además, cada puerto del switch tiene la capacidad de ancho de banda completa.

Existen tres conceptos que a veces se mezclan: Switching, routing y bridging. Para poder distinguirlos:

Un switch o un bridge (es lo mismo pero el bridge es software) hacen forwarding de los paquetes en base a la dirección MAC destino. Cuando se recibe un paquete por un puerto, se almacena ese puerto como salida para la MAC origen del paquete. Si se recibe un paquete con dirección MAC desconocida (incluyendo multicast y broadcast) se manda por todos los interfaces menos por el que llegó (flooding). En función del tipo de switching empleado, se pueden filtrar colisiones (debe hacerse siempre) y tramas incorrectas.

Igual que los switches enrutan en base a la dirección MAC destino, los routers lo hacen por la dirección de nivel 3. El camino de salida se aprende por un protocolo de routing determinado. En principio, los routers bloquean completamente las tramas broadcast, aunque es posible configurar un helper-address, que es una dirección a la que se mandarán los paquetes broadcast como si fueran unicast.

Los routers también pueden realizar funciones de bridging. Si se configura bridging en un interface, el router hará bridging de todos los protocolos que no hayan sido configurados para routing en ese interface. Para configurarlo, se crea un grupo de bridge con **bridge 1 protocol ieee** y luego se asocia cada interface a ese grupo con **bridge-group 1**.

En base a en qué momento un switch transmita una trama que ha recibido, existen tres modos:

- **Cut-through:** En cuanto se recibe el destino de la trama (es lo primero que llega), se comienza a transmitir. No se detectan ni tramas erróneas ni colisiones, pero es la más rápida. La mayoría de los switches pueden pasar de este modo a store and forward si el número de errores supera un determinado umbral.

- **Store and forward:** Se comprueba la trama entera, almacenándola en memoria, se comprueba el valor de CRC y luego se envía, con lo que no se hace forwarding de las tramas con colisión o con errores.

- **Fragment-free:** Se transmite después de recibir los primeros 64 bytes, suficientes para detectar colisiones, y luego se manda. Se detectan colisiones, pero no tramas con errores. Es el modo por defecto en los switches Cisco 1900

4.1.1 Spanning-Tree Protocol

Es conveniente poner redundancia en las redes basadas es switches, pero esto puede causar bucles, tormentas de broadcast, duplicación de tramas e inestabilidad en la tabla de MAC de los switches (según la topología empleada). Para solucionarlo se emplea el protocolo STP (Spaning-Tree Protocol).

Spanning Tree Protocol es un protocolo de nivel 2 desarrollado por el DEC y revisado por el IEEE 802.1d, aunque no son compatibles, el empleado por Cisco es el IEEE 802.1d. STP es empleado para dotar de redundancia a los enlaces y conmutadores de una red nivel 2. Si se monta una red redundante sin este protocolo, se pueden producir bucles infinitos, y tormentas de broadcast.

Para asegurar un camino libre de bucles, STP bloquea los puertos que pueden ser causa de ellos, dejando operativos el resto. Si un enlace falla, STP activa el puerto o los puertos correspondientes que permitan mantener el servicio.

Hay que asegurar que tanto entre switches como entre el switch y el router se habla la misma versión de Spanning Tree Protocol (STP) (IEEE o DEC), sobre todo si el router va a realizar funciones de bridge entre varias VLAN de la red.

Todos los switches de la red participan en el protocolo STP mediante unas tramas llamadas BPDU (Bridge Protocol Data Unit). Estas tramas son usadas para elegir al switch root para el protocolo STP, elegir un switch designado para cada segmento y eliminar los bucles, poniendo los puertos en estado de bloqueo. Se envían cada 2 segundos a la dirección MAC multicast 01.80.C2.00.00.00 para asegurar una arquitectura estable.

Los parámetros importantes en esta trama son:

- **Root ID:** Identificador del switch root

- **Root cost:** Coste para alcanzar al root, depende de la velocidad de los enlaces (1000/ancho de banda de la línea). Si está conectado directamente al root bridge es 0.

- **Bridge ID (Sender ID):** Identificador del switch que lanza la trama. Está compuesto por una prioridad administrativa de 2 bytes (por defecto 32.768 o 0x8000) y la dirección MAC del switch.

- **Port ID:** El port ID del puerto que ha enviado el BPDU.

- **Max Age**

- **Hello Time**

- **Forward Delay**

Hay dos tipos de tramas BPDU:

- **Configuration BPDU:** Se envían en condiciones normales, para asegurar que todo sigue funcionando bien.

- **Topology Change Notification (TCN) BPDU:** Enviadas al principio y durante un cambio en la red, para que se calcule quien será el root bridge y cuales los root ports de cada equipo.

STP pone los puertos en cinco estados diferentes:

- **Disabled:** En este modo administrativo, el puerto es inactivo y no participa en STP.

- **Blocked:** En este modo, los puertos ni reciben ni transmiten tramas, únicamente los BPDU. STP pone en este estado un puerto cuando existe otro camino.

- **Listen:** Los puertos pasan del estado Blocked al estado Listen. Permanecen en este estado un tiempo para intentar aprender si existen otros caminos para alcanzar al root. Durante este tiempo, el puerto recibe tramas, pero no transmite nada. El tiempo de permanencia en este estado es el forward delay.

- **Learn:** Es similar al estado Listen, pero el puerto añade a la tabla de direcciones las direcciones que ha conocido. El tiempo en este estado es también el forward delay.

- **Forward:** El puerto es capaz de enviar y recibir tramas.

4.1.1.1 Funcionamiento

- **Elegir al root:** Al inicio todos los switches asumen que son el root, y ponen su root ID igual al bridge ID (formado por la prioridad de 2 bytes y la dirección MAC), y comienzan a enviar sus BPDU. El que tenga el Bridge ID más bajo llegará a ser root. Así que, cuando un switch recibe una trama BPDU con un bridge ID más bajo, seguirá enviando BPDU, pero poniendo como root ID el que ha recibido. Todos los puertos del root son puertos designados y están en modo forwarding. La decisión del switch que será ROOT para el protocolo STP es automática, pero no siempre se elige el mejor conmutador para actuar como root para una VLAN determinada. Por eso, es mejor modificar manualmente los parámetros bridge priority, port priority y port cost, para asegurar el camino del tráfico de manera manual. Existe un árbol de STP, con un switch root diferente para cada VLAN. Se puede elegir el root modificando el valor de bridge priority para cada VLAN.

- **Elegir un puerto root para el resto de los switches:** Cada switch analiza los BPDU provenientes del root, si éstos llegan por más de un puerto, quiere decir que existe un camino redundante para alcanzarlo. Se analiza el Cost of path, y el que tenga el camino más corto se quedará en estado forwarding. Si dos puertos tienen el mismo coste, se quedará en forwarding el que tenga la MAC más baja. El coste se calcula como 1000 / Ancho de banda (En Mbps). Para colocar las velocidades altas (GbE, 10 GbE) La versión revisada por el IEEE pone los siguientes costes:

4 Mbps	250
10 Mbps	100
16 Mbps	62
45 Mbps	39
100 Mbps	19
155 Mbps	14
622Mbps	6
1 Gbps	4
10 Gbps	2

- **Elegir al puerto designado en cada segmento:** En cada segmento compartido por dos switches, se elige como puerto designado al del switch que tenga un menor coste para alcanzar al root. Este puerto permanece en estado forwarding.

- **Bloquear el resto de los puertos:** Todos los demás puertos de trunk permanecen bloqueados.

4.1.1.2 Temporizadores

- **Hello Time:** Es el intervalo de envío de tramas BPDU. Por defecto es de 2 segundos.

- **Maximun Time o Max Age:** Cuando se dejan de recibir los BPDU por un enlace se activa este contador. Al llegar a cero, se entiende que ha habido un fallo en la red y comienza de nuevo el cálculo STP. Por defecto es de 20 segundos.

- **Forward Delay o Fwd Delay:** Es el tiempo en que un puerto pasa en estado Listen o en estado Learning antes de cambiar a forwarding. Por defecto es de 15 segundos.

- **Puertos:** Cuando existe un problema en la red, si un puerto debe pasar del estado blocking al estado forwarding, debe esperar este tiempo:

  - **Max age:** 20 segundos
  - **Forward Delay (estado listening):** 15 segundos
  - **Forward Delay (estado learning):** 15 segundos

Un puerto en estado blocked tarda 20 segundos en pasar a listen, otros 15 en pasar a learn y otros 15 en pasar a forward (total 50 segundos). Si se configura como port-fast o uplink-fast, tarda mucho menos. La convergencia se alcanza cuando todos los puertos han alcanzado su valor final (blocking o forwarding)

Para mejorar el tiempo de convergencia de una red de conmutadores, en el proceso de diseño pueden modificarse los temporizadores de HELLO, MAX_AGE y FWD DELAY, que son fijados en el root. Hay que observar que los mismos tiempos estén configurados en TODOS los switches.

Estos tiempos por defecto son para una red de diámetro 7 (switches contados desde el root). Modificando este valor (entre 2 y 7) se ajustan estos temporizadores. También pueden ser modificados manualmente, pero no se recomienda salvo que exista inestabilidad en la red, entonces será necesario incrementarlos. Se modifican sólo en el switch root, y éste se encargará de distribuirlos por la red.

4.1.1.3 Proceso al ocurrir un error en la red

Se sabe que un enlace ha fallado porque se dejan de recibir los BPDU. A partir de ese momento, se activa un temporizador llamado MAXAGER, y cuando este llega a cero, comienza el calculo de STP.

Un bridge nota que ha habido un cambio en la red, y comienza a enviar tramas "topology change BPDU" por el puerto root, activando en ellas un flag que lo indica. Las estará enviando hasta que el switch designado le responda con un acknowledge (TCA)

El switch designado envía un acknowledge al bridge que detectó el error, y también comienza a mandar tramas por su puerto root.

Cuando el root se entera, manda tramas indicando un cambio de configuración. Esto lo hace durante el tiempo FwdDelay + MaxAge.

Cuando un bridge recibe este mensaje, coloca este cambio en su tabla de direcciones cuando ha transcurrido FwdDelay, que es más rápido que el tiempo normal de 5 minutos que tarda un switch en eliminar una MAC de su tabla.

4.1.1.4 Tipos de STP

- **Common Spaning Tree (CST):** Es el IEEE 802.1Q, se inicia una instancia de STP para todas las VLAN, los BPDU viajan a través de la VLAN 1.

  - o Menos consumo de ancho de banda, al reducirse los BPDU
  - o Menos carga de proceso en los switches
  - o Un único root, lo que hace que el camino puede no ser el óptimo para todas las VLAN.
  - o Se incrementa la topología, con lo que se incrementa el tiempo de convergencia.

- **Per-VLAN Spanning Tree (PVST):** Es una implementación propietaria de Cisco para STP que necesita ISL para funcionar. Se inicia una instancia distinta de STP para cada VLAN. De esta forma, si existe un fallo en una VLAN, no se afecta a las demás.

  - o Se reduce el tamaño de la topología STP
  - o Decrementa el tiempo de convergencia
  - o Más fiabilidad
  - o Se envían más BPDU, y se ve afectado el ancho de banda de los enlaces
  - o Más carga en los switches

- **Multi-Instance Spanning Tree Protocol (MISTP):** Es una implementación de Cisco que permite que CST viaje sobre PVST (Varias VLAN, un solo proceso STP). Sólo existe una instancia de STP configurada, con lo que tenemos las ventajas de CST (menos ramas BPDU).

4.1.1.5 Escalado de STP

Es posible elegir que switch se comportará como root para una selección de VLAN's e indicar quien es el root de backup para el caso de que el primero falle, modificando el valor de Bridge ID.

Para elegir el camino que se seguirá para alcanzar al root, se puede modificar el parámetro de port cost. El defecto es 1000/ancho de banda del puerto.

Se puede modificar la prioridad del puerto entre 1 y 63. Por defecto es 32. También se puede modificar sólo para una VLAN.

También pueden ser modificados los valores de los temporizadores Forward delay (entre 4 y 30, por defecto es 15), Hello time (entre 1 y 2, por defecto es 2) y Max Age (entre 6 y 20, por defecto es 20).

La funcionalidad portfast hace que, ante un error, un puerto pase del estado blocking al estado forwarding inmediatamente, sin pasar por los estados listening y learning. Se puede configurar sólo en puertos a los que este conectado únicamente un dispositivo final (PC o WS)

La funcionalidad uplinkfast es similar a portfast, y hace que un enlace trunk pase al estado forwarding inmediatamente después de un error en la red. Sólo se debe configurar en los switches de acceso y en los puertos root. Se define un grupo de enlaces en uplinkfast. Si uno de ellos cae, se levanta el siguiente del grupo. Tarda 3 o 4 segundos. Está diseñado para conectar un switch de acceso a varios de distribución. La funcionalidad bpduguard bloquea el puerto portfast si se recibe en él una trama BPDU.

La funcionalidad backbonefast permite a los switches identificar un camino alternativo para alcanzar al root en caso de que el switch designado falle o un enlace indirecto se caiga, y activarlo inmediatamente al detectar esta situación.

Si cambia un puerto portfast, no se envía BPDU's TCN

4.1.1.6 Configuración de STP

DEFINICIÓN	COMANDOS IOS	COMANDOS SET
Habilitar STP	spantree [vlan]	set spantree enable all
		set spantree enable [puerto]
Deshabilitar STP	no spantree [vlan]	set spantree disable [puerto]
Comprobación	show spanning-tree	show spantree
Establecer root		set spantree root [vlans] [dia diámetro] [hello hello-time]
		(pone la prioridad a 8192)
Establecer root backup		set spantree secondary [vlans] [dia diámetro] [hello hello-time]
Modificar coste de puerto	spantree cost [coste]	set spantree portcost [puerto] [coste]
Modificar prioridad de un puerto	spantree priority [prioridad]	set spantree portpri [puerto] [prioridad]
Modificar prioridad de un puerto en una VLAN		set spantree portvlanpri [puerto] [prioridad] [vlans]
Modificar Forward Delay		set spantree fwddelay [delay] [vlan]
Modificar Hello time		set spantree hello [time]
Modificar max age		set spantree maxage [tiempo] [vlan]
Crear un FastEther Channel	port-channel mode [on | of | auto | desirable]	set port channel [puertos] [on | off | auto | desirable]
Comprobar características de un puerto		show port capabilities [puerto]
Verificar el channel	show interface	show port channel 1
Habilitar portfast	(config) spantree start-forwarding	set spantree portfast [puerto] enable
Habilitar uplink fast	(config) uplink-fast	set spantree uplinkfast enable
Verificar uplink fast	show uplink-fast	show spantree uplinkfast
Habilitar Backbonefast		set spantree backbonefast
Comprobar backbonefast		show spantree backbonefast

4.1.2 Concurrent routing and bridging (CRB)

Permite al router enrutar un protocolo por determinados interfaces y hacer bridging del mismo por otros. Los interfaces de bridge y los de router están completamente aislados, no pudiendo enrutar ni conmutar entre ellos. Disponible desde la IOS 11.0, antes era imposible que un router enrutara y conmutara a la vez. Se configura en los interfaces de bridge las líneas de abajo, y los interfaces de routing se configuran normalmente. El comando **show interfaces crb** muestra información sobre que protocolos son enrutados y cuales son enrutados.

> **bridge 1 protocol ieee**
> **bridge crb**
> **!**
> **interface ethernet 1**
> **bridge-group 1**
> **no ip address**

4.1.3 Integrated routing and bridging (IRB)

Es una mejora de CRB. Permite enrutar un protocolo por unos interfaces, conmutar el mismo por otros, y además hacer routing entre ellos, creando un interface virtual bvi. La configuración es como se indica abajo. El comando **show interface irb** permite ver información sobre el interface bvi.

```
bridge 1 protocol ieee
bridge irb
bridge 1 route ip
!
interface ethernet 1
  bridge-group 1
  no ip address
!
interface bvi 1
  ip address x.x.x.x x.x.x.x
```

El resto de los interfaces se configuran normalmente. Se puede enrutar entre el interface bvi y los demás.

4.2 SOURCE-ROUTE BRIDGING (SRB)

SRB se utiliza en redes Token Ring. El equipo origen selecciona la ruta que ha de seguir la trama para alcanzar al destino, y los switches únicamente obedecen, sin que ellos almacenen ninguna dirección MAC, ni realicen tareas para evitar bucles.

Está limitado a una red de 7 saltos, aunque algunas implementaciones permiten llegar hasta 13. El equipo origen conoce la ruta que ha de seguir su trama mandando antes una trama exploradora.

Los bridges leen la trama exploradora y la mandan por todos los interfaces menos por el que llegó, añadiendo a la misma la información de la ruta, consistente en el identificador del anillo y el identificador del bridge. Cuando el destino lee la trama exploradora, pone el bit D (destination) a "1" y añade a la misma información de ruta como si se tratara del bridge 0 y la devuelve al destino empleando la misma ruta que siguió la trama.

El origen analiza todas las tramas recibidas y decide la ruta que seguirá para comunicarse con el destino en base al número de saltos y máximo MTU permitido. Lo normal es que simplemente utilice la primera que reciba (se supone que es la más rápida).

Existen dos tipos de tramas exploradoras:

- All-routes explorer (ARE): Exploran todas las rutas

- Spanning-Tree explorer (STE): Sólo exploran una ruta. Utilizan un árbol STP para prevenir bucles.

Se puede minimizar el tráfico con Proxy Explorer, una caché de tramas exploradoras

En las tramas SRB, viaja la información de RIF (Routing Information Field), que incluye los bridges y anillos por los que ha de viajar la trama, y que ha sido extraída de las tramas exploradoras.

El formato de la trama Token Ring SNAP es el siguiente (ver tema de Token Ring):

SD	AC	FC	DA	SA	RIF	LLC	TIPO	DATOS	FCS	ED	FS

El campo de RIF está dividido en dos partes. Una de ellas, de dos bytes, que contiene información general de la ruta, y otra, de tamaño variable hasta 28 bytes, que contiene los route descriptors (dos bytes cada uno). El formato es como sigue:

ROUTE CONTROL FIELD						ROUTE DESCRIPTOR	
TIPO	X	LONGITUD (BYTES)	D	MTU	X	ANILLO	BRIDGE
2	1	5	1	3	4	12	4
00: Datos. Enrutar según RD 01: Exploradora todos los caminos 11: Exploradora un solo camino		Tamaño total, incluyendo RD (bytes)	1: Righ - Left 0: Left - Right	000: 512 001: 1500 010: 2052 011: 4472 100: 8144 101: 11407 110: 17800			

Para configurar SRB en un router Cisco, se crea un anillo virtual con **source-bridge ring-group [anillo virtual]** y luego se agregan los interfaces al mismo con **source-bride [anillo] [bridge] [anillo virtual]:**

> **source-bridge ring-group 5**
> **!**
> **interface tokenring 0**
>   **source-bridge 1 10 5**
>   **source-bridge spanning**
> **!**
> **interface tokenring 1**
>   **source-bridge 2 11 5**
>   **source-bridge spanning**

4.2.1 Source-route transparent bridging (SRT)

Especificado en IEEE 802.1d C. Permite a un bridge trabajar con tramas transparent bridging y source-route bridging al mismo tiempo. Crea un árbol Spanning tree común y permite que las estaciones se comuniquen con otras estaciones del mismo tipo, pero no unas con otras.

SRT utiliza un bit llamado Routing Infomation Indicator (RII) para distinguir entre las dos tramas (0: SRB (hay RIF); 1: TB (no hay RIF))

4.2.2 Source-route translational bridging (SR/TLB)

Igual que SRT, permite realizar bridging con redes transparent bridging (Ethernet) y redes Source-route bridging (Token ring), pero además permite que estaciones de un modo se comuniquen con estaciones del otro. Dadas las diferencias entre los dos tipos de trama, SR/TLB tiene que realizar diferentes tareas:

• **Ordenar los bits de la dirección MAC:** Token ring los lee normal, y Ethernet invierte cada octeto de la dirección.

- **MTU:** Ethernet tiene 1500 bytes, mientras que Token ring tiene 4472 en una red de 4 Mbps y 17800 en una red de 16 Mbps. TLB pone la MTU de Token Ring a 1500 para permitir esta actividad.

- **Estado de la trama:** Token ring tiene bits de estado (como el bit de copiado) que Ethernet no tiene.

- **Tramas exploradoras:** En Ethernet no existen. Son descartadas al pasar de Token Ring a Ethernet.

- **RIF:** Ethernet no entiende el concepto de source-route

- **Spanning-Tree:** Token Ring no entiende el STP de Ethernet

- **Conversión de trama:** Las tramas Ethernet V2 son convertidas a Token Ring SNAP y viceversa.

Para configurar en un router SR/TLB:

source-bridge ring-group 10	**(Se crea el anillo virtual)**
source-bridge tranparent 10 2 5 1	**(Anillo virtual 10**
	Pseudo anillo 2 (interface Ethernet)
	Bridge 5 (entre los dos anillos)
	Bridge-group 1 (Ethernet)
!	
interface tokenring 0	
source-bridge 5 6 10	**(bridge 6**
	entre el anillo 5 (real) y el 10 (virtual))
source-bridge spanning	
!	
interface ethernet 0	
bridge-group 1	**(el interface pertenece al grupo**
	transparent-bridge 1)
!	
bridge 1 protocol ieee	

La configuración indicada es:

Host - Anillo 5 - Bridge 6 - Anillo 10 - Bridge 5 - Anillo 2 - Host B

Donde:
- o Bridge 6 es el interface Token Ring del Router
- o Anillo 10 es un anillo virtual interno al router
- o Bridge 5 une la Red TR y Ethernet
- o Anillo 2 es el interface Ethernet del router, que pertenece al Bridge-Group 1

4.2.3 Remote source-route bridging (RSRB)

Permite bridging de redes Token Ring conectadas a routers separados por entornos diferentes a Token Ring (similar a un túnel). Para evitar el overhead es mejor no configurar ningún tipo de encapsulación si la red lo soporta (debe ser Token Ring extremo a extremo). A esto se le conoce como Local SRB. Si no se soporta Local SRB, hay otros cuatro métodos de transporte:

- **Directo:** Proporciona bajo overhead, pero la encapsulación se hace en la cabecera de enlace. Es útil para enlaces punto a punto. Si se usa sobre líneas serie, deben ir encapsuladas en HDLC.

- **Frame Relay:** Encapsula SNA en tramas LLC2 en redes Frame Relay.

- **IP Fast Sequenced Transport (FST):** Encapsula tramas LLC2 en IP, y es útil cuando la velocidad es importante, aunque tiene el mayor overhead.

- **TCP:** encapsula el LLC2 en un paquete TCP. Es fiable y soporta local acknowledge. Puede priorizarse el tráfico RSRB sobre enlaces serie.

Se configura de un modo similar a SRB, indicando a los routers extremos que forman parte del mismo anillo virtual. La configuración adicional es indicar a cada router los peers de otros equipos que forman parte del mismo anillo. Si se trata de Directo, en la configuración de peer se indica en interface. Si es sobre TCP, se indica la IP del extremo contrario, y se puede configurar que los acknowledges dirigidos al extremo contrario sean confirmados en local. A continuación se ven las configuraciones:

RSRB con encapsulación directa	RSRB con encapsulación TCP

!router A
source-bridge ring-group 10
source-bridge remote-peer 10 interface serial 0
!
interface tokenring 0
  source-bridge 1 5 10   !(anillo real, bridge, anillo virtual)
  source-bridge spanning
!
interface serial 0
  encapsulation hdlc
 	
!router B
source-bridge ring-group 10
source-bridge remote-peer 10 interface serial 0
!
interface tokenring 0
  source-bridge 2 6 10   !(anillo real, bridge, anillo virtual)
  source-bridge spanning
!
interface serial 0
  encapsulation hdlc
	!router A
	source-bridge ring-group 10
	source-bridge remote-peer 10 tcp 192.168.1.1
	source-bridge remote-peer 10 tcp 192.168.2.1 local-ack
	!
	interface tokenring 0
	  ip address 192.168.1.1 255.255.255.0
	  source-bridge 1 5 10 !(anillo real bridge, anillo virtual)
	  source-bridge spanning
	
	!router B
	source-bridge ring-group 10
	source-bridge remote-peer 10 tcp 192.168.2.1
	source-bridge remote-peer 10 tcp 192.168.1.1 local-ack
	!
	interface tokenring 0
	  ip address 192.168.2.1 255.255.255.0
	  source-bridge 2 6 10 !(anillo real, bridge, anillo virtual)
	  source-bridge spanning

4.2.4 Data-link switching (DLSW+)

Definido en RFC 1795, DSLW soluciona algunos problemas de SRB, especialmente en enlaces WAN. Es un sustituto de SRB y sirve para cursar tráfico SNA y NetBIOS. La implementación de Cisco se llama DLSW+ y tiene algunas ventajas sobre el estándar, como que los acknowledges y los keepalives de SNA y NetBIOS no tienen que atravesar el enlace WAN, permite priorización sobre otros protocolos, y soporta redundancia ante fallos. Cisco también soporta el estándar DLSW.

Los routers configurados para DLSW+ establecen un peer local, y definen los peers remotos, con los que intercambiará tráfico. Aunque hay otros (los mismos que en RSRB), el método más utilizado de transporte es TCP. Los routers pueden comportarse como terminación de RIF (Como si fueran el extremo final de la trama) en cada extremo. De este modo, se limitan las tramas exploradoras en los enlaces. Los anillos virtuales no tienen que ser iguales entre los routers. Si se configura para que haga RIF Passthru, el anillo virtual ha de ser el mismo, y viajarán las exploradoras a través de él.

Una estación SNA que desea establecer una sesión manda una trama exploradora a la estación final. Al recibir el router esta trama, manda a todos los peers DLSW+ un mensaje de "canureach", preguntando por la MAC solicitada. El que la conozca, responde con un paquete de "icanreach".

NetBIOS es similar, pero en vez de mandar "canureach" manda una trama "NetBIOS Name Query". El que conoce ese nombre, en vez de responder "icanreach" devuelve una trama "NetBIOS Name Recognized"

Los routers DLSW almacenan esta información en un caché, de modo que no se vuelve a preguntar por un destino.

DLSW se soporta en Ethernet, TR y FDDI

La configuración de DLSW es muy simple:

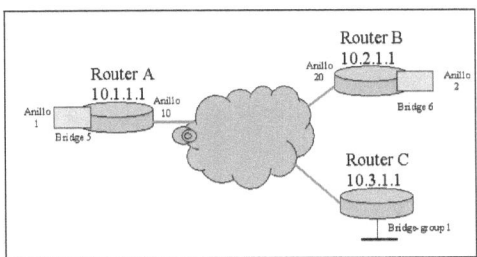

Router A	Router B	Router C
source-bridge ring-group 10	source-bridge ring-group 20	bridge-group 1 protocol ieee
!	!	!
dlsw local-peer peer-id 10.1.1.1	dlsw local-peer peer-id 10.2.1.1	dlsw bridge-group 1
promiscous	dlsw remote-peer 0 tcp 10.1.1.1	!
dlsw remote-peer 0 tcp 10.2.1.1	!	dlsw local-peer peer-id 10.3.1.1
!	interface loopback 0	dlsw remote-peer 0 tcp 10.1.1.1
interface loopback 0	ip address 10.2.1.1	!
ip address 10.1.1.1 255.255.255.255	255.255.255.255	interface loopback 0
!	!	ip address 10.3.1.1
interface tokenring 0	interface tokenring 0	255.255.255.255
source-bridge 1 5 10	source-bridge 2 6 20	!
		interface ethernet 0
		bridge-group 1

El parámetro **promiscous** permite que el router con este comando acepte cualquier sesión, sin tener que definir los peers remotos (por eso no se define a C).

Se verifica con **show dlsw capabilities**, que muestra la capacidad del router remoto.

4.3 RESUMEN DE TIPOS DE BRIDGING

TIPO DE BRIDGING	SIGNIFICADO
TB (Transparent bridging)	El "normal"
CRB (Concurrent Routing and Bridging)	TB + Routing por separado
IRB (Integrated Routing and Bridging)	TB + Routing junto
SRB (Source-Route Bridging)	Los bridges no hacen nada. El origen iel camino de la trama. Emplean tramas exploradoras para conocerlo. Usado en Token Ring
SRT (Source-route transparent bridging)	Permite que un router trabaje con TB y con SRB sin mezclarse
SR/TLB (Source-route translational bridging)	Permite que un router trabaje con TB y con SRB haciendo de gateway entre ellas
RSRB (Remot source-route bridging)	Permite hacer bridging de redes TR (SRB) con redes no TR en medio
DLSW+ (Data Link Switching +)	Mejora sobre RSRB

4.4 VIRTUAL LOCAL AREA NETWORK (VLAN)

El objetivo de una virtual LAN es organizar a los miembros de una LAN que tienen características comunes (su propia subred IP, acceso a determinados sitios, etc). Lo que hace es segmentar los dominios de broadcast, como si se tratara de switches diferentes. La agrupación se puede hacer en base al puerto de entrada, a la dirección MAC o por la dirección de nivel 3. Es necesaria la intervención de un router para comunicar estaciones situadas en VLAN diferentes. Todos los dispositivos que pertenecen a una VLAN reciben el tráfico broadcast de esa VLAN, y no de ninguna otra.

Al segmentar dominios de broadcast y establecer redes de nivel 3 diferentes, con un router entre ellas, permiten un más eficiente uso del ancho de banda disponible, establecer políticas de seguridad, balanceo de carga en dispositivos de nivel 3 y aislar problemas de red

Como dentro de una VLAN se encuentran contenidos los broadcast de las estaciones, no es posible establecer comunicaciones con otras estaciones de otras VLAN. Para ello, hace falta la presencia de un router. De este modo, para que una estación de una VLAN pueda hablar con otra, necesita que se le configure el default gateway, que es la dirección del router que conoce donde se encuentra la otra estación. Para que varias VLAN acaben en un router, se puede poner un enlace físico por VLAN o configurar trunking.

Se define quien es miembro de una VLAN por el puerto del switch donde está conectado (VLAN estática), aunque es posible establecer una política de pertenencia a una VLAN mediante la MAC del dispositivo, empleando un software de gestión (Cisco Works 2000 o CWSI). Se llaman VLAN dinámicas. La pertenencia a una VLAN es habitualmente establecida por la posición geográfica de las estaciones, aunque es posible que elementos situados en distintas localizaciones pertenezcan a una misma VLAN, organizándolos por departamentos o proyectos, por ejemplo.

El número de VLAN en el switch block depende de la necesidad de división en el mismo, pero también ha de tenerse en cuenta el direccionamiento a aplicar, ya que cada VLAN se ha de corresponder con una subred. Se pueden definir VLAN punto a punto y locales:

VLAN end-to-end

- Los usuarios se agrupan en la misma VLAN independientemente de su posición física, y en función de características comunes, como miembros de un mismo proyecto.

- Todos los usuarios deben cumplir la regla 80/20 (el 80% del tráfico dentro de la misma VLAN), con lo que los servidores deben encontrarse en la misma VLAN.

- Si un usuario modifica su ubicación física, debe seguir perteneciendo a la misma VLAN.

- Cada VLAN tiene una política de seguridad, que debe ser igual para todos los usuarios de la misma.

- En la capa de distribución, se ha de configurar ISL en el enlace con los switches de acceso, ya que en los mismos hay varias VLAN definidas. En esta capa se aplica la seguridad para estos puertos.

- Como se tiende a centralizar los servidores, una VLAN end-to-end es más difícil de mantener.

VLAN local

- Las VLAN se definen por la situación física de los miembros de la misma.

- Son más fáciles de mantener y de interpretar.

- Como se quiere que los servidores se encuentren agrupados, en este tipo de VLAN el patrón de tráfico se invierte, siendo necesario que el 80% del tráfico atraviese la red para llegar a los mismos.

Para configurar una VLAN, se ponen los siguientes comandos:

DEFINICIÓN	COMANDOS SET	COMANDOS IOS
Crear la VLAN		vlan #vlan name vlan-name
Asignar un puerto a una VLAN	set vlan [vlan][puerto]	vlan-membership {static {#vlan} | dynamic}
Quitar la asignación	clear vlan	
Comprobarlo	show vlan	

El número máximo de VLAN que pueden ser creadas en un switch depende del mismo. Por ejemplo, en el Cisco Catalyst 1900 se pueden crear hasta 64 (La dirección IP está en la VLAN 1).

Para hacer el troubleshoting a una red con VLANs, se pueden emplear los siguientes comandos:

TIPO DE COMANDO	COMANDO	SIGNIFICADO
COMANDOS SHOW	show vlans	Lista las VLANS configuradas en el router
	show span [vlan_number]	Muestra toda la información de STP que conoce el router (root, temporizadores, etc)
	show bridge [bridge_number]	Información de los bridge-groups configurados, con las MACS detectadas en él.
	show interface fastethernet	Información del interface
COMANDOS DEBUG	debug vlan packets	Muestra todos los paquetes recibidos con encapsulación ISL, pero que no tienen subinterface configurado con esa VLAN para poder ser tratados.
	debug span tree	Muestra todas las BPDU que se reciben sin interpretar
	debug span events	Muestra e interpreta las BPDU recibidas.

Hay que tener en cuenta, a la hora de conectar un switch a un router, el MTU de cada VLAN, que ha de ser igual en ambos dispositivos. Los switches tienen 5 VLAN configuradas por defecto, cada una de ellas con una MTU diferente y para un tipo de LAN diferente:

TIPO DE LAN	VLAN	MTU
ETHERNET	1	1500
FDDI	1002	4352
TOKEN RING	1003	2048
FDDI	1004	4352
TR-NET	1005	2048

4.4.1 Listas de Acceso VLAN (VACL)

VACLs proporcionan control de acceso a todos los paquetes que se bridgean dentro de la VLAN o que se enrutan fuera de ella. Las VACL aplican a todos los paquetes y se pueden aplicar a cualquier interface VLAN o WAN, y siempre se ejecutan en hardware. Las VACL pueden ser configuradas para IP, IPX y MAC.

Cuando se configura una VACL y se aplica a una VLAN, todos los paquetes que entren en la VLAN se comprueban con la VACL. Si además hay listas de acceso en el router, se comprobarán después de haberse comprobado la VACL. Cuando el paquete abandona la VLAN es al revés, primero se comprueba la lista de acceso y luego la VACL.

Para configurar una VACL (En el router):

Crear la VLAN Access MAP:

Router(config)# vlan access-map [NOMBRE] [SECUENCIA (0-65535)]

Se buscan coincidencias:

Router(config-access-map)# match ip [IP, IPX, MAC] [lista de acceso]

Se determina la acción:

Router(config-access-map)# action [drop, log, forward, redirect (puerto)]

Se aplica a la VLAN:

> Router(config)# vlan filter [NOMBE] [VLAN-list]

Se verifica:

> Router# show vlan access-map NOMBRE
> Router# show vln filter [access-map NOMBRE, vlan VLAN]

4.5 ENLACES DE TRUNK

Para enlazar varios switches que cada uno de ellos tiene las mismas VLAN, se puede poner un enlace para cada VLAN o usar un trunk. Por un trunk viajan juntas, pero sin mezclarse, información de varias VLAN.

En un switch hay dos tipos de enlace, enlaces de acceso, donde se conectan los usuarios y está estática o dinámicamente asignado a una VLAN, y enlaces de trunk, utilizados para interconectar switches o routers, y por los que atraviesan todas las VLAN que se definan. Cisco soporta varias formas de trunking:

Método de identificación	Encapsulación	Etiqueta	Medio físico soportado	Descripción
ISL (Inter Switch Link)	Si	No	Ethernet	Propietario de Cisco
IEEE 802.1Q	No	Si	Ethernet	Estándar IEEE.
LANE	No	No	Redes ATM	
IEEE 802.10	No	No	FDDI	Propietario de Cisco

Físicamente, se asigna una etiqueta a cada trama cuando atraviesa por un enlace de trunk. Cada switch analiza esta trama para conocer a que VLAN pertenece el paquete original, y, por lo tanto cuales son los puertos permitidos de salida para el mismo. Cuando la trama va a salir de la red por un enlace final perteneciente a una VLAN (no un trunk) se le elimina la etiqueta. La identificación de tramas (frame tagging) asigna un identificador de usuario (un color, nombre, número, etc) a cada trama.

Un enlace de trunk lleva asociadas varias VLAN. Para que un switch las acepte, debe reconocer (tener configurada) esta VLAN, y además ambos enlaces deben llevar las mismas VLAN. En un enlace Trunk, la VLAN nativa es la que adoptará el enlace si el trunk cae por algún motivo.

Es posible hacer "trunks de otros trunks"

4.5.1 Inter-Switch Link (ISL)

ISL es un protocolo propietario de Cisco, que permite encapsular las VLAN cuando atraviesan por un enlace de trunk. Opera a velocidad de línea (realizado por ASIC's) en Fast Ethernet o Gigabit Ethernet punto a punto. Es compatible con STP. Se negocia con un protocolo llamado Dynamic Trinking Protocol (DTP). Para que negocie DTP, los switches deben estar en el mismo dominio VTP.

- ON: Siempre negocia, y siempre activa el trunk
- OFF: No negocia, y nunca activa el trunk

- AUTO: no inicia negociación, pero se deja negociar
- DESIRABLE: Intenta negociar, activa el trunk
- NONEGOTIATE: No negcia, activa el trunk

	ON	OFF	AUTO	DESIRABLE	NONEGOTIATE
ON	Activado	---	Activado	Activado	Activado
OFF	---	---	---	---	---
AUTO	Activado	---	---	Activado	---
DESIRABLE	Activado	---	Activado	Activado	---
NONEGOTIATE	Activado	---	---	---	Activado

ISL encapsula cada trama Ethernet con una cabecera de 26 bytes y un trailer de CRC de 4 bytes. La información de la trama ISL es la siguiente:

- **DA (40):** Dirección destino multicast 01.00.c0.00.00

- **Tipo (4):** Indica el tipo de trama origen:

    o 0000: Ethernet
    o 0001: Token Ring
    o 0010: FDI
    o 0011: ATM

- **User (4):** Puestos a cero. Da, Tipo y User conforman una dirección MAC normal

- **SA (48):** dirección fuente

- **LEN (16):** Tamaño de la trama

- **SNAP (24):** Puestos a AA.AA.03

- **HSA (24):** Indica el vendor ID. Siempre es 00.00.0C

- **VLAN ID (15):** Identificador de la VLAN

- **BPDU (1):** Indica que es un BPDU de STP encapsulado en ISL

- **INDX (16):** indica el puerto por el que entró el paquete

- **RES (16):** Reservados, puestos a cero.

- **Trama encapsulada**

- **CRC (32):** Comprobación

4.5.2 IEEE 802.1q

IEEE 802.1q es el protocolo estándar de trunking. Trabaja sobre interfaces Fast Ethernet y Gigabit Ethernet, y soporta un entorno multivendor. Soporta priorización de tramas.

La encapsulación de IEEE 802.1q no es una cabecera y un trailer como en ISL, sino que agrega a la trama Ethernet un campo de tag. La figura siguiente indica la ubicación de este campo:

DA	SA	TAG	TIPO LONGITUD	DATOS	FCS

El campo de tag es de 4 bytes y contiene los siguientes elementos:

- **TPID (16):** Tag Protocol Identifier. Indica el comienzo de una etiqueta IEEE 802.1q

- **Priority (3):** 3 bits que marcan la prioridad de la trama, cumpliendo con IEEE 802.1p. Permite 8 niveles de priorización.

- **CFI (1):** Canonical Format Indicator. Indica si la MAC se lee de forma canónica o no canónica (Ethernet / Token Ring)

- **VID (12):** VLAN Identifier. Indica la VLAN. Permite hasta 4096 VLANs, de las cuales la 0, la 1 y la 4095 están reservadas.

4.5.3 Configuración

Configuración en el switch:

DEFINICIÓN	COMANDOS SET	COMANDOS IOS
Configurar trunk	set trunk [puerto] [on | off | desirable | auto* | nonegotiate] [vlan-vlan] [isl |dot1q | dot10 | lane | negotiate]	(config) interface vlan x (config-if) trunk [on | off | desirable | auto | nonegotiate]
Borrar trunk	clear trunk [puerto] [vlan_range]	
Comprobarlo	show trunk [puerto]	
Ver tipos de trunk soportados	show port capabilities	

* Para que funcione en modo "auto" deben estar en el mismo dominio VTP

Configuración en el router:

ISL	IEEE 802.1Q
interface fastethernet 1/1.1 encapsulation isl 1 ip address 192.168.1.1 255.255.255.0 ! interface fastethernet 1/1.2 encapsulation isl 2 ip address 192.168.2.1 255.255.255.0	interface fastethernet 1/1.1 encapsulation dot1q 1 ip address 192.168.1.1 255.255.255.0 ! interface fastethernet 1/1.2 encapsulation dot1q 2 ip address 192.168.2.1 255.255.255.0

El comando **show controller fastethernet** indicará el estado del interface, y de la encapsulación empleada. Una observación es que siempre se verá el interface como levantado (UP/UP) si se ha configurado el comando **no keepalive**.

4.6 VLAN TRUNK PROTOCOL (VTP)

VTP (VLAN Trunk Protocol) es un protocolo de mensajes de nivel 2 propietario de Cisco, que circula a través de puertos de trunk (ISL o IEEE 802.1q) en la VLAN 1 y que permite mantener la consistencia en las VLAN de la red. Todos los mensajes son enviados a la dirección multicast 01.00.0C.CC.CC.CC.

VTP crea un dominio VTP, identificado con un nombre de dominio, y los switches que están en este mismo dominio comparten la configuración de la VLAN, de modo que se asegura la consistencia de esta información. La información que comparten es el dominio de administración, el número de revisión de configuración y las VLAN conocidas con sus parámetros Además, permite VTP prunning, que es una característica de VTP que permite ahorrar ancho de banda en los enlaces trunk, eliminando los paquetes de una VLAN que no tenga puertos configurados en switches que cuelguen del que recibe la trama.

Los routers no soportan VTP, por eso, si se introduce un router en medio de una red de switches, el dominio VTP se segmenta, y los switches no se actualizarán su información de un lado a otro del router.

Se puede agregar una password al tráfico VTP, que los switches deberán emplear para dar información de las VLAN.

Cuando se modifica una VLAN en un switch, éste le pasa la nueva tabla a los demás switches, que se configuran de acuerdo con esta si el número de revisión es superior al que tienen éstos.

Se puede configurar un switch para que trabaje en uno de estos tres modos:

- **Servidor:** En modo server, se pueden agregar, modificar o eliminar VLAN, y éste le mandará la información configurada a los otros switches del dominio. También se configura de otros servidores. Es el modo por defecto. Almacena la información en NVRAM.

- **Cliente:** Recibe la información de un servidor. En él no se pueden configurar VLAN. No almacena la información en NVRAM.

- **Transparente:** No participan en el protocolo VTP, sólo hacen forwarding de las tablas que los servidores envían a los clientes. Se pueden crear VLAN, pero éstas no serán enviadas a nadie. Si se usan VLAN extendidas (1006-4094) deben ponerse en este modo.

Al conectar un nuevo switch a un dominio VTP, es necesario seguir unos pasos de precaución, ya que la información contenida en éste podría ser enviada al resto de la red y sobrescribir la información de VLAN ya configurada. Los pasos a seguir son:

- Ejecutar el comando **clear config all** en el switch, para eliminar toda la información contenida en él.

- Reiniciar el switch para eliminar la información de la NVRAM para VTP, y asegurar que se pone con número de revisión 0.

- Determinar el modo de operación del mismo, y configurar los parámetros necesarios.

- Conectarlo a la red.

Los switches envían por sus puertos de trunk unas tramas que indican el dominio VTP, número de revisión de configuración, las VLAN que conocen e información de las mismas. Las tramas se envían a una dirección broadcast para asegurar que todos las reciben. Esta información se envía a través de una VLAN de control, configurada en fábrica para todos los switches (VLAN 1). Esta información se envía siempre en sentido downstream, nunca hacia el root.

Hay tres tipos de mensajes VTP:

• Solicitudes de clientes que desean aprender la configuración de la red.

• Anuncio de resumen de VLAN, la mandan los servidores cada 300 segundos o cuando hay un cambio.

• Anuncio detallado, que contiene información detallada acerca de una VLAN.

  o VLAN ID (ISL y 802.1Q)
  o Nombre de LAN emulada (para ATM LANE)
  o Valor SAID 802.10 (para FDDI)
  o Nombre del dominio VTP
  o Número de revisión de configuración
  o Configuración de la VLAN, incluyendo el MTU.
  o Formato de trama

Hay dos versiones de VTP, v1 y v2. Por defecto se usa la v1, pero será necesario configurar la v2 si se necesita alguna funcionalidad de esta versión que no esté en la otra. La más usual es soporte de VLAN en redes Token Ring. Las dos versiones no pueden operar entre ellas. La v2 permite hacer forwarding de paquetes VTP por enlaces de trunk en modo transparente.

Para configurar y comprobar el funcionamiento de VTP:

DEFINICIÓN	COMANDOS SET	COMANDOS IOS
Elegir versión VTP	set vtp v2 enable (la v1 es por defecto)	
Determinar el dominio y el modo de funcionamiento	set vtp domain [dominio] password [password] mode [mode] set vtp mode [server | cliente | transparent]	vtp [server | transparent | client] [domain domain-name] [trap {enable | disable}] [password password] [prunning {enable | disable}]
Habilitar VTP pruning	set vtp pruning enable	
Habilitar VTP prunning para unas VLAN (Desde la VLAN 2 hsta la 1000 por defecto son pruneeligible)	set vtp pruneeligible [rango_vlan]	
Quitar VTP pruning	clear vtp pruneeligible [rango_vlan]	
Verificar el funcionamiento	show vtp statistics	
Comprobar VTP	show vtp domain	
Comprobar VTP prunning	show trunk, show port, show vlan	

4.7 FAST ETHER CHANNEL (FEC)

Cisco permite la configuración de Fast EtherChannel, que consiste en enlazar varios enlaces en paralelo para formar uno de mayor capacidad. Se permite sobre Fast Ethernet y Gigabit Ethernet en modo full duplex (punto a punto), y se pueden enlazar hasta 8 enlaces para formar uno de 800 o 8000 Mbps bidireccional. Proporciona redundancia en el enlace. Se soporta en switches, routers y servidores.

PAgP (Port Aggregation Protocol) gestiona el enlace FastEther Channel. Una vez que ha negociado todos los parámetros de los enlaces, se comporta como uno único. PAgP requiere que todos los puertos sean de la misma VLAN o parte de un trunk, no se soportan VLAN dinámicas en estos enlaces. Si la velocidad, el modo dúplex o la VLAN de un puerto se cambia, PAgP lo cambia en todos los puertos del grupo.

Para configurarlo, se agregan los siguientes comandos:

ROUTER	CATALYST
router(config)# interface fastethernet [puerto] router(config-if)#channel-group 1 mode on router(config)# interface port-channel 1 router(config-if)# ip address d.d.d.d m.m.m.m	set port channel [puertos] [on | off |desirable | auto]

Modos:
- ON: No negocia, activa FEC
- AUTO: No inicia negociación, activa FEC si alguien negocia con él
- DESIRABLE: Inicia negociación, activa FEC si alguien negocia con él

4.8 CISCO DISCOVERY PROTOCOL (CDP)

CDP es un protocolo propietario de Cisco que obtiene información de los dispositivos Cisco directamente conectados. Está soportado en todas las plataformas de Cisco y activado por defecto en las mismas.

Es un protocolo de nivel 2, con lo que trabaja con cualquier dispositivo, independientemente del protocolo de nivel 3 que se esté utilizando (IP, IPX, etc). La única condición es que la capa física soporte encapsulación SNAP (Subnetwork Access Protocol).

CDP manda cada 60 segundos por defecto una trama a la dirección MAC multicast 0100.0CCC.CCCC, en la que se indican los siguientes datos:

- Identificador del equipo (hostname y dominio).
- Una dirección por protocolo de capa 3, sin máscara.
- Puerto (tipo y número) por el que se manda la trama
- Plataforma hardware
- Posibilidades del dispositivo (router, switch, etc.)
- Versión de IOS

Todos los equipos almacenan esta información en una tabla. Cada entrada se actualizará cada 60 segundos, pero si durante 180 segundos por defecto no se ha actualizado, se eliminará el equipo de la tabla.

Los comandos relacionados con este protocolo se pueden ver en la tabla:

COMANDO	SIGNIFICADO
show cdp neighbor [detail]	Muestra la información de los dispositivos adyacentes
sbow cdp entry *	Muestra la información de los dispositivos adyacentes
cdp timer [segundos]	Modifica el valor de actualización (por defecto cada 60 segundos)
cdp holddown [segundos]	Modifica el valor de mantenimiento (por defecto 180 segundos)
no cdp run	Comando global que desactiva CDP en todo el router
no cdp enable	Comando de interface que desactiva CDP en ese interface
set cdp disable	Comando global que desactiva CDP en todo el switch
set cdp disable [port]	Comando set que desactiva CDP en ese interface

4.9 MULTILAYER SWITCHING (MLS)

MLS es una forma de realizar la conmutación de paquetes nivel 3 o superior mediante hardware (ASICS). Se precisa de un router y de un switch. El router puede ser interno o externo.

En el proceso MLS intervienen tres componentes principales:

- **MLS-SE (Multilayer Switching Switch Engine):** Es el switch.

- **MLS-RP (Multilayer Switching Route Processor):** El router, ya sea externo o interno.

- **MLSP (Multilayer Switching Protocol):** Protocolo que opera entre el MLS-SE y el MLS-RP para habilitar MLS.

4.9.1 Funcionamiento

Cuando se activa un MLS-RP, éste manda tramas "hello" multicast cada 15 segundos. Este mensaje se manda a todos los switches de la red, e incluye su dirección MAC (la de todos los interfaces que tengan que ver en el MLS), información de las listas de acceso y entradas o borrados de rutas. La dirección multicast es la misma que se emplea por el protocolo CGMP, y se envían con un tipo de protocolo distinto para que se reconozca entre uno y otro.

Todos los switches reciben la trama, ya que todos escuchan la dirección multicast. Los switches que no soporten MLS hacen forwarding de la misma, y lo que si lo soporten (MLS-SE) graban las direcciones MAC de la trama (direcciones del MLS-RP) en la tabla CAM (Content-addressable memory), asociándolas al puerto de donde legó. Para que un switch haga caso a estas tramas hay que indicarle quien es el router con el comando **set mls include [IP]**. El comando **show mls include** muestra todos los routers con los que hablará MLS. Si el MLS-RP es interno, no es necesario configurarlo, ya que es automático.

El MLS-SE asigna una XTAG de un byte a cada MLS-RP, de modo que todas las direcciones MAC que éste le ha mandado queda identificadas por el mismo byte.

Cuando el switch recibe una trama, mira la dirección MAC destino, que será la del router. Como la reconoce, porque la ha recibido en los paquetes de hello, mira si hay una entrada en el caché para ese flujo, si es así, manda la trama a su destino, sin que la trama sea vista por el router. Si no la tiene en caché, le manda la trama al router, y marca el flujo en el caché como "candidato".

El MLS-RP recibe el paquete y mira en su tabla de rutas y reenvía el paquete hacía la dirección MAC destino siguiente, reenviando la trama al MLS-SE.

Cuando el switch recibe la trama, ya sabe el puerto destino, basándose en la CAM, y, por la dirección MAC fuente, sabe que el paquete proviene del router. Entonces, compara la XTAG entre la trama que ha recibido y la tabla MLS de candidatos. Si coinciden se marca el "candidato" como "enable" y manda la trama por el puerto adecuado.

Para las siguientes tramas, el MLS-SE reconoce que la dirección MAC destino es la del router. Analizando su trama MLS ve que ya tiene en cache este flujo, así que cambia la dirección MAC destino por la del siguiente salto (que ya indicó el router) y la fuente por la del router, decrementa el TTL y manda el paquete por el puerto correspondiente.

Las entradas parciales o candidatas estarán en el cache durante 5 segundos. Las enable estarán hasta que no se detecten más paquetes de ese flujo durante el tiempo aging time, que por defecto es 256 segundos. Se puede modificar con el comando **set mls agingtime [tiempo]** sólo en saltos de 8 segundos. La tabla MLS es limitada, por lo que hay que mantenerla siempre actualizada. Existen algunos flujos de corta vida, como una petición DNS, que si se almacenaran durante 256 segundos se estaría consumiendo mucha tabla. Para ello, se puede usar el comando **set mls agingtime fast [tiempo] [paquetes]**. En paquetes se indican los paquetes de este flujo dentro del tiempo definido que han de pasar como mínimo para no considerarlo un flujo de corta vida.

4.9.2 Máscaras de flujo

El MLS-SE emplea máscaras para comparar los paquetes que se corresponden con un flujo. Está basada en listas de acceso aplicadas al interface del router, y éste se las comunica mediante mensajes MLSP. El MLS-SE sólo soporta una, y siempre es la más restrictiva de la unión de todas las suministradas por los routers. Las máscaras pueden ser:

- **Por dirección IP destino:** Es por defecto y la menos restrictiva de todas. Se mantiene una entrada en el cache por cada dirección destino. Se usa si no hay listas de acceso configuradas en los routers.

- **Por dirección fuente y dirección destino:** Se almacena en el cache una entrada por pareja de IP fuente y destino. Se usa si hay listas de acceso standards configuradas en el interface.

- **Por flujo IP:** Se almacena en el caché una entrada por IP fuente y destino, protocolo y puertos. Se usa si hay listas de acceso extendidas configuradas en el router.

Se puede forzar al switch a emplear un tipo de máscara aunque no haya listas de acceso en los routers con el comando **set mls flow [destination | destination-source | full]**

Si la lista de acceso es de entrada al interface del router, como deben ser analizados todos los paquetes, no se soportaría MLS. Para que se soporten hay que poner el comando **mls rp ip input-acl** en el interface.

4.9.3 Configuración

DESCRIPCION	MLS-RP	MLS-SE
Habilitar MLS	(config) mls rp ip (config-if) mls rp ip	set mls enable (sólo si es externo)
Habilitar MLS para una VLAN (solo en MLS-RP externo y con enlaces de acceso no trunk)	(config-if) mls rp vlan-id [vlan]	
Asignar MLS a un dominio VTP	(config-if) mls rp vtp-domain [dominio]	
Crear interface de management	(config-if) mls rp managment-interface	
Verificar MLS	show mls rp	
Verificar MLS en un dominio	show mls rp vtp-domain [dominio]	
Verificar MLS en un interface	show mls rp interface [interface]	
Ver los routers asociados MLS		show mls include
Ver la tabla MLS		show mls entry
Ver tabla MLS para un destino		show mls entry destination [ip]

Es necesario configurar el dominio VTP antes de poner el comando de MLS, ya que si no se crea el dominio null y el router no hablaría con los switches.

El interface de management será el que se emplee para las tramas de control del protocolo MLSP (hellos).

El comando **clear mls entry source [IP]** elimina del caché del switch todas las entradas que tengan como dirección origen la IP indicada.

Algunos comandos del router requieren que el router analice todos los paquetes, y al ejecutarlos de desactiva MLS, como **ip tcp header-compression**.

4.10 LAN SECURITY

4.10.1 Bridging access lists

Cisco, en los routers configurados como bridge, dispone de dos tipos de listas de acceso bridging, las primeras basadas en MAC (700-799) y las segundas basadas en tipo de trama Ethernet (200-299).

Las listas de acceso basadas en MAC pueden ser configuradas a nivel de interface, tanto en sentido entrante como saliente. Un ejemplo de éstas, que deniega el tráfico de entrada desde la MAC 00c0.0404.091a es:

```
interface ethernet 0
  bridge-group 1
  bridge-group 1 input access-list 700
!
access-list 700 deny 00c0.0404. 091a 0000.0000.0000
access-list 700 permit 0000.0000.0000 ffff.ffff.ffff
```

Las listas de acceso basadas en tipo, también pueden ser configuradas a nivel de interface, tanto en sentido entrante como saliente. Un ejemplo de éstas que deniega el tráfico de salida DEC LAT (tipo 0x6004) es:

```
interface ethernet 0
  bridge-group 1
  bridge-group 1 output access-list 200
!
access-list 200 deny 0x6004 0x0000
access-list 200 permit 0x0000 0xffff
```

4.10.2 Port-based authentication (IEEE 802.1x)

IEEE 802.1x define un standard para permitir el acceso a redes Ethernet y WLAN. Las estaciones deben arrancar el protocolo Extensible Authentication Protocol (EAP) para comunicar con el switch LAN. El switch comprueba con un RADIUS con extensión EAP la autenticidad del cliente y permite o deniega el tráfico del mismo.

Para configurarlo, se prepara el perfil AAA, la dirección de RADIUS y se configura el interface para que realice la autenticación:

```
aaa new-model
aaa authentication dot1x default group radius
!
radius-server host1.1.1.1 auth-port 1812 key ccie-key
!
interface fastethernet 1/1
  dot1x port-control auto
```

4.10.3 VLANs privadas

Se utiliza para conseguir que los hosts puedan comunicar con el puerto central (promiscous port) pero no entre ellos. Consiste en las siguientes VLAN:

- **VLAN primaria:** Recibe tramas del puerto promiscuo y las envía a los puertos de las VLAN primaria, aislada y community.

- **VLAN aislada:** todos los puertos de la VLAN pueden comunicarse sólo con el puerto promiscuo, pero no pueden hacer forwarding entre ellos. Son VLAN secundarias.

- **VLAN community:** Todos los puertos de esta VLAN pueden comunicarse con todos los demás puertos community y con el puerto promiscuo. Son VLAN secundarias.

Para configurarlas, se crean la VLAN primaria y secundaria, se asocia la secundaria a la primaria, se crean los puertos y luego se asocia la secundaria al puerto promiscuo:

```
set vlan 10 pvlan-type primary
set vlan 101 pvlan-type community
set vlan 102 pvlan-type isolated
```

set vlan 103 pvlan-type isolated
set pvlan 10 101 3/2-12
set pvlan 10 102 3/13
set pvlan 10 103 3/14
set pvlan mapping 10 101 3/1
set pvlan mapping 10 102 3/1
set pvlan mapping 10 103 3/1

4.11 ATM LAN EMULATION (LANE)

LANE (LAN emulation) proporciona conectividad entre estaciones Ethernet o Token Ring y estaciones ATM, o entre estaciones Ethernet y Token Ring a través de una red ATM. LANE crea ELAN (emulated LAN) para cada segmento LAN conectado.

Los componentes de LANE son los siguientes:

- **LANE Client (LEC):** Hay un LEC para cada miembro de la ELAN. El LEC implementa LE-ARP (LAN Emulation Address Resolution Protocol) y emula una LAN para los protocolos superiores. Construye una tabla para traducir las direcciones MAC por direcciones ATM. El LEC puede ser una workstation, un switch o un router.

- **LANE Server (LES):** Es el recurso central de una LAN Emulada. Gestiona todas las estaciones conectadas, sirviendo como registro y resolución de direcciones, y manipulando las solicitudes LE-ARP.

- **LANE Configuration Sever (LECS):** Un LEC consulta al LECS cuando entra en la ELAN. El LECS proporciona las direciones ATM de los LES al LEC.

- **Broadcast and Unknow server (BUS):** El LES y el BUS suelen estar montados en la misma máquina. El BUS maneja todas las tramas broadcast, multicast, o con destino desconocido, las procesa y las manda a todas las estaciones de la ELAN.

Cuando una nueva estación quiere entrar en la ELAN, sigue el siguiente proceso:

- El LEC solicita la dirección ATM del LES al LECS. El LECS proporciona dicha dirección.

- El LEC solicita al LES entrar en la ELAN.

- El LES añade al LEC en la ELAN y manda la respuesta al LEC.

- El LEC manda un LE-ARP al LES para obtener la dirección ATM del BUS. El LES proporciona dicha dirección.

- El LEC contacta con el BUS, que añade al LEC a la Multicast Send Virtual Circuit Connection.

- Después de que el LEC está listo para comunicar con una estación destino pero no tiene la dirección ATM del mismo, manda un request LE-ARP al LES. Si el LES sabe la dirección, se la indica al LEC. Si no la sabe, manda un LE-ARP a todos los LECs. El que la conozca se la manda al LES y éste se la manda al LEC. Entonces, el LEC establece un circuito virtual con el LEC destino.

Cisco dispone de un protocolo propietario llamado SSRP que permite una replicación de los servidores LECS y del LES/BUS. Con SSRP, si el LECS, el LES o el BUS fallan, otro dispositivo realiza estas funciones.

SSRP (Simple Server Replication Protocol) puede usarse con LECS de otros fabricantes siempre que soporten ILMI

Manual Básico de Configuración de Redes Cisco

5 WIDE-AREA NETWORKS (WAN)

5.1 CAPA FÍSICA

5.1.1 Líneas síncronas

La mayoría de las líneas WAN viajan sobre redes TDM (Time Division Multiplexer). Este tipo de líneas son síncronas, lo que significa que necesitan tener una señal de reloj sincronizada entre el emisor y el receptor. Este reloj es multiplo de una seña DS0 (64 Kbps).

En base a la cantidad de DS0 empleados (multiplicador) se obtienen líneas a velocidades de:

Tipo de línea	Número de DS0	Bit Rate
DS0, T0	1	64 Kbps
DS1, T1	24	1'544 Mbps
DS3, T3	672	44'736 Mbps
E1, J1 (Japón)	30	2'048 Mbps
E3	480	34'064 Mbps

Bipolar 8-zero substitution (B8ZS) es una codificación que trata de asegurar la sincronización en una línea síncrona. Para ello, aegura que no se transmiten más de 8 ceros consecutivos, sustituyendo el octavo 0 por un 1.

Alternate Mask Inversion (AMI) codificación que representa un 1 como la presencia de tensión postiva o negativa y un 0 como la ausencia e tensión.

5.1.2 Sonet y SDH

SONET es un standard ANSI que define el interface físico que permite la transmisión de datos a diferentes velocidades sobre medios ópticos. SONET utiliza Synchronous Transport Signal (STS-1) como formato de trama.

SDH es el standard de la ITU, que comienza su factor multiplicador en STM-1 (155 Mbps).

Las velocidades soportadas en SONET/SDH son:

SONET Signal level	Speed (Mbps)	SDH equivalent
OC-1	51,85	
OC-3	155,52	STM-1
OC-12	622,08	STM-4
OC-24	1244	STM-8
OC-48	2488	STM-16
OC-192	9952	STM-64

5.1.3 Dynamic paquet transport (DTP) / Spatial reuse protocol (SRP)

DTP es una tecnología desarrollada por Cisco que emplea un doble anillo óptico para la transmisión de datos. DTP emplea un sentido de 1 fibra para la transmisión de datos y el otro para los paquetes de control, en sentido contrario al anillo de datos.

DTP utiliza un protocolo de la capa MAC llamado Spatial Reuse Protocol (SRP).

Para aumentar el ancho de banda del anillo, se utiliza una tecnología llamada Destination stripping. En vez de que el destino deje pasar el paquete destinado a él para que lo elimine el que lo mando (como TR o FDDI), en DTP el paquete lo elimina el destino, con lo que cada trama no atraviesa el anillo completo, sino solo el sector desde el origen hasta el destino.

DTP también soporta prioridad de paquetes y detección de errores en el anillo

5.2 X.25

Es un standard de circuito de conmutación de paquetes, que soporta múltiples protocolos encima. Trabaja en las tres capas inferiores de OSI X.25 (capa 3), LAPB (capa 2) y la capa física. Tanto X.25 como LAPB soportan sliding windows, y disponen de un mecanismo de detección y corrección de errores, lo cual era muy útil cuando los elementos de capa física no eran tan fiables como ahora. Se diseñó para trabajar con terminales de texto. Ahora, montando RDSI o Frame Relay sobre X.25, permite establecer VC, ya que es una tecnología de conmutación de paquetes.

En X.25 existen tres tipos de tramas: Information, supervisory y unnumbered.

El DTE es habitualmente un PAD (Packet Assemebler/Disassembler) o un router, y el DCE es un switch. EL PAD es un dispositivo que recoge datos de varios terminales asíncronos (RS-232) y periódicamente saca paquetes X.25.

Las direcciones de X.25 están definidas por el standard X.121. Su formato es como sigue:

- 4 dígitos decimales identifican el DNIC (Data Network Identification Code). Los tres primeros identifican al país y el cuarto corresponde con el operador, asignado por el ITU. Si un país tiene más de 10 operadoras X.25, se le asigna un nuevo código de país:

Región	Código X.121
Zona 2 (Europa)	200s
Reino Unido	234-237
Alemania	262-265
Francia	208-209
Zona 3 (Norte América)	300s
Estados Unidos	310-316
Canadá	302-303
Zona 4 (Asia)	400s
Japón	440-443
Zona 5 (Australia, Nueva Zelanda, Pacifico)	500s
Australia	505
Nueva Zelanda	530
Zona 6 (África)	600s
Suráfrica	655
Zona 7 (Sur América)	700s
Brasil	724

- Los siguientes dígitos (entre 8 y 11) especifican el NTN (Network Terminal Number) asignado por el PSN (Packet-switched network)

Para identificar la dirección X.121 que se corresponde con la dirección de un protocolo superior (como IP), se mapea estáticamente en el router esta asociación (Dirección destino X.121 -> IP)

El proceso de encapsulación de un protocolo superior (IP) sobre X.25, consiste en encapsular IP en una cabecera X.-25 (capa 3), y ésta en una trama LAPB (capa 2)

En X.25 se soportan circuitos virtuales permanentes y conmutados. Estos circuitos pueden ser identificados con el Virtual Circuit Number (VCN), Logical Channel Number (LCN) o Virtual Channel Identifier (VCI). Los circuitos conmutados deben establecer llamada. En un mismo interface pueden convivir varios SVC o PVC de manera simultánea, aunque evidentemente esto lleva consigo un más bajo rendimiento para cada un de ellos. Los VC pueden ser:

- **Monoprotocolo:** Cada VC lleva un único protocolo de red (IP, IPX o Apple Talk)

- **Multiprotocolo:** Un único VC transporta varios protocolos de red distintos.

5.2.1 Configuración

COMANDO	SIGNIFICADO
(config)# interface serial 0	Entra en modo interface
(config-if)# encapsulation x25 [dte | dce]	Establece encapsulación X25, indica DTE o DCE
(config-if)# x25 address [Dirección X.121]	Fija la dirección X.121
(config-if)# x25 map [protocol] [address] ... [protocol] [address] [Dirección X.121] [broadcast]	Realiza el mapeo entre X.121 y otro(s) protocolo(s) de red (máximo 9) (**PARA SVC**) con broadcast manda los broadcast a esa interface
(config-if)# x25 pvc [circuit] [protocol] [address] ... [protocol] [address] [Dirección X.121] [broadcast]	Realiza el mapeo entre X.121 y otro(s) protocolo(s) de red (máximo 9) (**PARA PVC**) con broadcast manda los broadcast a esa interface

Además de éstos, existen otros parámetros importantes a configurar:

- **Rango de VC.** En X.25 se pueden configurar VC en el rango entre 1 y 4095. Es importante hacer que PVC < SVC incoming < SVC Two-way < SVC outgoing. Los comandos para fijar los límites máximo y mínimo son:

COMANDO	SIGNIFICADO
(config-if)# x25 pvc [circuit]	El parámetro circuit debe estar debajo de cualquier SVC
(config-if)# x25 lic [circuit]	Valor low incoming circuit
(config-if)# x25 hic [circuit]	Valor high incoming circuit
(config-if)# x25 ltc [circuit]	Valor low two-way circuit
(config-if)# x25 htc [circuit]	Valor high two-way circuit
(config-if)# x25 loc [circuit]	Valor low outgoing circuit
(config-if)# x25 hoc [circuit]	Valor high outgoing circuit

- **Tamaños de paquetes.** Se define el tamaño de los paquetes X.25. Se soportan los valores 13,32,64,128,256,512,1024,2048 y 4096. Por defecto es 128

COMANDO	SIGNIFICADO
(config-if)# x25 ips [bytes]	Tamaño de paquetes de entrada
(config-if)# x25 ops [bytes]	Tamaño de paquetes de salida

- **Tamaños de ventanas.** Se define el número de paquetes X.25 en una ventana de confirmación:

COMANDO	SIGNIFICADO
(config-if)# x25 win [bytes]	Tamaño de ventana de entrada (por defecto = 2)
(config-if)# x25 wout [bytes]	Tamaño de ventana de salida (por defecto = 2)
(config-if)# x25 modulo [modulo]	Afecta a la cuenta de los paquetes, y por lo tanto al tamaño de ventana. Puede ser 8 o 128

El comando **show interface serial x** permite comprobar el funcionamiento de X.25 y LAPB en el interface seleccionado.

Los equipos Cisco pueden traducir el protocolo X.25 a IP, aunque el único protocolo soportado es TELNET. Un Host IP hace ping a una dirección IP, que se traduce por una X.121 correspondiente al dispositivo X.25. También puede hacerse a la inversa. Para configurarlo:

> **Translate tcp [IP] x25 [x121]**
> **Translate x25 [x121] tcp [ip]**

5.3 FRAME RELAY

5.3.1 Descripción

Es un standard de la ITU-T y de ANSI, siguiente a X.25. Define como mandar datos a través de una PDN (Public Data Network). Utiliza LAPD en capa 2 (igual que RDSI). Permite multiplexar múltiples enlaces sobre un mismo enlace físico, creando circuitos virtuales (VC).

La ventaja de Frame Relay frente a las líneas dedicadas es que permite un importante ahorro de costes, además de reducir la latencia. Para conectar varias sedes entre sí, con líneas dedicadas es necesario que cada router tenga muchas interfaces disponibles, y asumir el coste del alquiler de los circuitos. Con Frame Relay cada router sólo necesita un interface y una línea física (de hasta 45 Mbps). Se permite topología full-mesh al menor coste. La latencia se ve mejorada porque hay un salto lógico entre cualquier destino y cualquier otro.

Los dispositivos necesarios para un enlace Frame Relay son un router, que actúa como DTE, y un switch Frame Relay, que es el DCE.

Funciona sobre circuitos virtuales, que pueden ser permanentes o conmutados. El switch al que se conecta, le asigna un DLCI (Data-Link Connection Identifier). El PVC se crea cuando el switch mapea los DLCI de ambos extremos. El DLCI tiene significado local. Para mapear la dirección de red (IP) opuesta con un PVC determinado, se asocia ésta al DLCI correspondiente. Cisco soporta un modo de hacer esto de manera automática usando Frame-Relay Inverse ARP (por defecto). El DLCI tiene un CIR (Commited Information Rate), que es la velocidad del circuito virtual.

Los switches Frame Relay tienen una tabla de enrutamiento que indica el DLCI y el puerto de entrada, y lo asocia con el DLCI y el puerto de salida. Cuando le llegan datos a un switch, si está definido el DLCI en el enlace el switch manda el paquete a su destino. En caso contrario, el paquete es descartado.

Entre el CPE y el switch, se establece una señalización llamada LMI (Local Management Interface), que se encarga de gestionar las conexiones y mantenerlas activas (keepalives). Hay tres tipos de LMI, y los routers de Cisco son capaz de entender automáticamente de cual se trata:

- **Cisco:** Definido por "el grupo de los 4": Cisco, StrataCom, Northern Telecom, y Digital Equipment corporation. (Frame Relay Forum LMI9). Por defecto en Cisco

- **Ansi:** ANSI T 1.617 Annex D

- **Q933a:** ITU-T Q.933 Annex A

Cuando el router recibe información LMI, pone el VC en uno de estos estados:

- **Activo:** Hay conectividad con el router extremo

- **Inactivo:** Hay conectividad con el switch local, pero no con el router extremo.

- **Borrado:** No hay conectividad con el switch local

Frame Relay puede ser encapsulado en tramas Cisco o IETF. La trama IETF tiene 2 bytes (16 bits) de longitud. Los más significativos son:

- 10 bits indican el DLCI

- 1 bit de FECN (Forward Explicit Congestion Notification)

- 1 bit de BECN (Backward Explicit Congestion Notification)

- 1 bit de DE (Discard Elegibility)

Frame Relay se define en la RFC 1490. Esta norma define un método de encapsulación para un backbone Frame Relay, cubre aspectos de routing y bridging. También describe el modo de llevar tramas grandes manteniendo una MTU pequeña. RFC1490 define una cabecera que incluye el Network Level Protocol (NLPID) para identificar al protocolo de capa superior (IP, CLNP y SNAP). Como el espacio para el NLPID es limitado, no todos los protocolos tienen un número propio.

Frame Relay tiene un método llamado Inverse ARP, que permite conocer la dirección de red del equipo contrario de un DLCI. Inverse ARP elimina la configuración manual. El router manda una trama al PVC (DLCI) solicitando la dirección IP de quien le oiga.

Funcionamiento:

- Cada router se conecta al switch de Frame Relay

- El router manda un mensaje al router, indicando su estado y solicitando el estado de los routers remotos.

- El switch responde con un mensaje que incluye los DLCIs de los PVCs

- Para cada DLCI activo el router manda un paquete de Inverse ARP para presentarse.

- Cuando un router recibe un paquete Inverse ARP de otro, mapea el DLCI local con la dirección IP del router extremo.

- Cada 60 segundos los routers mandan paquetes de Inverse ARP por todos los DLCI's configurados.

- Cada 10 segundos, el router cambia keepalives con el switch.

5.3.2 Terminología

- **Local Access rate:** Velocidad de la conexión.

- **VC (Circuito Virtual):** Circuito lógico creado para asegurar la comunicación FR. Puede ser permanente o conmutado.

- **PVC (Circuito virtual permanente):** Ahorran el ancho de banda empleado para iniciar un circuito conmutado.

- **SVC (Circuito Virtual Conmutado):** Se establece dinámicamente bajo demanda

- **DLCI (Data-link connection identifier):** Es un número que identifica un VC entre el router y un switch. Tiene significado local.

- **CIR (Commited information rate):** Es la velocidad máxima asociada a un circuito.

- **Inverse ARP:** Protocolo empleado para asociar un DLCI (VC) a la dirección IP del extremo remoto.

- **LMI (Local Management Interface):** Una señalización entre el router y el switch que es responsable de mantener la conexión.

- **FECN (Forward Explicit Congestion Notification):** Cuando un switch Frame Relay ve congestión en el enlace de un VC concreto, manda un paquete al destino indicando que hay congestión

- **BECN (Backward Explicit Congestion Notification):** Cuando un switch Frame Relay ve congestión en el enlace de un VC concreto, manda un paquete al origen indicando que hay congestión, para que reduzca la tasa de tráfico que envía.

5.3.3 Configuración

COMANDO	SIGNIFICADO
(config)# interface serial 0	Entra en modo interface
(config-if)# encapsulation frame-relay [cisco | ietf]	Define encapsulación FR. Cisco es el parámetro por defecto. Si se conecta a un router no-cisco debe usar ietf. Ambos extremos deben ser iguales.
(config-if)# frame-relay lmi-type [ansi | cisco | q933i]	Define el tipo de LMI. Las versiones superiores a la 11.2 no necesitan este comando (aunque puede ponerse), ya que detectan automáticamente el tipo de LMI. Debe ser el mismo tipo que el del switch FR al que está conectado el router (pero no necesita ser igual al otro extremo del circuito).
(config-if)# frame-relay map [protocolo] [dirección] [DLCI] [broadcast]	Mapea las direcciones remotas al DLCI adecuado. Es necesario si es un interface punto-multipunto. El parámetro broadcast permite tránsito de paquetes broadcast por ese DLCI.
(config-if)# frame-relay interface-dlci [DLCI]	Indica el DLCI para un interface determinado

5.3.4 Troubleshooting

TIPO DE COMANDO	COMANDO	SIGNIFICADO
COMANDOS SHOW	show interface serial n	Indica estado y estadísticas del interface, además de la encapsulación y LMI
	show frame-relay lmi [interface]	Muestra estadíticas de LMI para el interface indicado. Habría que borrar los contadores con **clear counters [serial]**
	show frame-relay map	Muestra por cada interface Frame-relay su estado, el mapeo DLCI – Dirección de nivel 3, forma de mapearlo (estático o dinámico), si se soporta broadcast, tipo de encapsulación.
	show frame-relay pvc [DLCI]	Muestra información sobre un DLCI concreto (o todos), y estadisticas de FECN, BECN, DE, y de interface.
COMANDOS DEBUG	debug serial interface	Muestra los keepalives recibidos y enviados o la causa de algún error
	debug frame-relay lmi	Se ven los paquetes de LMI
	debug frame-relay events	Muestra información sobre inverse ARP, y todos los paquetes FR
	debug frame-relay packets	Visualiza los paquetes enviados

El comando **clear frame-relay-inarp** borra el mapeo aprendido dinámicamente por Inverse ARP.

5.3.5 Topología

Frame Relay puede ser configurado en topologías de estrella, completamente malladas o parcialmente malladas, lo que crea un entorno NBMA y, por tanto, problemas con la característica de split-horizon de los protocolos de routing. Una forma de evitar este problema es configurar subinterfaces en el interface físico, de modo que cada PVC (DLCI) esté asociado a un único subinterface. Los subinterfaces pueden ser:

- **Point-to-point:** Un único PVC contra otro equipo

- **Multipoint:** Varios PVC en el subinterface

Para configurarlos, una vez que se ha seleccionado el interface físico, se le eliminará la configuración de dirección de red, y se habilita encapsulación frame relay. Luego se crean los subinterfaces, y se les configura la dirección de red y el (los) PVC(s) al que corresponden:

```
(config)# interface serial 0
(config-if)# no ip address
(config-if)# encapsulation frame-relay
(config)# interface serial 0.1 point-to-point
(config-if)# ip address 10.10.10.1 255.255.255.0
(config-if)# frame-relay interface-dlci 110
(config-if)# frame-relay interface-dlci 115
```

Frame relay puede ser configurado en una topología full-mesh o hub and spoke. Además, para cada una de ellas, pueden ser utilizados interfaces punto a punto (NBMA) o subinterfaces.

En NBMA full-mesh (sin subinterfaces), hacen falta tantos PVC como N x (N-1) / 2, donde N es el número de routers. Pueden estar todos en la misma subred. El número de saltos entre cualesquiera dos routers es de uno. El problema es el número de PVC, que puede resultar excesivo para los protocolos de routing.

En una red NBMA, un interface del router está asociado a varios PVC. Es necesaria una topología full-mesh, para solucionar el problema de split horizon. Se puede montar una topología hub and spoke si se utilizan subinterfaces en el router, y se asocia cada subinterface a un PVC determinado. Cada PVC debe estar en una subred distinta. Split Horizon está deshabilitado en interfaces FR y havbilitado en subinterfaces.

Split Horizon está deshabilitado por defecto en los interfaces físicos de FR, pero activado en los subinterfaces, tanto punto a punto como multipunto.

Utilizando Subinterfaces full-mesh hacen falta tantos PVC como N x (N-1) / 2, donde N es el número de routers. Debe haber tantas subredes como PVC. Siempre hay un salto entre dos routers cualesquiera. Es una topología estable para los protocolos de routing

Si se utilizan subinterfaces en una red hub and spoke, hacen falta tantos PVC como N-1, donde N es el número de routers. Debe haber tantas subredes como PVC. Siempre hay dos saltos entre dos routers cualesquiera. Es una topología estable para los protocolos de routing

5.3.6 Traffic Shapping

Los circuitos de Frame Relay están definidos por parte del operador con un valor de CIR (Commited Information Rate), que es la velocidad máxima que puede ser alcanzada. Cuando se mandan paquetes por encima de este valor, se marcan con el bit DE (Discard elegibility), y serán descartados en caso de congestión. Frame Relay tiene un método, en el protocolo Q.922 que marca los paquetes con el bit FECN o BECN si encuentran congestión en el camino. Para evitar la congestión, se configura Traffic Shapping.

Traffic Shapping permite:

- Forzar la transferencia de tráfico a un valor máximo en cada VC

- Analizar la información de BECN, y ajustar la velocidad de transferencia para que no lleguen los paquetes marcados.

- Control de flujo y colas (Priority Queuing (PQ), Custom Queuing (CQ) o Weighted Queuing (WQ))

Terminología asociada a Traffic Shapping:

- **Local Access Rate:** Velocidad del puerto, a la que se mandan datos a la red.

- **CIR:** Velocidad a la que el switch permite mandar datos, referenciado como cantidad de datos en una unidad de tiempo (T_c)

- **Oversubscribe:** Es cuando la suma de los CIR de cada VC supera la velocidad del interface. Si hay sobresubscripción, se descartarán paquetes.

- **Commited Burst (Bc):** El número de bits que se pueden mandar en la unidad de tiempo T_c. Por ejemplo, si CIR = 32 Kbps y T_c= 2 segundos, B_c=64 Kbps

- **Excess Burst (B$_e$):** El número de bits que el switch permitirá pasar por encima del CIR.

- **FECN:** Cuando un switch detecta congestión en un PVC, manda FECN al destino, indicando ésta situación

- **BECN:** Cuando un switch detecta congestión en un PVC, manda FECN al origen, indicando ésta situación para que reduzca la tasa de transferencia.

- **Discard Elegibility (DE):** Cuando el router detecta congestión, marca paquetes con el bit DE, de modo que el switch será los que primero elimine. Se marcan como DE los que sobrepasan el CIR.

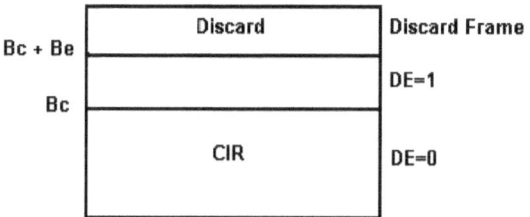

Se debe usar Traffic Shapping en estos casos:

- Se quiere conectar un punto con alta velocidad a uno con velocidad más baja (por ejemplo la conexión entre una oficina remota con la central)

- Cuando hay muchos VC en un interface conectados a diferentes sitios

- Cuando se detectan congestiones en el PVC

- Cuando se van a mandar diferentes tipos de tráfico (IP, IPX, AppleTalk, SNA) y se quiere asegurar que cada protocolo tenga un ancho de banda.

Comandos de configuración de Traffic Shapping:

COMANDO	SIGNIFICADO
(config)# map-class frame-relay [nombre]	Se crea la map-class y se entra en su configuración
(config-map-class)# frame-relay traffic-rate [media] [pico]	Se definen los tráficos de media (CIR) y máximo (burst)
(config-map-class)# frame-relay adaptive-shapping becn	Se indica que disminuya la velocidad si se reciben BECN
(config-map-class)# frame-relay custom-queue-list [numero]	Se define la custom queue a usar. Permite priorizar protocolos
(config-map-class)# frame-relay priority-group [numero]	Se define la custom queue a usar. Da prioridad absoluta a un protocolo.
(config-if)# encapsulation frame-relay	Se define encapsulación en el interface
(config-if)# frame-relay traffic-shapping	Se indica que debe usar traffic-shapping
(config-if)# frame-relay class [nombre]	Se asocia con la class creada

El comando **show frame-relay pvc** muestra información acerca de si está activo traffic-shapping, y qué algoritmo se está empleando.

5.4 ASYNCHRONOUS TRANSFER MODE (ATM)

ATM es una tecnología de conmutación de paquetes, de velocidad variable e independiente del medio físico. Se conmutan pequeñas unidades de datos llamadas celdas. Proporciona opciones de alto ancho de banda y calidad de servicio. Trabaja con circuitos virtuales permanentes (PVC) y conmutados (SVC).

ATM se puede emplear para ser utilizado como un enlace punto-punto, enlace punto-multipunto, Backbone, grupo de trabajo de alta velocidad o una virtual LAN

La pila de protocolos de ATM es la indicada en la tabla:

Aplicaciones, transporte y otras funciones
Capa de Red
Señalización y control
AAL
ATM
Capa Física

En la capa de señalización y control se distinguen varias formas de conexiones, que marcarán el nivel de QoS de los PVC's:

- Clase A: Constant Bit Rate (CBR).

- Clase B: Variable Bit Rate (VBR).

- Clase C: Servicios orientados a conexión para datos

- Clase D: Servicios no orientados a conexión para datos

5.4.1 ATM Adaptation Layer (AAL)

La capa de adaptación es la responsable de adaptar la información de plano de usuario a la que la capa ATM puede soportar. Se identifican 5 categorías en base a los siguientes requerimientos:

- Tiempo extremo a extremo

- Velocidad

- Requerimientos de conexión

De esta forma tenemos:

- **AAL1:** Retardo fijo, velocidad constante, orientado a conexión. (CBR, RT-VBR)

- **AAL2:** Retardo fijo, velocidad variable, orientado a conexión (video)

- **AAL3/4:** Retardo variable, orientado o no a conexión. No utilizado habitualmente

- **AAL5:** Retardo variable, velocidad variable, no orientado a conexión (NRT-VBR, ABR, UBR)

Debajo de la capa de adaptación está la capa ATM. La capa ATM es la responsable de crear las celdas y multiplexar la información recibida de las distintas AAL sobre el medio físico. Por último, la capa física se encarga del transporte sobre el medio de las celdas de 53 bytes.

5.4.2 Formato de celda ATM

En ATM, se conmutan celdas de tamaño fijo de 53 bytes, compuestas por una cabecera de 5 bytes y una carga útil de 48
bytes. El formato de la celda es el siguiente:

GFC	VPI	VCI	PTI	CLP	HEC	PAYLOAD
4	8	16	3	1	8	48

- **Generic FlowControl (GFC):** En GFC solo aparece en el formato de trama UNI. En NNI es parte del VPI. Su intención era el control reflujo, pero siempre está a 0000.

- **Virtual Path Identifier(VPI):** Identifica parte del Circuito Virtual. Una VP puede tener muchos VC's.

- **Virtual Circuit Identifier (VCI):** Junto con el VPI, Identifica el circuito virtual.

- **Payload Type Identifier (PTI):** Son tres bits:

   o El primero identifica si es una celda de control (1) o de datos (0)
   o El segundo se llama EFCI. Indica que la celda ha atravesado un punto de congestión en la red.
   o El tercer bit indica si es la última celda de la trama de datos. Un 0 indica que hay más celdas de la misma trama y un 1 indica que es la última.

- **Cell Loss Priority (CLP):** Indica si la celda es de alta o de baja prioridad, para poder ser eliminada en caso de congestión.

- **Header Error Control (HEC):** Es una CRC para comprobar la integridad de la celda.

5.4.3 Tipos de interfaces ATM

Los enlaces entre dispositivos ATM pueden ser NNI o UNI:

- **User to network interface (UNI):** Conecta estaciones finales ATM (ATM ES), como routers, hosts o switches a un switch ATM.

- **Network to network interface (NNI):** Conecta switches públicos ATM. Sobre interfaces NNI se soporta el protocolo de routing PNNI. Un protocolo denominado Broadband Inter.-Carrier Interface permite utilizar interfaces NNI entre switches de diferentes redes.

5.4.4 Conmutación ATM

Cada PVC se asocia a un subinterface en un router Cisco y se identifica con un Virtual Channel Identifier (VCI) y un Virtual Path Identifier (VPI), que tienen significado local.

Cada switch tiene una tabla en la que guarda el VP/VC y el interface de entrada y de salida, a modo de tabla de rutas. Puede realizarse conmutación en base a VC's o en base a VP's enteros, con todos los VC's asociados a ese VP.

5.4.5 Conexiones ATM

ATM es un protocolo orientado a conexión. Las conexiones pueden ser punto a punto o punto a multipunto, y hay tres tipos:

- **Permanent Virtual Circuit (PVC):** Es estáticamente conectado y no puede ser enrutado en caso de fallo de un enlace o un switch. Los ES no pueden crear o borrar estos enlaces.

- **Soft Permanent Virtual Circuit (SPVC):** Se establece igual que un PVC, pero pude ser enrutado en caso de fallo en la red.

- **SwitchedVirtual Circuit (SVC):** Los crean los ES con una señalización especial sobre interfaces UNI (Q.2931). Soportan enrutamiento. Cuando un ES quiere establecer una SVC con otro envía al switch la dirección ATM del extremo contrario, y parámetros de QoS. El switch examina los parámetros para ver si dispone de capacidad de aceptar los parámetros de QoS y si sabe como llegar al destino. Si es así, envía la solicitud al siguiente switch.

5.4.6 SSCOP

El protocolo de señalización para crear SVC's se llama SSCOP. SSCOP se monta sobre una capa específica de AAL, llamada SAAL, y permite el transporte fiable de señalización entre los extremos. Viaja sobre el PVC 5 (well-know PVC) y permite mensajes (Q.2931) como:

- Call Setup

- Call procesing

- Status

- Call release

5.4.7 ATM Traffic Management

Cuando una celda entra en un conmutador ATM, es sometida a una política de calidad de servicio llamada UPC (Usage Parameter Control). La UPC asegura que cada PVC mantiene la política de QoS para el que ha sido configurada, evitando situaciones de congestión en la red.

De este modo tenemos:

- Constant Bit Rate (CBR)

- Real-Time Variable Bit Rate (RT-VBR)

- Nopn-Real-Time Variable Bit Rate (NRT-VBR)

- Available Bit Rate (ABR)

- Unspecified Bit Rate (UBR)

5.4.8 Private Network Node Interface (PNNI)

Para identificar el camino para los SVC y los SPVC, se utiliza un protocolo de enrutamiento, parecido a OSPF, llamado PNNI. PNNI realiza las siguientes funciones:

- Distribuye la información de la topología entre switches (Protocolo de estado de enlace)

- Intercambia métricas de QoS entre switches

- Proporciona una estructura jerárquica para los switches de la red

Los nodos PNNI mandan por broadcast su dirección de ATM a todos los switches del grupo. Utiliza el well-know PVC 18. Los mensajes de PNNI permiten establecer circuitos punto a punto o punto a multipunto, enrutado por origen, crank back (coneection request not accepted).

Cuando un switch recibe un request para una conexión, crea una Designated Transit List (DTL) que identifica la ruta que la conexión pretende establecer, y si la acepta manda el mismo request al siguiente.

Si una conexión es rechazada, el switch intentará la conexión por otra ruta. Si no encuentra ninguna, rechazará él la conexión al anterior.

PNNI establece grupos de peers, de modo que se establece una estructura jerárquica. Cada grupo tiene la misma peer group (parte de la dirección ATM), de modo que se pueden sumarizar las direcciones ATM (Las sumariza un switch llamado Peer Group Leader (PGL)

5.4.9 ATM ES Addresses

Los switches y los interfaces deben tener asignada una dirección ATM de 20 bytes para poder soportar PNNI y SVC. Los ATM ES deben tener una dirección ATM ES Address (AESA). Las AESA identifica el peer group, el switch ID, y el ES ID.

Hay tres tipos de direcciones:

- **Data Country Code (DCC):** Comienzan con el prefijo 39. Cada país administra sus propias direcciones DCC.

- **Internacional Code Designator (ICD):** Comienzan con el prefijo 47. Las direcciones las administra el British Standards Institute.

- **Encapsulated E.164:** Comienzan con el prefijo 45. Son esencialmente los números de teléfono.

.
Las direcciones ATM se dividen en prefix y ES ID. El prefix tiene tamaño variable, para identificar peer groups o ES (Para sumarizar).

5.4.10 Interim Local Management Interface (ILMI)

ILMI es un estándar del ATM forum que se corresponde con un protocolo similar a encapsular SNMP sobre ATM, empleando el well-know PVC 6.

IIMI permite obtener información acerca de la configuración, estado y control de la capa ATM, con información organizada de una forma muy similar a la MIB de SNMP.

5.4.11 Inter Switch Signaling Protocol (IISP)

IISP es un protocolo de enrutamiento estático para redes ATM. No soporta calidad de servicio, y es útil cuando no se soporta PNNI.

Requiere la configuración de rutas estáticas, asegurando manualmente que no se producen bucles. Cada ruta puede tener un camino principal y uno alternativo.

5.4.12 Classical IP over ATM (CIA) (RFC2225)

CIA proporciona un método de encapsular IP sobre ATM. Para ello, se conecta a al red ATM un dispositivo que actúa como proxy para toda la Red IP.

Se configura un ATM ARP para cada subred IP, que mapea cada dirección IP con un Network Service Access Point (NSAP).

La siguiente configuración detalla como configurar un router como cliente o como servidor ATM ARP:

- CLIENTE:

```
Router (config)# interface atm 0
Router (config-if)# atm nsap-address 47.0091.8100.0000.1122.1123.1111.1111.1111.1111.00
Router (config-if)# ip address 123.233.45.1 255.255.255.0
Router (config-if)# atm arp-server nsap 47.0091.8100.0000.1122.1123.1111.2222.2222.2222.00
Router (config-if)# exit
Router (config)# atm route 47.0091.8100.0000.1111.1111.1111.1111.1111.1111 atm 0 internal
```

- SERVIDOR:

```
Router (config)# interface atm 0
Router (config-if)# atm nsap-address 47.0091.8100.0000.1122.1123.1111.1111.1111.1111.00
Router (config-if)# atm arp-server self
Router (config-if)# ip address 123.233.45.2 255.255.255.0
```

Para verificarlo se puede emplear **show atm arp-server** y **show atm map**

5.4.13 Multiprotocol Encapsulation over AAL5 (RFC2684)

Permite a IP ser encapsulado directamente sobre ATM. Requiere un VC diferente para cada protocolo de capa superior, y éste protocolo es identificado directamente en el VC. De esta forma no es preciso incluir información de capas por debajo de IP, con el consecuente ahorro de ancho de banda.

RFC2684 también permite encapsular tráfico no orientado a conexión como bridges PDU sobre ATM. Este método permite encapsular múltiples protocolos sobre un único VC ATM. El protocolo se identifica con la cabecera IEEE 802.2 LLC. Es el método empleado en ATM LANE.

5.4.14 Configuración ATM

5.4.14.1   Base ATM interface configuration

```
router# configure terminal
router(config)# interface atm 4/0
router(config-if)# ip address 172.33.45.1 255.255.255.0
router(config-if)# no shutdown
router(config-if)# exit
router(config)# exit
router# copy running startup
```

5.4.14.2   ATM PVC configuration

```
router# configure terminal
router(config)# interface atm 4/0
router(config-if)# pvc NYtoSF 10/100
router(config-if-atm-vc)# protocol ip 172.21.168.5 broadcast
router(config-if-atm-pvc)# exit
```

5.4.14.3   ATM router configuration with a multicast SVC

```
router(config)# interface atm 2/0
router(config-if)# ip address 1.4.5.2 255.255.255.0
router(config-if)# pvc 0/5 qsaal
router(config-if-atm-vc)# exit
!
router(config-if)# pvc 0/16 ilmi
router(config-if-atm-vc)# exit
!
router(config-if)# atm esi-address 3456.7890.1234.12
!
router(config-if)# svc mcast-1 nsap
```

cd.cdef.01.234566.890a.bcde.f012.3456.7890.1234.12 broadcast
router(config-if-vc)# protocol ip 1.4.5.1 broadcast
router(config-if-vc)# exit
!
router(config-if)# atm multipoint-signalling
router(config-if)# atm maxvc 1024

5.4.14.4   Verificación

show atm interface
show atm pvc
show atm map
show atm traffic

5.5 RDSI

RDSI trabaja sobre la red telefónica convencional, pero el bucle de abonado, en lugar de ser analógico es digital. Mientras que con el módem analógico la señal analógica era convertida a digital y luego otra vez a analógica, en RDSI es digital de punta a punta. RDSI es una buena alternativa a los módems analógicos, con una velocidad entre dos y cuatro veces superior y un establecimiento de llamada de 1 segundo, en lugar de los 30-45 de un módem. Es más barato que las líneas dedicadas.

En la tabla se muestra la pila de protocolos de RDSI:

Capa	Canal D	Canal B
Layer 3	DSSI (Q.931)	IP / IPX
Layer 2	LAPD (Q.921)	HDLC / PPP / FR / LAPB
Layer 1	I.430 / I.431 / ANSI T 1.601	

En la capa física, el protocolo I.430 establece la multiplexación en el tiempo (TDM) para transportar por la línea la siguiente información:

- Canal B1

- Canal B2

- Canal D

- Bit F, usado para sincronización

- Bit L, usado para ajustar las velocidades de otras señales

- Bit E, echo del bit del canal D

- Bit A, o bit de activación

- Bit S, o bit de spare

En la capa 2, trabajan los protocolo Q.920 y Q.921, que establecen un enlace entre los TE/TA y NT2/LE, para transportar los mensajes de nivel 3.

En la capa 3 trabaja el protocolo Q.931 (para el canal D). Este protocolo se encarga de la señalización de llamada:

Los standards que definen RDSI son:

- **"I" para Métodos, conceptos y terminología (NIVEL FISICO)**

  o   I.100: Conceptos y estructura general de RDSI
  o   I.200: Aspectos de servicio de RDSI
  o   I.300: Aspectos de red
  o   I.400: User-Network Interface (UNI)

- **"E" para redes de telefonía**

  o   E.164: Direccionamiento internacional para RDSI

- **"Q" para señales y tecnología de switching**

  o   Q.921: Capa de enlace de RDSI para el canal de señalización (LAPD) (NIVEL 2)
  o   Q.931: Capa de red

Existen dos tipos de accesos RDSI. Básicos y primarios:

- **ISDN BRI**

  o   Dos canales B (Bearer) de 64 Kbps y un canal D (Data) de 16 Kbps.
  o   El sincronismo y framing (sobre el canal D) es de 48 Kbps.
  o   La velocidad total es de 192 Kbps (64+64+16+48)

- **ISDN PRI (USA – T1)**

  o   23 canales B de 64 Kbps y un canal D de 64 Kbps
  o   Framing y sincronización a 8 Kbps
  o   Velocidad total 1.544 (T1=23*64+64+8)

- **ISDN PRI (EUROPA - E1)**

  o   30 canales B de 64 Kbps y un canal D de 64 Kbps
  o   Framing y sincronización a 64 Kbps
  o   Velocidad total 2.048 (E1=30*64+64+64)
  o   Realmente, en el E1 hay 32 canales, 30 B, 1 D y 1 sincronización.

El proceso de una llamada RDSI es como sigue:

- Cuando se inicia la llamada, se levanta el canal D, y se manda por este canal el número marcado al switch. El canal D es el usado para señalización, y usa Q.931

- El switch usa el protocolo SS7 (Signaling System 7) para establecer el camino con otras centrales hasta el switch del otro extremo

- El switch remoto levanta el canal D del destino otra vez con Q.931

- Cuando la llamada ha sido establecida, el canal B es conectado extremo a extremo. Este canal puede llevar voz o datos. Se pueden levantar los otros canales B

- Para colgar la llamada, el switch manda la señal RELEASE y el equipo RDSI devuelve RELEASED

5.5.1 Dispositivos y puntos de referencia

El diagrama de RDSI es el que sigue:

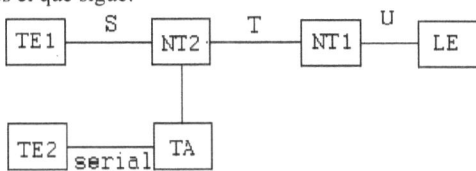

Dispositivos:

- **TE1 (Terminal Equipment 1):** Es un dispositivo final compatible con RDSI (Router, teléfono, fax)

- **TE2 (Terminal Equipment 2):** Es un dispositivo final no compatible con RDSI, que se conecta mediante una línea serie

- **TA (Terminal Adapter):** Convierte la señal RDSI en una señal serie (por ejemplo EIA/TIA-232)

- **NT1 (Network Termination 1):** Conecta el bus RDSI de 2 hilos proveniente de la central a un bus de 4 hilos.

- **NT2 (Network Termination 2):** Realiza funciones de concentración sobre el bus de 4 hilos.

- **LE (Local exchange):** Se refiere a la central del operador. Contiene un NT1 y un LT (Line Termination)

Puntos de referencia:

- **U (User reference point):** Es el bus de dos hilos proveniente de la central, bucle de usuario

- **T (Terminal Reference Point):** Punto entre el NT1 y el NT2 (o entre NT1 y TE1 si no hay NT2). Es idéntico al punto S. Bus de cuatro hilos

- **S (System Reference Point):** Es idéntico a T. Bus de cuatro hilos

- **R (Rate Reference Point):** Corresponde al punto de la línea serie, no es RDSI.

Si se trata de un PRI, el punto U se conecta a un CSU/DSU, del que sale el bus S/T y se conecta el terminal TE directamente. El punto S/T está definido en la ITU-T I.430.

5.5.2 Multilink PPP

La encapsulación utilizada en los accesos RDSI es PPP o HDLC. El protocolo PPP (RFC 1661) es un standard abierto, que permite analizar las condiciones de la línea (LCP), seguridad y autenticación (PAP y CHAP). PPP soporta Multilink, para agregación de canales B.

Multilink PPP, definido en RFC 1717, fragmenta los paquetes y los manda por enlaces (canales B) diferentes. En el extremo opuesto, se vuelven a combinar estos paquetes. De este modo se aumenta el ancho de banda del enlace virtual. Se agrega una cabecera de 4 bytes para identificar la trama.

Multichassis Multilink PPP es una característica de Cisco que permite hacer multilink PPP en enlaces que acaban en servidores de acceso distintos. El protocolo SGBP (Stack Group Bidding Protocol) crea un grupo entre los servidores de acceso para que hablen entre ellos y sean capaces de combinar de nuevo los paquetes. Se puede poner un router externo a los AS5x00, como un 4700, que se encargue de finalizar todos los enlaces.

Se puede autentificar utilizando los protocolos PAP o CHAP, incluidos en la pila PPP. Para la autenticación, se puede emplear un servidor AAA como TACACS+ o RADIUS. Otra medida de seguridad sería aplicar listas de acceso. Una vez autenticado el cliente, se podría establecer un túnel L2TP (creado a partir de L2F y de PPTP) entre el servidor de acceso y el ISP con el que el cliente haya contratado su servicio, por ejemplo de salida a Internet.

5.5.3 Dial on Demand Routing (DDR)

Con DDR, el tráfico es marcado como interesante o no interesante. Si llega tráfico interesante a un router, éste marcará una conexión RDSI para mandarlo. Si no es interesante y no hay una conexión establecida, se descarta el tráfico. Después de activar una llamada, cada vez que se transfiere un paquete interesante, se inicia un contador, que cuando llega al final se colgará el enlace.

5.5.4 Elementos DDR

- **Dialer rotary group:** Permite aplicar la configuración de un simple interface lógico (Interface Dialer) a muchos interfaces físicos. Para poner los interfaces físicos en el dialer rotary group, se indica en su propia configuración.

- **Dialer profiles:** Los dialer profiles son perfiles de configuración que se aplican a cada llamada de manera independiente en función de sus características. Usando Dialer profiles se permite que cada canal B de una RDSI tenga una configuración independiente, lo cual permite configurar redes distintas IP o IPX para cada canal, hacer que sólo un canal determinado sea backup de otra línea mientras se usan las demás, usar distintos tipos de encapsulación por cada canal (HDLC, PPP, etc)

El dialer profile tiene los siguientes elementos:

- **Interface dialer:** Es el interface donde se escribe toda la configuración en función del destino. Puede soportar varios dialer maps. Separa el interface físico de la configuración lógica.

- **Dialer map class:** Define las características para una llamada específica. Son opcionales. El uso de uno u otro depende del número marcado.

- **Dialer pool:** Cada interface dialer hace referencia a un pool, en el que se encuentran los interfaces físicos relacionados con él.

- **Interface físico:** Interfaces que pertenecen a uno o varios pooles. Sólo puede pertenecer a un rotary-group, pero a varios dialer-profiles.

5.5.5 Configuración

CONFIGURACIÓN BÁSICA DE RDSI

COMANDO	SIGNIFICADO
(config)# isdn switch-type [tipo]	Tipo de central (1)
(config)# interface bri 0	Entra en el interface básico RDSI
(config-if)# isdn switch-type [tipo]	Tipo de central (1)
(config-if)# encapsulation [ppp | hdlc]	Encapsulación de la línea
(config-if)# ppp authentication [pap | chap | ms-chap]	Autenticación si se usa PPP
(config-if)# isdn spid1 [numero] [ldn]	Número desde el que se realiza la llamada. Algunas centrales lo necesitan.
(config-if)# isdn spid2 [numero] [ldn]	Número desde el que se realiza la llamada. Algunas centrales lo necesitan.
(config)# dialer-list [numero] protocol [protocolo] [permit | deny] list [access-list]	Define qué tráfico es interesante. Si se usa list [access list] hay que definir externamente una ACL.
(config-if)# dialer-group [numero]	Se aplica el dialer list a una interface
(config-if)# dialer map IP [next hop] name [hostname] speed [56 | 64] broadcast [número]	Define las características del siguiente router, y su número de teléfono. También puede mandar la cadena de configuración al módem
(config-if)# dialer idle-timeout [segundos]	Indica el tiempo que la línea permanecerá levantada desde el ultimo paquete interesante antes de colgar (def: 120)
(config-if)# dialer fast-idle [segundos]	Indica el mismo tiempo que el anterior, pero para el caso de que haya otra llamada pendiente por hacer (def:20)
(config-if)# dialer load-threshold [carga] [outbound | inbound | either]	Indica la carga que hará que se active otra llamada al mismo destino. Usado para Multilink PPP. Load va entre 1 y 255

(1) La central puede ser de uno de estos tipos:

TIPO DE SWITCH	DESCRIPCIÓN	PAIS DONDE SE EMPLEA
Basic-5ess	AT&T basic rate	USA
basic-dms100	NT DMS-100	USA
basic-ni1	National ISDN-1	USA
basic-ni2	National ISDN-2	USA
basic-1 tr6	1 TR6 ISDN	ALEMANIA
basic-nwnet3	NET3	NORUEGA
basic-nznet3	NET3	NUEVA ZELANDA
basic-ts013	TS013 y TS014	AUSTRALIA
basic-net3	NET3	REINO UNIDO Y EUROPA
Ntt	NTT ISDN	JAPÓN
vn2	VN2	FRANCIA
vn3	VN3 y VN4	FRANCIA

CONFIGURACIÓN DIALER ROTARY-GROUP

COMANDO	SIGNIFICADO
(config)# interface dialer 1	Crea un interface dialer
(config)# interface bri 0	Entra en el interface básico RDSI
(config-if)# dialer rotary-group 1	Asigna el interface al rotary-group

CONFIGURACIÓN DIALER PROFILES

En el interface dialer

COMANDO	SIGNIFICADO
(config)# interface dialer 1	Entra en el interface dialer
(config-if)# ip address [ip] [mask]	Se define una IP
(config-if)# dialer remote-name [nombre]	Nombre del router remoto, para CHAP
(config-if)# dialer string [numero] class [clase]	Número de teléfono a marcar y map-class a utilizar
(config-if)# dialer load-threshold [carga][sentido]	para Multilink PPP, especificar sentido (inbound, outbound, either)
(config-if)# dialer hold-queue [paquetes]	número de paquetes que se almacenan en buffer mientras se marca
(config-if)# dialer pool [pool]	Utiliza este pool
(config-if)# dialer-group [numero]	especifica el dialer list que marca trafico interesante
(config-if)# ppp multilink	Activa multilink PPP
(config-if)# dialer in-band	Habilita DDR en un interface con módems. Usa V.25

Para los dialer class, en el mismo interface dialer

COMANDO	SIGNIFICADO
(config-if)# map-class dialer [nombre]	Entra en modo de config de class dialer
(config-if)# dialer isdn [speed 56 | spc]	Especifica velocidad de la línea. SPC significa semipermanente
(config-if)# dialer idle-timeout [segundos]	Tiempo que espera antes de colgar
(config-if)# dialer fast-idle [segundos]	Tiempo que espera antes de colgar si tiene otra llamada pendiente
(config-if)# dialer wait-for-carrier-time [segundos]	Tiempo que espera una portadora válida

En los interfaces físicos

COMANDO	SIGNIFICADO
(config-if)# Dialer-pool-member [numero] priority [prioridad] [min-link [min] max-link [max]	Indica a que pool pertenece, la prioridad del interface dentro del pool y el número mínimo y máximo de canales que puede usar el enlace para este pool
(config-if)# isdn spid1 [numero] [ldn] (config-if)# isdn spid2 [numero] [ldn]	Número desde el que se realiza la llamada. Algunas centrales lo necesitan.

5.5.6 Configuraciones opcionales

- **Caller ID screening:** Permite establecer una lista de números de teléfono que están autorizados a llamar al equipo. Como el Caller ID no está igual usado en todo el mundo, debería además dotarse de seguridad mediante PPP y CHAP. Si se pone una "X", se puede interpretar por cualquier dígito. Para configurarlo:
  (config-if)# isdn caller [numero]

- **Rate adaptation:** Permite adaptar cada canal de RDSI a 64 o a 56 Kbps, según las posibilidades del extremo remoto. Se configura con el parámetro speed del comando dialer map.

- **Called-number answer:** El router sólo contestará a las llamadas que presenten como caller-Id el que se especifique en los comandos siguientes. Answer2 es un segundo número:

  (config-if)# isdn answer1 [numero]

(config-if)# isdn answer2 [numero]

5.5.7 Configuración RDSI PRI

COMANDO	SIGNIFICADO
(config)# isdn switch-type [tipo de switch]	Se define el tipo de central (1)
(config)# controller [t1 | e1] [controller]	Se accede al controller. Puede ser E1 o T1
(config-controller)# framing [sf| esf | crc4 | no-crc4]	Tipo de trama (2)
(config-controller)# linecode [ami | b8zs | hdb3]	Tipo de señalización (2)
(config-controller)# clock source [line primary | line secondary | internal]	Fuente de reloj
(config-controller)# pri-group [rango de timeslots]	Identifica timeslots a usar
(config)# interface serial slot/port: [23|15]	Entrada en el puerto del canal D
(config-if)# isdn incoming-voice modem	Se conmuta las llamadas entrantes a los módems internos

(1) La central puede ser:

TIPO	MODELO	PAIS
pri-4ess	AT&T 4ESS	USA
pri-5ess	AT&T 5ESS	USA
pri-dms100	NT DMS-100	USA
pri-ntt	NTT ISDN PRI	JAPON
pri-net5	ISDN PRI	EUROPA
None		No definido

(2): La trama y la señalización pueden ser:

ENLACE	TRAMA	LINECODING
T1 antiguos	SF (superframe)	AMI (alternate mask inversion)
T1 nuevos	ESF (extended SF)	B8ZS (binary 8 zero substitution)
E1	CRC4 (cyclic redundancy check)	HDB3 (high density bipolar 3)

5.5.8 Troubleshooting

COMANDO	SIGNIFICADO
Show interface bri 0 1 2	"0" muestra información del canal D. "0 1" muestra información del primer canal B "0 1 2" muestra información de ambos canales B
Show isdn status [memory | timers | service]	Muestra información sobre memoria, temporizadores de la capa 2 y 3 y el estado de los PRI.
Show ppp multilink	Muestra información de los bundle creados.
Show dialer interface bri 0	Verificar el funcionamiento de los dialer profiles
Debug dialer	Indica cuando se levanta el segundo canal debido a que se supera el valor de disparo
Debug isdn q921	Muestra mensajes de capa 2
Debug isdn q931	Muestra mensajes de capa 3 (inicio y fin de llamada)
Debug modem	Comunicación con el módem
Debug chat	Comunicación con el módem
Debug ppp multilink	PPP
Debug ppp negotiation	PPP
Debug ppp authentication	PPP
Debug isdn events	RDSI. Similar a q931 (inicio y fin de llamada)

5.5.9 Problemas con RDSI

NIVEL 1

Para poder activar el nivel 1, es necesario disponer de todo el cableado. Para conectar un interface S/T al NT1 es necesario un interface RJ48 (4 hilos) o un RJ45, utilizando sólo los cables 3,4,5 y 6. La especificación de línea está definida por Alternate Mask Inversion (AMI)

Una vez instalados todos los cables, hay que activar el interface con **no shutdown**. Se puede comprobar el estado de la línea con **show isdn status**. El comando **debug bri-interface** permitirá ver todo el proceso de activación del interface.

NIVEL 2

Establece la comunicación entre el TE y el switch ISDN sobre el canal D. Se utiliza el protocolo LAPD (Q.920 y Q.921)

Se puede comprobar con los comandos **show isdn status** y **show interface bri**. Con este comando además se puede ver si el interface está en shutdown, las estadísticas de tráfico, throughput, etc. El comando **debug isdn q921** mostrará el proceso de activación y funcionamiento del nivel 2 de RDSI.

La trama LAPD es similar a una trama HDLC. Su única misión consiste en encapsular las tramas de señalización para el canal D.

NIVEL 3

Es la señalización entre el TE y el switch. Está especificado por las normas Q.930 y Q.931. El propósito es establecer un circuito extremo a extremo sobre el canal D. Consta de un intercambio de mensajes, que incluyen: CALL SETUP, CALL PROCEEDING, CONNECT, CONNECT ACK, DISCONNECT, RELEASE, RELEASE COMPLETE, INFORMATION, CANCEL, STATUS

Suponiendo los niveles 1 y 2 funcionando, los posibles problemas que hacen que el nivel 3 no levante pueden ser errores en la configuración, o que el llamado no dispone de un canal libre para aceptar la llamada, o que el llamado rechaza la llamada (call screening, que rechaza la llamada si ésta proviene de un número determinado)

Existían varios fabricantes de switches antes que se cerrara la Q.931. Por eso, es importante definir a qué switch nos vamos a conectar. Se configura con el comando **isdn switch-type [tipo]**. En la tabla se reflejan los existentes:

El comando **debug isdn q931** ofrece un valioso método de troubleshooting para el nivel 3 de RDSI. Con él se puede ver el motivo de una llamada rechazada o liberada:

- Call screening en el llamado

- Sin canal B disponible en el llamado

- Mala configuración de SPID

El SPID (ISDN Serive Profile Identifier) es un parámetro que puede estar configurado o no en el router, dependiendo del tipo de switch al que estemos conectados (lo necesitan DMS-100 y NI-1).

Si no es necesario, no debería configurarse. Se configura con los comandos **isdn spid1** y **isdn spid2.** Representan el número de teléfono asociado a cada uno de los canales B.

Call screening consiste en indicar al router qué número de teléfono contestar cuando entra una llamada RDSI. Los comandos son **isdn answer1** y **isdn answer2**, según el canal a que lo asociemos. Se puede indicar para todo el interface con **isdn caller**. El número puede contener X, para indicar que se acepten llamadas con un determinado prefijo.

5.5.10 Disparadores DDR y llamadas RDSI

Para configurar adecuadamente DDR es necesario que:

- La tabla de rutas debe ser apropiada para el tráfico DDR. Normalmente se hace con rutas estáticas.

- El tráfico interesante debe haber sido indicado con u dialer list y asociado al interface con el comando **dialer group**

- Debe existir un dialer map o dialer string, que inmdica el número a marcar para cada destino

- Deben definirse los tiempos de DDR (idle-timeout, fast-idle) si no se utilizan los que vienen por defecto.

A continuación se muestra un ejemplo de configuración:

```
hostname b_backr
username a_backr password 0 cisco
isdn switch-type basic-5ess
interface bri0
   ip address 172.61.10.22 255.255.255.0
   encapsulation ppp
   dialer idle-timeout 2147483
   dialer map ip 172.61.10.21 name a_backr broadcast 5552001
   dialer-group 1
   ipx network 6000
   ppp authentication chap
ip route 131.1.0.0 255.255.0.0 172.61.10.21
dialer-list 1 protocol ip permit
```

El funcionamiento de DDR se puede comprobar con los comandos: **show ip route, show dialer, show dialer interface bri 0, show dialer maps, debug dialer**

5.5.11 Circuito RDSI extremo a extremo

Una vez que se ha iniciado la llamada, se establece un circuito entre el origen y el destino compuesto por al menos un canal B sobre el que ambos routers deben estar de acuerdo en la encapsulación a emplear. Sobre RDSI se soporta:

- CPP (Combinet Packet Protocol)

- Frame Relay

- HDLC (El de Cisco)

- LAPB (X.25 nivel 2)

- PPP (es el más utilizado, combinado con CHAP para autenticación)

- X.25

Para el caso de PPP, antes de mandar tramas de usuario, se inicia el protocolo LCP (Link Control Protocol), que realiza tareas como autenticación, multilink, callback, compresión, calidad de la línea. Ambos routers deben estar de acuerdo con todos los parámetros. Si no llegan a un acuerdo, no se utiliza esa funcionalidad. La excepción es la autenticación. El enlace no se iniciará si falla.

Posteriormente se mandan varias tramas con el protocolo NCP (Network Control Protocol), que pueden ser IPCP, IPXCP o CDPCP en base a si el protocolo de nivel 3 es IP, IPX o CDP, con el objetivo de establecer el direccionamiento de nivel 3 que se utilizará en cada protocolo

El comando **debug ppp negotiation** mostrará todas estas tramas. Para analizar sólo la autenticación, se puede usar también **debug ppp autentication**. Para comprobar el multilink si ha sido usado, se puede usar **show ppp multilink**.

La figura representa un enlace RDSI, y los comandos que pueden emplearse dependiendo del tramo que quiera analizarse:

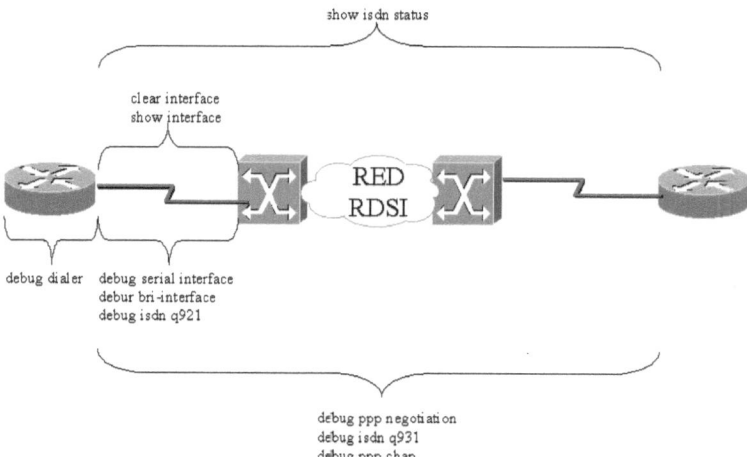

5.6 POINT TO POINT PROTOCOL (PPP)

Para que un usuario pueda acceder a su empresa a través de acceso remoto, necesita de una aplicación (FTP, TELNET, correo, etc), un protocolo de red (IP) y un protocolo de enlace (PPP, SLIP) instalado en su PC. Todos los protocolos superiores son encapsulados en PPP o SLIP para transmitirse a través de un enlace dialup.

Hay varios tipos de estos protocolos de enlace:

- **SLIP (Serial Line Internet Protocol)** Es un estándar para conexiones serie con una modificación de TCP/IP. Es el predecesor de PPP.

- **PPP (Point to Point Protocol)** proporciona enlaces entre routers y entre host y redes sobre circuitos síncronos o asíncronos. Permite multilink, que consiste en enlazar en un sólo enlace los dos canales B de una línea RDSI.

- **ARAP (AppleTalk Remote Access protocol)** Para Apple Talk

- **NASI (Netware Asynchronous Services interface)** para Netware

PPP tiene la siguiente arquitectura:

- **Capa física**, como EIA/TIA-232, V.24, V.25, RDSI

  o   V.25 es el estándar usado para sincronización. Se activa con **dialer in-band**

- **HDLC (High-level Data Link Control)**, que encapsula los datagramas sobre un enlace serie. Éste no es el HDLC propietario de Cisco, es el estándar, predecesor de PPP.

- **LCP (Link Control Protocol)**, Que establece, configura, autentica y prueba la línea

- **NCP (Network Control Protocol)**, que establece conexiones para distintos protocolos de red, como IP, IPX o AppleTalk. Por ejemplo, IPCP (Internet Protocol Control Protocol) es el NCP para IP

PPP dispone de mecanismos para:

- Multiplexado de protocolos de red

- Configuración del enlace

- Prueba de calidad del enlace

- Autenticación

- Compresión de cabeceras

- Detección de errores

- Negociación del enlace

En un servidor de acceso Cisco, se puede configurar el comando **(config-line)# autoselect [arap | ppp | slip | during-login],** para que inicie el protocolo adecuado cuando reciba el carácter RETURN (para una sesión EXEC) o el carácter start (para ARAP, PPP o SLIP) por la línea. El parámetro during-login hace que se solicite al usuario un login y password, que se mostrarán en el PC Windows como una ventana.

Para configurar PPP en un interface async:

COMANDO	SIGNIFICADO
(config)# interface async 0	Entra en el interface
(config-if)# encapsulation [ppp | slip]	Establece tipo de encapsulación
(config-if)# async mode [dedicated | interactive]	Dedicated: obliga a usar la línea para ppp o slip Interactive: permite el proceso EXEC
(config-if)# peer default ip adress [address | pool [nombre] | dhcp]	Establece la forma de asignar una IP al nodo remoto
(config)# ip local pool [nombre] [dirección 1][dirección n]	Si se usa pool hay que definir el pool
(config)# ip address-pool dhcp-proxy client	Si se usa dhcp
(config-if)# async dinamyc address	Permite al nodo remoto especificar su propia dirección IP. Sólo se puede poner en modo interactivo
(config-if)# ip unnumbered [interface]	Usa una dirección fuente de otra interface
(config-if)#physical-layer [sync | async]	Pone el interface como síncrono o asíncrono

5.6.1 Link Control Protocol (LCP)

LCP es capaz de proporcionar sobre un enlace PPP las siguientes mejoras:

- **Autenticación:** Usando PAP o CHAP, se permite autenticar al cliente con user/password

- **Callback:** Empleado para unificar el coste del enlace, permite devolver la llamada al cliente

- **Compresión:** Mejora el throughput en el enlace

- **Multilink:** Permite asociar varios enlaces PPP en uno sólo llamado bundle

5.6.1.1 Autenticación

Cuando a un servidor de acceso le llega una sesión PPP, antes de establecerla comprueba la autenticación. Puede ser local o usando un servidor de seguridad como TACACS+ (Terminal Access Controller Access control System Plus) o RADIUS (Remote Access Dial-In User Service). Si no es válida, desconecta la línea.

- **PAP:** el router le indica al cliente que debe usar PAP para autenticarse. El cliente manda la password en texto claro. Si se conecta un sniffer en la línea, se puede ver la password. Para configurar PAP:

(config)# interface async 0
(config-if)# encapsulation ppp
(config-if)# ppp authentication pap

Se puede configurar un dialer-map para indicar las características del router remoto: dialer-map ip [ip] name [nombre] [telefono]

- **CHAP:** Una vez que se ha establecido la sesión PPP, el servidor de acceso manda un mensaje de challenge (desafío) al remoto, obligándole a indicar su password en Message Digest 5 (MD5). El servidor de acceso comprueba la entregada con la que él mismo ha codificado, y si

Manual Básico de Configuración de Redes Cisco

son iguales permite establecerse la sesión. Cada dos minutos se repite el proceso de autenticación, para evitar hacking. El proceso es como sigue:

- o El usuario llama al servidor de acceso. Como el interface async está configurado con ppp authentication chap, LCP negocia CHAP y MD5.

- o El servidor de acceso manda un paquete CHAP Challenge al cliente con la información del número aleatorio que se usará para encriptar la password, un número secuencial (id) y el ID del servidor de acceso (prompt)

- o El cliente calcula una cadena que parte de la password, del número secuencial (id) y del número aleatorio. El prompt del servidor lo usa para bloquear el usuario. El resultado de todo esto es una cadena encriptada en MD 5.

- o El cliente genera un paquete que incluye el id del paquete anterior, el hash creado y el nombre del cliente, y se lo manda al servidor de acceso.

- o El servidor genera el mismo hash, y comprueba si son iguales. La password la obtiene de la lista local, de TACACS, al que se le manda el hash para que compruebe si son iguales, o de RADIUS, que se le pregunta por la password.

- o El servidor manda un paquete al cliente, indicándole si la autenticación ha sido OK (con un mensaje de bienvenida en texto) o no (con un mensaje de texto indicándolo como "Authentication failure")

Para configurarlo:

(config)# interface async 0
(config-if)# encapsulation ppp
(config-if)# ppp authentication chap

Si se configura entre dos routers, la password de los mismos debe ser idéntica.

5.6.1.2 Callback

Cuando el cliente llama al router, se inicia un temporizador. No se volverá a llamar al mismo destino hasta que el temporizador haya finalizado.

A la hora de montar callback es necesario tener en cuenta:

- Se requiere autenticación

- El comando **dialer enable-timeout** especifica el tiempo que se ha de esperar antes de permitir otra llamada por el mismo interface. Debe ser mayor que el tiempo de pulso (**pulse-time**)

- El comando dialer hold-queue timeout indica el tiempo que ha de esperar el cliente para poder hacer otra llamada al mismo destino. El servidor debe hacer la llamada antes de que acabe este tiempo. Debería ser 4 veces mayor en el cliente que en el servidor.

El funcionamiento es el siguiente:

- El cliente llama

- El servidor acepta la llamada

- Se realiza la autenticación. El nombre de usuario es usado para conocer el número de retorno.

- Si el usuario tiene configurado callback, el servidor cuelga la línea

- El servidor llama al número almacenado en el dial string. Si falla, no se vuelve a intentar. En esta segunda llamada, no se puede negcciar callback otra vez.

- Se autentican los routers

- Se conectan.

Para configurar el servidor:

> (config)# username [user] callback-dialstring [telefono] callback-line [linea a usar] callback-rotary [grupo a usar] password [password]
> (config)# interface async [numero]
> (config-if)# ppp callback accept
> (config-if)# ppp callback initiate
> (config)# line [numero]
> (config-line)# callback forced-wait [segundos]
> (config-line)# script callback [nombre]

Para que siempre se establezca la sesión entre los mismos routers, en el servidor:

> (config)# interface serial 2
> (config-if)# ip address [ip] [mask]
> (config-if)# encapsulation ppp
> (config-if)# dialer callback-secure
> (config-if)# dialer-map ip [ip remota] name [nombre remoto] class CLASE [telefono]
> (config-if)# dialer-group 1
> (config-if)# ppp calback accept
> (config-if)# ppp authentication chap
> (config)# map-class dialer CLASE
> (config-map-class)# dialer callback-server username

Y en el cliente:

> (config)# interface serial 0
> (config-if)# ip address [ip] [mask]
> (config-if)# encapsulation ppp
> (config-if)# dialer-map ip [del server] name [nombre server] [telefono]
> dialer-group 1
> ppp callback request
> ppp authentication chap

5.6.1.3 Compresión

Permite aumentar la capacidad de la línea. Se comprimen bien los archivos de texto y mal (incluso peor que 1:1) archivos ya comprimidos.

En cisco hay cuatro métodos:

- **Predictor:** Detecta si los datos ya están comprimidos, y si es así, no gasta el tiempo en tratar de comprimirlos.

- **Stacker:** Algoritmo basado en el algoritmo Lempel-Ziv (LZ). Manda un patron y cada vez que se repite lo indica, sustituyéndolo por un símbolo. Es el único soportado en el cisco 700.

- **MPPC (Microsoft Point-to-point compression):** también basado en Lempel-Ziv, permite a los routers de Cisco intercambiar datos comprimidos con Microsoft Windows.

- **TCP header compression:** Sólo comprime las cabeceras

Para configurarlo:

(config-if)# compress [predictor | stac | mppc] (selecciona el modo de compresion)
(config-if)# ip tcp header-compression (indica compresión de cabeceras)
(config-if)# ip tcp header-compression passive (no es necesaria compresión, pero si para un destino se reciben las cabeceras comprimidas, se siguen usando así).

5.6.1.4 Multilink

Permite balanceo de carga en interfaces dialer, incluyendo RDSI, síncronos y asíncronos (no tienen que ser iguales). Se controla mediante una cabecera en la trama PPP que indica la secuencia de los fragmentos. El canal lógico se llama bundle. Se puede verificar con los comandos **show dialer**, **show user** y **show line.**

5.7 WAN DE RESPALDO

5.7.1 Enlace de backup con dialup

Un interface de backup permanece en standby hasta que el principal falla o supera un umbral de carga, momento en que se activa.

5.7.2 Configuración de backup

COMANDO	SIGNIFICADO
(config-if)# backup interface [interface]	En el interface principal, se define cual es el redundante
(config-if)# backup delay [enable-delay	never] [disable-delay	never]	Indica cuando el tiempo que ha de esperar el interface de backup en levantarse, y el tiempo en que debe volver a desactivarse cuando el principal se ha recuperado.
(config-if)# backup load [carga_activ	never] [carga_desactiv	never]	Indica los límites de carga en los que el interface de backup se activa o se desactiva. Valores en %.

Sólo con los dos primeros comandos quedará activado para el caso en que la línea principal se caiga. El tercero permite además activarla para realizar balanceo de carga en caso de congestión de la principal.

El interface de backup debe permanecer en standby hasta el caso en que backup le obligue a levantarse. Si el interface de backup es de tipo dialup, se debería tener en standby el BRI o el PRI, sólo para que uno de los canales esté de backup. Esto se puede evitar usando interfaces dialer como interfaces de backup

Para configurar backup con un interface dialer:

COMANDO	SIGNIFICADO
(config)# interface dialer [numero B]	Se crea el interface dialer
(config-if)# ip unnumbered [interface]	Se le asigna una IP de otro interface
(config-if)# encapsulation ppp	Se define encapsulación PPP
(config-if)# dialer remote-name [nombre]	Especifica el nombre del contrario (para CHAP)
(config-if)# dialer string [numero]	Número a llamar
(config-if)# dialer pool [numero A]	Especifica el pool de interfaces físicos a usar
(config-if)# dialer-group [numero]	Lo hace formar parte de un grupo de dialer
(config)# interface [interface físico]	Configuración del interface físico para backup (BRI)
(config-if)# encapsulation PPP	Se define encapsulación PPP
(config-if)# ppp authentication chap	Tipo de autenticación
(config-if)# dialer pool member [numero A]	Se le hace pertenecer al pool dialer
(config)# interface [interface]	Se entra en el interface a proteger
(config-if)# ip unnumbered [interface]	Se le asigna una IP de otro interface
(config-if)# backup interface dialer [numero B]	Se indica que use el dialer como backup
(config-if)# backup delay [enable-delay | never] [disable-delay | never]	Se indican los parámetros de backup
(config-if)# backup load [carga_activ | never] [carga_desactiv | never]	Se indican los parámetros de backup

5.7.3 Routing con backup por carga

Cuando se activa por carga el interface de backup, la métrica con la que el protocolo de routing ve los dos caminos es distinta. OSPF no soporta balanceo de carga si ve la métrica distinta, por lo que la única posibilidad es que el interface de backup sea de la misma velocidad que el principal (Uno de 56 Kbps haciendo de backup a otro de 56 Kbps). Si se usa (E)IGRP, se podrá configurar el parámetro de varianza, para que utilicen ambos enlaces

5.7.4 Verificación de backup

Los comandos **show interface [principal]** y **show interface [backup]** permiten ver los parámetros (temporizadores) y el estado de backup para ambos interfaces.

5.7.5 Configuración de rutas estáticas flotantes como backup

Otra forma de hacer el backup es configurar una ruta estática con una distancia administrativa mayor que la aprendida por el interface principal, apuntando al siguiente salto por el interface de backup. De este modo, el router nunca usará esa línea a no ser que el interface principal se caiga, que la utilizará. El comando es **ip route [IP] [MASK] [GATEWAY] [AD]**.

Manual Básico de Configuración de Redes Cisco

6 PROTOCOLOS TCP/IP

6.1 ARQUITECTURA TCP/IP

La documentación de los protocolos IP está contenida en las Request For Comments (RFC's), que publica y revisa la Internet Engineering Task Force (IETF). IPv4 está definida en RFC791, e IPv6 está definida en RFC2460

La pila de protocolos IP se creó antes que el modelo de referencia OSI. La figura muestra una comparativa de la pila TCP con el modelo de referencia OSI:

OSI Model	TCP/IP Architecture	TCP/IP Protocols
Application	Application	SNMP , Telnet, FTP, TFTP, NTP, NFS, SMTP
Presentation		
Session		
Transport	Transport	TCP, UDP
Network	Internet	IP, OSPF, RIP, ICMP
Data Link	Network Interface	Use of lower layer protocol standards
Physical		

TCP no utiliza las capas de sesión ni de aplicación, la capa de transporte tiene alternativas para transporte orientado a conexión y fiable (TCP) y no orientado a conexión y no fiable (UDP), mientras que OSI solo establece uno de ellos, no orientado a conexión (CLNS). La capa de Internet se corresponde con la de red, y aquí está el protocolo IP y todos los de routing, a excepción de BGP, que viaja sobre TCP. TCP/IP no define las capas de enlace ni física, empleando las definidas por OSI.

6.1.1 Protocolo IP

Protocolo de la capa de red. Ofrece un routing de paquetes, no orientado a conexión y con una política best-effort. En la cabecera IP hay 20 bytes, donde se indican, entre otros parámetros, dirección origen y destino y el indicador del protocolo de nivel superior. La tabla representa la cabecera IP:

```
0                   1                   2                   3
0 1 2 3 4 5 6 7 8 9 0 1 2 3 4 5 6 7 8 9 0 1 2 3 4 5 6 7 8 9 0 1
```

Version	IHL	Type of Service		Total Length	
Identification			Flags	Fragment Offset	
Time-To-Live		Protocol		Header Checksum	
Source Address					
Destination Address					
IP Options Field					Padding

- **Version:** 4 bits que indican la versión del protocolo IP al que pertenece el paquete.

- **Internet Header Lenght (IHL):** 4 bits que indican el tamaño de la cabecera en palabras de 32 bits, para poder encontrar el inicio de los datos.
- **Type of service (TOS):** 8 bits que indican parámetros empleados para calidad de servicio:

Bit number:	0	1	2	3	4	5	6	7
Description:	Precedence			D	T	R	0	0

- o Los tres primeros bits son los de precedencia, utilizados en técnicas de calidad de servicio.
- o El bit 3 (D) indica retardo.
- o El 4 (T) indica troughput.
- o El 5(R) Fiabilidad.
- o Los bits 6 y 7 están reservados.

- **Total lenght:** 16 bits que representan la longitud del paquete

- **Identification:** 16 bits que indican fragmentos para reensamblar tramas.

- **Flags:** 3 bits que indican si el paquete puede ser fragmentado o no.

  - o Bit 0: Siempre es 0
  - o Bit 1: Puede o no puede ser fragmentado
  - o Bit 2: Es el último fragmento o hay más

- **Time to live (TTL):** 8 bits que indican el tiempo (saltos) que un paquete puede estar en la red.

- **Protocol:** 8 bits que indican el protocolo de capa superior:

Protocolo	Número
ICMP	1
IGMP	2
TCP	6
IGRP	9
UDP	17
IPv6	41
GRE	47
EIGRP	88
OSPF	89
PIM	103
IPX in IP	111
L2TP	115

- **Header cheksum:** 16 bits suma de CRC de la cabecera

- **Source Address:** 32 bits Dirección IP origen

- **Destination Addrees:** 32 bits Dirección IP destino

- **IP Options:** De longitud variable, marca aspectos como seguridad, source routing, etc.

- **Padding:** De longitud variable, solo asegura que la cabecera sea múltiplo de 32 bits.

6.1.2 Fragmentación IP

La longitud máxima de un paquete IP es de 65 KBytes, aunque muchos protocolos de capas inferiores no soporta este tamaño, y están obligados a dividir el paquete en tramas más pequeñas para poder ser enviado por la red. Cuando un router desensambla un paquete, éste no puede volver a ser compuesto hasta el destino. Un router puede fragmentar un paquete ya fragmentado si lo precisa. Si se pierde uno solo de los fragmentos, todo el paquete debe volver a ser enviado.

Si se marca el flan de no fragmentable y el paquete llega a una red con un MTU menor que su tamaño, es simplemente descartado.

6.2 DIRECCIONAMIENTO IP

En IP, hay una dirección lógica que permite a cada estación identificarse en una red. Está formada por 32 bits, separados por parte de red y parte de host.

El direccionamiento IP está dividido en cinco clases, A-E. El hecho de que se empleen estas máscaras, junto a que en un principio se asignaban de manera aleatoria, ha hecho que ahora apenas quede direccionamiento IP libre. Por otra parte, el crecimiento de la tabla de rutas en Internet es demasiado grande:

CLASE	PRIMER BYTE	DESDE IP	HASTA IP	MASCARA	TIPO
A	0XXXXXXX	1.0.0.0	126.0.0.0	255.0.0.0	UNICAST
B	10XXXXXX	128.0.0.0	191.255.0.0	255.255.0.0	UNICAST
C	110XXXXX	192.0.0.0	223.255.255.0	255.255.255.0	UNICAST
D	1110XXXX	224.0.0.0	239.255.255.255		MULTICAST
E	1111XXXX	240.0.0.0	255.255.255.255		EXPERIMENTAL

Para solucionar o minimizar estos problemas, surgen las siguientes tecnologías:

- **Máscara de subred (RFC 950 y 1812):** Gracias a la máscara, se pueden determinar subredes o superredes. El número de "1" en la máscara indica la parte de la dirección que es de red. El resto es de host.

- **Direcciones privadas (RFC 1918):** Las redes 10.0.0.0, 172.16.0.0 hasta 172.31.0.0 y 192.168.0.0 se consideran privadas y no pueden ser empleadas en Internet. No pueden emplearse las redes "cero", ya que se consideran de red, indicando a todo el segmento.

- **NAT (RFC 1631):** NAT permite traducir direcciones de una red a otro rango, para poder conectar una red privada a la red pública sin tener que registrar un número elevado de direcciones. Cisco soporta NAT desde la IOS El Private Internet Exchange (PIX) da esta funcionalidad además de servir como firewall para una red. Hay varios tipos de NAT:

  - **Estático:** establece un mapeo de traducción de uno a uno.
  - **Dinámico:** Establece un mapeo entre un rango de direcciones de entrada y uno de salida.
  - **Overload:** Se traduce un pool de direcciones de entrada a una única dirección de salida.
  - **Distribución de carga TCP:** Se traducen direcciones desde el exterior al interior, para repartir tráfico entre varios servidores en el interior de la red.

- **Direccionamiento jerárquico**

- **VLSM (RFC 1812):** Permite que una red sea subneteada en otras subredes con máscaras distintas

- **Sumarización (RFC1518):** Con la agregación de subredes en máscaras sumarizadas se consigue mayor rapidez en el proceso de forwarding de paquetes, al disminuirse el tamaño de las tablas de routing. Para ello, el direccionamiento de la red debe ser elegido de forma jerárquica, de modo que se permita VLSM y sumarización.

- **Classless Interdomain routing CIDR (RFC1518, 1519y 2050):** Consiste en publicar varias redes como una única superred sumarizada.

Existen algunas direcciones que se establecen para broadcast (Paquetes dirigidos a todas las demás estaciones). Hay tres tipos de broadcast:

- **Flooding:** Todas las estaciones. Dirección 255.255.255.255

- **Directed broadcast:** Todas las estaciones de una subred: Ej:172.16.2.255

- **All subnets broadcast:** todas las estaciones de todas las subredes de una red: 172.16.255.255.

La asignación de las direcciones a los hosts de una red puede ser efectuada de manera estática o dinámica, mediante el empleo de un servidor DHCP o BOOTP. Este servidor DHCP puede estar asociado a un servidor DNS, de modo que cada host estará referenciado con su nombre, y no con la dirección IP.

Cisco soporta direccionamiento secundario en los interfaces, que es útil para que un router pueda estar conectado a varias subredes dentro de un entorno conmutado.

6.3 CAPA DE TRANSPORTE

6.3.1 TCP

TCP es un protocolo de la capa de transporte orientado a conexión y fiable. Definido en la RFC793. Tiene una cabecera de 20 bytes, donde se especifican los puertos de entrada y salida, acknowledges, control de windowing, etc.

Usa puertos para identificar a los protocolos de nivel superior. Los puertos son asignados por el IANA (Internet Assigned Numbers Authority):

- Los puertos por debajo del 1024 son well-know ports. La mayoría de los puertos registrados por aplicaciones están en este rango.

- Los puertos por encima del 1024 se asignan dinámicamente.

Para asegurar el transporte fiable del paquete, TCP emplea los siguientes mecanismos:

- **PSH Signal:** TCP decide cuantos bytes de la aplicación va a encapsular en cada paquete IP. Una vez que tiene confirmación, TCP coloca un puntero de PSH en la zona de los datos que ya han sido enviados, de modo que la aplicación conoce la información correctamente transmitida.

- **Acknowledgment:** El receptor de un paquete TCP envía un paquete de Acknowledge al origen, de modo que éste conoce que los datos le han sido entregados.

- **Sequence Numbers:** Cada paquete leva un número de secuencia, para que el destino pueda reordenar los paquetes si le llegan desordenados. Indica el primer byte en el segmento.

- **Checksum:** Un CRC asegura la integridad del paquete. (Cabecera TCP, pseudo cabecera y datos)

- **Windowing:** Se permite el envío de un determinado numero de paquetes sin recibir ACK. Luego, un ACK podrá confirmar todos, para ahorrar tiempo.

- **Multiplexing:** TCP permite que varias aplicaciones ala vez empleen el transporte a través suya, mediante una multiplexación basada en puertos.

6.3.1.1 Formato de cabecera TCP

0	1	2	3
0 1 2 3 4 5 6 7 8 9	0 1 2 3 4 5 6 7 8 9	0 1 2 3 4 5 6 7 8 9	0 1

Source Port			Destination Port
Sequence Number			
Data Offset	Reserved	Control Bits (Flags)	Window Size
Checksum			Urgent Pointer
Options			Padding
Upper Layer Data			

- **Source port:** 16 bits con el puerto origen

- **Destination port:** 16 bits con puerto destino

- **Sequence number:** 32 bits con el número de paquete.

- **Data offset:** 4 bits con el tamaño de la cabecera TCP en bytes

- **Reserved:** 6 bits a 0

- **Control field:** 6 bits de flag:

  - o URG: Urgent pointer field significant
  - o ACK: Acknowledge
  - o PSH: Push function
  - o RST: Reset the connection
  - o SYN: Synchronize the sequence numbers
  - o FIN: No more data from sender

- **Window size:** 16 bits con el número de bytes que el emisor puede aceptar.

- **Cheksum:** CRC de comprobación

- **Urgent pointer:** 16 bits. Si se marca el flag urgent, aquí va el puntero con el numero de secuencia del fin de los datos urgentes.

- **Option:** Campo de tamaño variable con opciones varias.

- **Padding:** Asegura que la cabecera es múltiplo de 32 bits.

6.3.1.2 Establecimiento de sesión

Para asegurar el orden de la entrega de tramas, cuando se va a iniciar una sesión TCP las estaciones deben intercambiarse el valor de número de secuencia inicial. El proceso es como sigue. La estación A quiere iniciar una sesión con la estación B, y se inicia el "three-way handshake":

- **A->B:** Mensaje de sincronismo SYN: Número de secuencia de A=X, número de acknowledge=0, bit ACK=0 (no hay nada que confirmar)

- **B->A:** Mensaje de acknowledge ACK: Número de secuencia de A=X+1, número de secuencia de B=Y, bit ACK=1 (confirmando el anterior)

- **A->B:** Mensaje de acknowledge ACK: Número de secuencia de B=Y+1, número de secuencia de A=X+1, bit ACK=1

El número de secuencia, una vez iniciada la sesión, se solicita por la estación que ha de recibir. Junto con el mensaje de acknowledge, indica el siguiente número de secuencia que espera recibir por parte del origen.

El modo normal es confirmar todos y cada uno de los paquetes, pero por ahorro en el ancho de banda de la línea TCP tiene un mecanismo llamado windowing. El receptor le indica al transmisor la cantidad de paquetes que es capaz de recibir, una vez que han sido recibidos, le confirma todos ellos y le indica de nuevo el número de paquetes que pueden enviarse. De este modo, se ahorra el número de acknowledges en la red. TCP windowing está definido en las RFC 973 y 813. De todos modos, debe confirmar periódicamente.

La conexión puede terminar de dos maneras:

- **Graceful Termination:** El host que desea finalizar la sesión manda una señal FIN al otro. Éste, le manda el ACK y otro FIN, al cual la primera responde con el ACK

- **Aborted connection:** El oct que desea finalizar la sesión manda la señal RST al otro, y la sesión concluye.

6.3.2 UDP

Protocolo de la capa de transporte no orientado a conexión, y no fiable. Depende de los protocolos de capa superior para poder asegurar la entrega de paquetes al destino. Es el protocolo 17 de IP.

La cabecera de UDP es de 8 bytes, y suprime las confirmaciones y el windowing. Únicamente figura el puerto origen, puerto destino, longitud del paquete y CRC (Cabecera UDP, Datos, IP origen y destino, puerto y longitud)

No pierde el tiempo en establecer sesión y tiene muy poco overhead. Es usado por aplicaciones sensibles al tiempo, como voz.

6.4 PROTOCOLOS, SERVICIOS Y APLICACIONES TCP/IP

6.4.1 Address Resolution Protocol (ARP)

Cuando un host necesita enviar un paquete a otra máquina de la que conoce su dirección IP, necesita conocer la dirección MAC, para formar la trama de nivel 2.

ARP es un protocolo de la capa de red definido en la RFC826, por el que una máquina lanza una solicitud a la red para que el dueño de determinada IP le envíe su dirección MAC. Esta solicitud se lanza a la dirección MAC broadcast.

Proxy ARP es un mecanismo que ejecutan los routers para que contesten ellos mismos a una solicitud de ARP de un hosts cuando preguntan por una IP que está en otra red, y que el router tiene en su tabla de rutas. En este caso, el router contesta con su propia MAC.

Proxy ARP está activado por defecto, y se puede eliminar por interface con el comando **no ip proxy-arp**.

Reverse ARP (RARP).Definido en la RFC903 es un protocolo similar a ARP, pero devuelve la dirección IP cuando se conoce la MAC. Sirve para identificar la propia dirección IP. RARP ha sido sustituido por BOOTP y DHCP.

6.4.2 BOOTP

Definido en la RFC951, es un protocolo que permite a un host configurarse a si mismo, obteniendo su IP, gateway, y otra información de un servidor remoto.

Los mensajes intercambiados son broadcast a nivel IP (255.255.255.255), y viajan sobre los puertos 67 y 687 de UDP. Si existen routers entre el servidor de BOOTP y el host deben tener configurado el comando **ip helper-address [IP]**, que sustituye los paquetes broadcast por paquetes unicast con destino la IP especificada. **ip forward-protocol {udp [port] | nd | sdns}** permite indicar el protocolo que queremos que pase (ND: Network Disk, un protocolo viejo de estaciones SUN sin disco. SNDS: Secure Date Network System, un protocolo de seguridad). Al activarlo, se activan algunos protocolos por defecto. Se usa el comando anterior para negar protocolos por defecto o indicar puertos que sí deben ser reenviados.

Los protocolos permitidos por defecto en IP-helper address son:
    BOOTP
    DHCP
    NetBIOS
    TFTP
    DNS
    TACACS
    TimeService
    IEN-116 Name Service

6.4.3 Dynamic host configuration protocol (DHCP)

Definido en la RFC1531, Es simplemente una evolución de BOOTP, que permite algunas funcionalidades más avanzadas, como reutilizar loas IP que no estén siendo empleadas.

6.4.4 Hot standby routing protocol (HSRP)

HSRP es un método de dotar de redundancia a los routers que sirven de gateway a los PC. HSRP ofrece la ventaja de la rapidez en la convergencia, frente a otros métodos:

- **ARP (Address Resolution Protocol):** Cuando un PC necesita contactar con otro, envía una trama ARP parta conseguir su dirección MAC. Si la estación remota no está en la misma red, el router entrega su propia dirección MAC, y entonces el PC origen envía los paquetes hacía el router. Pero si el router falla, el PC lo continuará enviando a la misma dirección MAC, hasta que ARP vuelva a solucionar la nueva dirección del router de backup. Durante este tiempo no se tiene conectividad. Proxy ARP está habilitado por defecto en los routers Cisco. Si esto se combina con HSRP, sólo lo realiza el router activo.

- **RIP (Routing Information Protocol):** Se puede configurar este protocolo de routing en los PC y en los routers, de modo que si uno de ellos falla, este protocolo resuelve el nuevo gateway para las estaciones. El problema es que RIP tiene una convergencia muy lenta.

- **IRDP (ICMP Router Discovery Protocol):** Es una extensión de ICMP definida en RFC 1256 que proporciona un mecanismo para anunciar los routers por defecto. Los routers que hablan IRDP mandan paquetes de hello multicast anunciando el gateway. Este anuncio tiene un tiempo de validez limitado y después de él se elimina la información del router por defecto. Estos anuncios se mandan cada 7-10 minutos, y su tiempo de vida es de 30 minutos. Si un router falla, pasará este tiempo hasta que se dé por buena una nueva configuración. Los routers mandan el default gateway con una prioridad definida.

En HSRP, un grupo de routers trabajan juntos para ofrecer una única dirección IP y una MAC virtuales. Si uno de ellos falla, la dirección virtual se mantiene levantada gracias a los otros. De este modo existe un router activo, uno en standby y uno virtual.

Se puede realizar balanceo, haciendo que un router pertenezca a varios grupos de HSRP al mismo tiempo, aunque esto incrementa la carga del router. Puede haber hasta 255 grupos HSRP dentro de una misma LAN, y en esta LAN puede haber varios Catalyst. Se soporta que la información de HSRP viaje a través de trunks encapsulados en ISL.

6.4.4.1 Funcionamiento

El router con mayor prioridad se convierte en router activo Si la prioridad es igual se convierte en activo el que tenga la IP más alta. La prioridad por defecto para todos es de 100. El router activo será el que acepte los paquetes enviados al router virtual. Para ARP, el router activo responde con la dirección del router virtual. La dirección MAC virtual es 0000.0c07.acXX, donde XX es el grupo HSRP.

Otro router del grupo se escoge como router en standby. Ambos routers, el activo y el standby mandan paquetes hello a los demás routers, para que éstos reconozcan su funcionalidad. El router standby presenta su propia dirección IP y MAC, pero no responde a ningún paquete. Los demás routers del grupo responden a su propia dirección, pero no a los paquetes dirigidos hacia el router virtual.

Cuando el router activo falla, el router standby deja de recibir los paquetes de hello (que se mandan cada 3 segundos), y asume la función de router activo, respondiendo a los paquetes dirigidos al router virtual. Si ambos routers fallan, los demás routers del grupo vuelven a negociar quien será el router activo y el de backup.

Todos los routers del grupo envían o reciben los paquetes de hello. Estos paquetes se envían a una dirección multicast (a todos los routers) con un TTL=1 a través del puerto 1985 de UDP. Este mensaje contiene:

- **Versión:** Versión del protocolo

- **Op Code:** Se indica el tipo de mensaje contenido:

  o Hello: El router es capaz de ser activo o standby
  o Coup: El router quiere llegar a ser activo.
  o Resign: El router no quiere llegar a ser activo.

- **State:** Estado actual del router

- **Hellotime:** Periodo en segundos entre los mensajes de hello (entre 1 y 255)

- **Holdtime:** Período de validez de un mensaje de hello (entre 1 y 255)

- **Priority:** Se usa para elegir al router activo y al standby. Gana el que tenga la prioridad más alta, si coinciden, gana el que tenga la dirección IP más alta.

- **Group:** Indica el grupo HSRP

- **Authentication Data:** Una password para el grupo de 8 caracteres

- **Virtual Access:** Dirección IP del router virtual.

Una vez que se ha completado el proceso de elección, sólo los routers activo y standby envían mensajes HSRP.

Existen 6 estados en los que puede estar un router dentro del proceso HSRP:

- **Initial State:** En este estado aún no existe HSRP, es el que existe al levantarse el interface

- **Learn State:** El router espera a recibir paquetes del router activo.

- **Listen State:** Conoce la dirección IP del router virtual.

- **Speak State:** El router manda mensajes de hello y comienza a participar en la selección del router activo y standby.

- **Standby State:** El router ha llegado a ser standby y será el próximo router activo. Manda mensajes HSRP. Solo puede haber uno en este estado.

- **Active State:** El router es el activo y hace caso a las tramas dirigidas al router virtual. Solo puede haber uno en este estado.

Cuando el router activo falla, el router standby pasa a ser activo. Éste será activo incluso aunque el router activo original se recupere. Es posible configurar que le devuelva el control al router activo, configurando preempt en el router.

Es posible indicar en los routers HSRP que dejen de ser activos si un enlace distinto al propio de HSRP falla, por ejemplo, dos routers hablando HSRP y conectados cada uno de ellos con una línea serie contra el resto de la red. Si uno de estos enlaces serie falla, el router activo no conseguirá hacer forwarding del tráfico, pero continua anunciando su condición de activo. Se puede hacer que el router reduzca su prioridad automáticamente al detectar esta situación, para que otro router pase a ser activo mediante la configuración de interface tracking.

6.4.4.2 Configuración

DESCRIPCIÓN	COMANDO
Hacer que un router pertenezca a un grupo HSRP	(config-if) standby [grupo] ip [ip virtual]
Establecer la prioridad	(config-if) standby [grupo] priority [prioridad]
Configurar preempt	(config-if) standby [grupo] preempt
Configurar temporizadores	(config-if) standby [grupo] timers [hellotime] [holdtime]
Configurar interface traking	(config-if) standby [grupo] track [interface] [prioridad]
Verificar HSRP	show standby [interface] [grupo]
	debug standby

6.4.5 Internet Control Message Protocol (ICMP)

Protocolo de la capa de red definido en la RFC792 que que proporciona mensajes de errores entre routers, y se emplea para comprobar la disponibilidad de una red. Se soportan los protocolos IP, IPX, CLNS, Appletalk, Vines y Oldvines. La siguiente tabla representa los mensajes ICMP:

NUMERO	NOMBRE
0	Echo Reply
3	Destination unreachable
4	Source Quench
5	Redirect
8	Echo
11	Time Exceeded
12	Parameter problem
13	Timestamp
14	Timestamp reply
15	Information request
16	Information reply

Los números 0 y 8 son muy empleados, ya que se corresponden con el comando **ping**.

6.4.6 TELNET

Es un protocolo de la capa de aplicación definido en la RFC854. Trabaja sobre el puerto 23 de TCP para conectarse remotamente a otra máquina en modo texto.

6.4.7 File Transfer protocol (FTP)

Es un protocolo de la capa de aplicación definido en la RFC959 que permite transferir archivos entre estaciones. FTP utiliza dos conexiones. Una en el puerto 21 de TCP, para el control., y otra en el puerto 20 de TCP para los datos. En modo pasico, el cliente inicia las dos conexiones. En modo activo, el cliente le dice al servidor (con el comando PORT) el puerto por el que espera los datos.

6.4.8 Trivial File Transfer Protocol (TFTP)

TFTP es similar a FTP, pero viaja sobre UDP (puerto 69), y no utiliza conexión de control. Está definido en la RFC1350.

6.4.9 Domain Name Service (DNS)

DNS es un método para trabajar con nombre en Internet, y poder traducir éstos a las direcciones IP correspondientes. Un servidor DNS devuelve la dirección IP del nombre por el que se le pregunta. Está definido en las RFC 1034 y 1035.

DNS es una bate de datos distribuida, donde cada organización maneja su propio dominio y los subdominios del mismo. El IANA es el root de la base de datos.

DNS utiliza el puerto 53 tanto en UDP como en TCP.

6.4.10 Simple Network Management Protocol (SNMP)

SNMP es un protocolo de red para la gestión de dispositivos. La última versión, SNMPv3 está definido en la RFC2573.

Cada dispositivo que soporta SNMP almacena su información en una MIB (media Information Base). La plataforma de gestión tiene un agente que identifica esas zonas de memoria y las asocia a un determinado parámetro de control. Mediante tres comandos (SET, GET y TRAP) se gestiona la MIB.

SNMP utiliza autenticación mediante comunities, la V3 además usa usernames y cifra esta autenticación. V1 y V2 la mandan en claro, y sin nombre de usuario.

En SNMPv1 existen los comandos SET, GET, TRAP y GETNEXT
En SNMPv2 existen los comandos SET, GET, TRAP, GETNEXT y GETBULK

6.5 IPv6

La versión de IP actual es la IP versión 4. En ella, las direcciones son identificadas con una palabra de 32 bits. A pesar de las medidas descritas antes (NAT, Direcciones privadas, DHCP, etc) esta longitud hace que las direcciones IP escaseen. Por ellos, se ha descrito (en 1998) la RFC 2460 la versión 6 de IP (IPv6) que permite un tamaño de dirección de 128 bits. Otras mejoras de IPv6 frente a IPv4 son:

- **Espacio de direcciones extendido:** Direcciones de 128 bits en lugar de 32 bits.

- **Mecanismos de opciones mejorado:** Las opciones de IPv6 han sido colocadas en cabeceras adicionales opcionales que se colocan entre la cabecera IPv6 standard y la cabecera de la capa de transporte

- **Autoconfiguración de direcciones:** Proporciona la asignación dinámica de direcciones

- **Asignación de recursos:** En lugar del campo ToS de IPv4, se permite el etiquetado de paquetes que pertenecen a un flujo, para el que se hace un tratamiento especial en la red.

- **Seguridad:** IPv6 soporta autenticación y privacidad

6.5.1 Representación de direcciones IPv6

Las direcciones IPv6 se representan en hexadecimal, divididas en 8 códigos de 16 bits. Un ejemplo es:

FE1A:4CB9:001B:0000:0000:12D0:005B:06B0

Los 0's a la izquierda de cada grupo se pueden eliminar. Los grupos de todo 0's pueden ser abreviados con un solo 0. Varios grupos de 0's pueden ser sustituidos con ":". La misma dirección de arriba abreviada seria:

FE1A:4CB9:1B::12D0:5B:6B0

Durante la convergencia IPv4 a IPv6, las nuevas direcciones formadas en entornos de IPv4 serán de la forma:

0000:0000:0000:0000:0000:0000:213.37.2.135

Donde los últimos bytes son los correspondientes a Ipv4, y se escriben en formato decimal. La dirección de arriba abreviada es:

::213.37.2.135

La máscara, o el prefijo, de IPv6 se representa de la forma:

200C:001B:1100:0:0:0:0/40

O, de forma reducida:

200C:1B:1100::/40

Los primeros bits de la dirección IPv6 indican el tipo de dirección. Estos bits son de longitud variable se llaman format prefix (FP). La tabla muestra algunos de ellos:

Binary Format Prefix	Hexadecimal	Allocation
0000 0000	00	Unspecified Loopback IPv4 compatible
001	2 o 3	Aggregatable global unicast address
1111 1110 10	FE8	Link-local unicast address
1111 1110 11	FEC	Site-local unicast address
1111 1111	FF	Multicast Address

7 PROTOCOLOS DE ROUTING

7.1 ROUTING INFORMATION PROTOCOL (RIP)

7.1.1 Introducción

RIP es un protocolo de routing de vector de distancia. Hay dos versiones, RIPv1 y RIPv2. Viaja sobre UDP. La Distancia administrativa de RIP es 120 (para las dos versiones). Tiene una métrica basada en número de saltos, con límite de 15 (16 es inalcanzable).

RIP manda su tabla de routing cada 30 segundos por defecto, aunque soporta trigered updates, es decir, manda la tabla cuando detecta un cambio, aunque no haya finalizado el tiempo de 30 segundos. Utiliza split horizon con poison revese, con lo que las rutas aprendidas por un interface son publicadas por el mismo con una métrica infinita (16 saltos). Es capaz de balancear carga por hasta 6 enlaces (por defecto es 4). Los enlaces han de tener la misma métrica, y se ha de definir el comando para establecer el número máximo de caminos.

Las mejoras de RIPv2 sobre RIPv1 son:

- Es classless, soporta VLSM, CIDR y redes discontinuas

- Soporta el modo multicast, que permite mandar la tabla de rutas a todos los nodos de la red (IP 224.0.0.9). La versión 1 lo manda a broadcast 255.255.255.255

- Soporta autenticación de rutas, de modo que solo se aprenden las rutas recibidas que incluyen la password.

RIPv2 sumariza las redes en las fronteras, igual que RIPv1, pero se puede desactivar con la configuración:
Router rip
Versión 2
No auto-summary

7.1.2 Forwading Information Base

RIP mantiene la siguiente información para cada destino:

- Dirección IP destino (En RIPv2 se incluye además la máscara)

- Gateway

- Interface

- Métrica

- Timer (Tiempo desde que la ruta fue actualizada)

Esta información se puede ver con el comando **show ip rip database**

7.1.3 Formato de mensajes

El formato de mensaje de RIP es el mostrado en las figuras (RIPv1 y RIPv2):

- **Command:** Request o Response

- **Versión:** 1 o 2

- **Address Family Identifier:** Tipo de dirección (2 para IP)

- **Route Tag (RIPv2):** Identifica si una ruta es interna o externa (aprendida por otros protocolos)

- **IP address:** Ruta aprendida

- **Subset mask (RIPv2):** Máscara

- **Next Hop (RIPv2):** Dirección IP de siguiente salto.

- **Metric:** Métrica (Cuenta de saltos)

7.1.4 Temporizadores

RIP tiene 4 temporizadores (Es igual en las dos versiones)

- **Update:** La frecuencia en la que se manda la tabla de rutas. Por defecto 30 segundos

- **Invalid:** Si no se recibe una actualización de un ruta en este tiempo, se marca la ruta como inválida. Por defecto es 6 veces el tiempo de Update. La ruta está activa pero marcada con "posibly down"

- **Flush:** Una ruta es eliminada cuando pasa el tiempo de flush en estado invalid. El tiempo de flush por defecto es 60 segundos

- **Holddown:** Es para evitar bucles. Cuando cambia la métrica de una ruta, no se admiten updates a ella hasta que no pasa el tiempo de holddown, por defecto de 180 segundos.

7.1.5 Configuración

   Router(config)# router rip

Router(config-router)# network [red]

La base de rutas se puede ver con **show ip rip database** o con **show ip route**

El comando **show ip protocols** y el comando **debug ip rip** dan información acerca del funcionamiento del protocolo. (Debug indica las tramas que se envían y se reciben)

7.2 INTERNAL GATEWAY ROUTING PROTOCOL (IGRP)

Protocolo de vector de distancia desarrollado por Cisco a mediados de los 80 que puede ser empleado en redes más grandes que RIP (no tiene el límite de los 15 saltos, sino 100 por defecto y hasta 255 configurable) Su distancia administrativa es 100.

Tiene una métrica compleja de 24 bits, basada por defecto en retardo y ancho de banda y opcionalmente por fiabilidad, carga y MTU. 5 constantes definen el peso de cada uno de los factores. Una fórmula compleja establece el valor total de la métrica.

Puede hacer balanceo por 6 caminos diferentes, y no hace falta que tengan la misma métrica, como en RIP. Se define el valor de la varianza. Cuando hace balanceo sobre caminos de diferente métrica, cogerá los caminos que tengan una métrica dentro del margen que marca el de menor métrica multiplicado por la varianza (a la mejor, le manda más tráfico).

IGRP previene bucles mediante el empleo de split horizon, que está habilitado por defecto menos en redes del tipo NBMA WAN.

Tolera cualquier tipo de topología. Sumariza automáticamente en las fronteras de las redes principales. Las topologías complejas pueden hacer que la convergencia sea más lenta. IGRP procesa tres tipos de anuncios de redes:

- Interiores
- Exteriores
- De sistema

7.2.1 Temporizadores IGRP

IGRP manda la tabla de rutas entera periódicamente, aunque también soporta triggered update). (Puede mandar hasta 104 rutas en un paquete de 1500 bytes). Marca la ruta como inválida después de un tiempo sin que se haya actualizado, y la elimina de la tabla después de otro tiempo. Los tiempos son:

- **Update:** Envío de tabla de rutas. 90 segundos

- **Invalid:** Se marca una ruta como inválida: 3 x Update

- **Flush:** Se elimina la ruta de la tabla: 7 x Update

- **Holddown:** No se aceptan nuevos cambios de una ruta modificada: 3 x Update más 10

El Hold-down timer establece un periodo de tiempo en el que el router no hará caso a ninguna información acerca de una ruta que ha sido eliminada por un triggered update, a no ser que tenga mejor métrica que la anterior. De este modo, si un router recibe por un lado la ruta perdida (triggered update) y por el otro la ruta OK (update periódico), no habrá inconsistencia en la tabla. Fija, por lo tanto, un tiempo mínimo de convergencia. Hold-down timer puede ser eliminado, para una convergencia más rápida (no metric holddown), pero se corre el riesgo de poner una inestabilidad temporal en la red.

Los temporizadores se pueden modificar con el comando **router(config-router)#timers basic**

7.2.2 Métrica IGRP

IGRP utiliza como métrica:

- **Retardo:** Retardo de todo el camino, en décimas de microsegundos (EIGRP multiplica este valor por 256)

- **Ancho de banda:** El más pequeño del camino, medido como $10^7/BW$ (EIGRP multiplica este valor por 256)

- **Fiabilidad:** Peor fiabilidad del camino, basado en keepalives.

- **Carga:** Peor carga el camino

La métrica resultante es la obtenida de la siguiente fórmula:

$$Métrica = \left[K1 \cdot BW + \frac{K2 \cdot BW}{256 - load} + K3 \cdot delay \right] \bullet \left(\frac{K5}{reliability + K4} \right)$$

Por defecto, K1=K3=1 y K2=K4=K5=0, por lo que la fórmula por defecto es:

$$Métrica = BW + delay$$

Las constantes k1, k2, k3, k4 y k5 pueden modificar su valor empleando el comando **router(config-router)#metric weight [k1 k2 k3 k4 k5]**

Para marcar la métrica de las rutas aprendidas con otros protocolos, se emplean el comando **Router(router-config)# default-metric [Ancho de banda] [Retardo] [Fiabilidad] [Carga] [MTU]**

Para Ethernet, por defecto, sería: **default-metric 10000 100 255 1 500**

7.2.3 Configuración

> **Router igrp [proceso]**
> **Network [network]**
> **variance multiplier y traffic-share {balanced-min}**   Para balanceo de carga

El comando global **ip classless** es necesario para que se interprete la ruta por defecto (0.0.0.0 0.0.0.0).

Los comandos de verificación son **show ip protocols, show ip route, debug ip igrp transaction** que muestra información de las variaciones que ha sufrido una ruta, se puede especificar la dirección que se pretende analizar. **Debug ip igrp events** muestra un resumen de los cambios que sufre el protocolo.

7.3 ENHACED INTERNAL GATEWAY ROUTING PROTOCOL (EIGRP)

EIGRP es un protocolo de vector de distancia propietario de Cisco que implementa algunas funcionalidades de los protocolos de estado de enlace. Algunas de sus características son:

- Solo manda las variaciones de la tabla de rutas, y solo cuando hay un cambio en ellas

- Soporta Classless y VLSM

- Distancia Administrativa de 90

- Rápida convergencia, 100% libre de bucles

- Ancho de banda empleado reducido

- Fácil configuración, con menos parámetros de diseño que OSPF

- Compatible con IGRP

- Utiliza multicast en lugar de broadcast

- Como métrica, usa por defecto ancho de banda y retardo

- Balancea tráfico por caminos de distinta métrica

- Permite sumarizar por cada interface (sumariza a clasfull por defecto)

- Trabaja en la capa de transporte, con el número de protocolo **88**

- Está soportado en cualquier topología, ya sea multiacceso (LAN), punto a punto (HDLC) o NBMA (Frame Relay)

- Soporta redes discontinuas, por lo que se podría emplear un direccionamiento plano (mejor jerárquico)

7.3.1 Nomenclatura

- **Neighbor table:** Tabla con los routers adyacentes con los que se mantiene relación de vecinos.

- **Topology table:** Rutas que cada vecino ha aprendido

- **Routing table:** De la tabla anterior, se crea una tabla de routing

- **Sucessor:** Mejor ruta para alcanzar un destino

- **Feasible successor:** Ruta de backup para alcanzar un destino. Puede haber varios.

7.3.2 Componentes

7.3.2.1 Protocol-dependent modules

EIGRP tiene módulos independientes para enrutar tráfico IP, IPX y AppleTalk.
Esos módulos son el interface lógico entre el algoritmo DUAL y os protocolos de routing como IPX RIP y RTMP e IGRP. El módulo EIGRP envía y recibe los paquetes, pero quien toma las decisiones es DUAL, por eso la redistribución entre IGRP e EIGRP es automática.

7.3.2.2 Neighbor Discovery and Recovery:

EIGRP descubre y mantiene la información de sus vecinos. Cada 5 segundos se mandan paquetes hello broadcast, con lo que los routers confeccionan una tabla con la información recibida.

Un router EIGRP manda paquetes hello a la dirección 224.0.0.10 por todos los interfaces EIGRP. Cuando un router escucha un hello de su mismo sistema autónomo, crea una relación de vecino con el que lo mandó.

Estos paquetes se mandan cada:

- 5 segundos en LAN, enlaces serie dedicados y circuitos multipunto mayores de un T1

- 60 segundos en circuitos multipunto menores de un T1

Si un router no recibe el hello de un vecino en el tiempo holdtime (3 veces hello), lo declara muerto, elimina de su tabla de topología las rutas aprendidas por ese router y activa las feasible sucessor, si hay disponibles.

Se pueden cambiar los temporizadotes con los comandos **ip hello-interval eigrp** y **ip eigrp hold-time**. El hold-time está escrito en los paquetes de hello, con lo que aunque no se encuentren configurados igual los routers, cada uno asumirá el tiempo del otro para mandar el hello.

En la tabla de vecinos se encuentra la siguiente información:

- **Neighbor address:** Dirección IP del vecino (siempre la IP principal del interface)

- **Queue:** Número de paquetes en cola a la espera de ser enviados.

- **Smooth Round Trip Timer (SRTT):** Tiempo medio que se tarda en mandar y recibir paquetes de ese vecino. Se usa para determinar el RTO (Retransmit Interval)

- **Hold Time:** Valor de hold-time del vecino.

7.3.2.3 Relable Transport Protocol (RTP)

EIGRP tiene dos tipos de paquetes, los fiables y los no fiables. Los fiables necesitan confirmación (Update, Querie, Reply) y los no fiables no (Hello, ACK). El protocolo RTP (Reliable Transport Protocol) se encarga de mantener esta comunicación, reenviando hasta 16 veces los paquetes no confirmados.

RTP tiene una ventana de un paquete, lo que quiere decir que cuando se manda un paquete multicast, hasta que todos no lo hayan confirmado no se manda el siguiente. Si un router es lento en responder, afectará a los demás. RTP reconoce esta situación, y manda el paquete multicast. Cuando un router no ha contestado, se le vuelve a mandar, pero como unicast, sin afectar al tráfico del resto (no tendrían que estar continuamente confirmando)

7.3.2.4 Diffusing Update Algorithm (DUAL)

EIGRP calcula hasta seis caminos diferentes para cada ruta. La de mejor métrica es la que pone en la tabla de rutas. La métrica se calcula en función de la siguiente fórmula, que realmente es multiplicar por 256 la métrica de IGRP:

- **Ancho de banda:** El más pequeño del camino, medido como $256*10^7/BW$ (Igual que IGRP x 256)

- **Retardo:** Retardo de todo el camino, en décimas de microsegundos x 256 (Igual que IGRP x 256)

- **Fiabilidad:** Entre origen y destino, basada en keepalives

- **Carga:** Peor carga de un enlace entre origen y destino

- **MTU:** el más pequeño del camino

Para el cálculo de la tabla de rutas se usa el algoritmo DUAL. La fórmula de la métrica es:

$$Métrica = \left[K1 \cdot BW + \frac{K2 \cdot BW}{256 - load} + K3 \cdot delay \right] \bullet \left(\frac{K5}{reliability + K4} \right)$$

Por defecto, K1=K3=1 y K2=K4=K5=0, por lo que la fórmula por defecto es:

$$Métrica = BW + delay$$

Las constantes k1, k2, k3, k4 y k5 pueden modificar su valor empleando el comando **router(config-router)#metric weight [k1 k2 k3 k4 k5]**

El algoritmo DUAL (Diffusing Update Algorithm) calcula con la fórmula anterior todas las rutas de la tabla de topologías, y encuentra una o varias rutas para cada destino. Las de mejor métrica las pone en la tabla de rutas (balanceo si hay varias) y las siguientes como feasible succesor (hasta 6).

Si una ruta principal se cae, se emplea inmediatamente la feassible sucessor, y si no existe se mandan queries a los vecinos para tratar de encontrar una ruta. Si no la tienen, preguntan a su vez a sus vecinos, hasta que aparece una.

7.3.3 Tipos de paquetes EIGRP

EIGRP se intercambia cinco tipos de paquetes:

* **Hello:** Se mandan para descubrir vecinos

* **Update:** Envían updates de rutas

* **Queries:** Lo manda un router para preguntar a sus vecinos sobre una ruta

* **Reply:** Respuesta a un query

* **ACK:** Se manda para confirmar la recepción de Update, Query o Reply.

7.3.4 Descubrimiento de rutas

El proceso de descubrimiento de rutas es como sigue:

* El nuevo router manda paquetes de hello por todos sus interfaces

* Los routers que lo reciben, le mandan paquetes de update que contienen todas las rutas que han aprendido, excepto las que han aprendido por ese mismo interface (split horizon)

* El nuevo router contesta con un paquete ACK

* El router pone todas las rutas en su tabla de topología

* El router intercambia la información aprendida con todos sus vecinos

* Cuando todos los updates han sido recibidos, el router escoge la ruta principal y las de backup para cada destino.

7.3.5 Configuración

La sumarización en EIGRP está habilitada por defecto, de modo que se sumariza toda la clase como si se tratara de un classfull. Se puede configurar sumarización manual, para sumarizar subredes y superredes (classless)

EIGRP hace balanceo de carga automáticamente por 4 rutas de igual métrica (se puede configurar hasta 6), y con el comando de varianza, se puede hacer que haya balanceo de carga por rutas de distinta métrica (si la métrica de la ruta es menor que la métrica más pequeña por la varianza, se hará balanceo con ella).

Para su paquetes, EIGRP utilizará por defecto el 50% del BW de un interface. En enlaces WAN lentos, esto puede ser demasiado, con lo que se puede fijar el % del BW que utilizará. Puede ser más de 100, si el BW se ha establecido muy bajo por motivos de políticas de routing

En enlaces WAN point-to-point, por defecto el BW es el de un T1, hay que indicar el valor de cada PVC, y ponerlo igual al CIR.

En enlaces point-to-multipoint (ATM, SMDS; ISDN PRI), EIGRP utiliza el BW del interface principal dividido por el número de vecinos. Se puede solucionar creando subinterfaces point-to-point o poniendo manualmente el BW de cada uno, como el CIR más bajo por el número de PVC's

COMANDO	SIGNIFICADO
(config)# router eigrp [SA-number]	Se configura EIGRP en un sistema autónomo
(config-router)#network [network]	Se indican las redes que entrarán en el proceso
(config-if)# bandwith [kilobits]	Se especifican en los interfaces el valor de BW para calcular la métrica
(config-router)#no auto-summary	Elimina la sumarización automática
(config-if)#ip summary-address eigrp [AS] [address] [mask]	Configura sumarización manual
(config-router)#variance [varianza]	Configura varianza, para balancear por rutas de distinta métrica
(config-if)#ip bandwith-percent eigrp [AS] [%]	Configura el porcentaje del BW de un interface que puede usar EIGRP. Puede ser más de 100.

7.3.6 Verificación

COMANDO	SIGNIFICADO
#show ip eigrp neighbors	Muestra los vecinos descubiertos por EIGRP
#show ip eigrp topology	Muestra la tabla de topología
#show ip route eigrp	Muestra la tabla de rutas aprendidas por EIGRP
#show ip protocols	Muestra los parámetros de los protocolos de routing
#show ip eigrp traffic	Muestra el número de paquetes EIGRP enviados y recibidos
#debug eigrp packets	Muestra todos los paquetes EIGRP que se mandan o se reciben
#debug eigrp neighbors	Muestra la interacción entre vecinos
#debug ip eigrp	Muestra los cambios que EIGRP hace en la tabla de rutas
#debug ip eigrp summary	Muestra un resumen de la actividad de EIGRP

7.3.7 Escalabilidad

EIGRP puede verse afectado si tiene que escalar a redes muy grandes, ya que el proceso EIGRP tiene que mandar más información a más vecinos, con lo que el proceso de convergencia se ralentiza. Por otro lado, si hay muchos caminos para alcanzar un destino, pueden existir problemas de convergencia.

Si un router EIGRP pierde conectividad con una ruta y no tiene un feasible succesor, manda un query a todos sus vecinos (excepto por el interface que era el successor), pidiéndoles esta ruta. Si alguno de ellos tiene la información, se la manda al router que la solicita, y en caso contrario, a su vez también la solicitan haciendo queries a sus vecinos. El query se extiende por toda la red, incluso a otros sistemas autónomos.

El router tiene que recibir respuesta de todos los vecinos antes de calcular un successor para esa ruta. Cuando se hace query, la ruta permanece en estado activo hasta que todos han contestado. Si un router no contesta, la ruta permanecerá en este estado. Si permanece durante 3 minutos, pasa al estado SIA (stuck-in-active), y eso significa que los routers conocen a través del que solicitó el query la ruta a la red (y no es cierta).

Para evitar esta situación se puede limitar el scope del query. La forma de parar el proceso es configurar sumarización. Cuando el query llega a un router que sumariza esa misma red, el siguiente le contesta que no hay forma de llegara ella, como si todos los que cuelgan de él le hubieran contestado.

Un router podría no contestar a un query por problemas de memoria o CPU, o por que el paquete se haya perdido en algún enlace.

7.3.8 Routing EIGRP

EIGRP tiene varias ventajas: Métrica compuesta de 32 bits, fácil de instalar, escala en cualquier tipo de red, utiliza un protocolo de transporte fiable. Converge en menos de un segundo después de detectar un fallo.

EIGRP mantiene tablas separadas para trabajar con varios protocolos. Se considera un protocolo SIN (Ships in the night). Las tablas y procesos que mantiene a la vez son:

- Tabla de routing Apple Talk
- Tabla de topología Apple Talk
- Tabla de vecinos Apple Talk
- Tabla de routing IP/IGRP
- Tabla de topología IP/IGRP
- Tabla de vecinos IP/IGRP
- Tabla de routing IPX
- Tabla de topología IPX
- Tabla de vecinos IPX
- Algoritmo Dual
- Descubrimiento de vecinos
- Transporte fiable

EIGRP es capaz de interactuar con IP-EIGRP, IPX-RIP, IPX-SAP y RTMP

7.3.9 Sumarización EIGRP

Por defecto, EIGRP sumariza en las fronteras de las redes principales. Puede configurarse sumarización manual en cualquier punto, usando prefix routing.

EIGRP soporta mobile hosts, como un host tiene una dirección más concreta que la red a la que realmente pertenece, su dirección será anunciada, y los paquetes le llegarán a él.

EIGRP también soporta redes discontinuas y VLSM

7.3.10 Convergencia EIGRP

EIGRP converge en menos de un segundo para la mayoría de los casos, en el peor de los casos (un router cae), tardaría 16 segundos. Los pasos son:

- Se cae un interface (inmediato si es Carrier Detect o beaconing Token Ring y 3 veces el tiempo de keepalive en otro caso (3*5 segundos))

- El router busca en su tabla una ruta alternativa

- Si la encuentra, conmuta inmediatamente.

- Si no la encuentra, manda un query a los vecinos

- El query se propaga hasta que alguien responde

- Los routers afectados actualizan su tabla.

EIGRP utiliza el algoritmo DUAL:

- Converge en un segundo

- Route filtering en cualquier punto

- El protocolo hello previene de agujeros negros (cada 5 segundos)

- Updates secuenciados y confirmados, para asegurar la convergencia

- La información de routing se propaga solo a los routers afectados.

EIGRP mantiene también la tabla de rutas de cada uno de sus vecinos, que le permite conocer inmediatamente la mejor ruta en caso de que la principal se caiga.

Es capaz de balancear carga por hasta 4 caminos. Tiene varianza (se ha de tener a 1 para LAN y fast o autonomous switching y a 2 para WAN process switching)

El diseño EIGRP debe ser simple y mejor jerárquico. Una red muy mallada afecta a la convergencia.

7.4 OPEN SHORTEST PATH FIRST (OSPF)

OSPF es un protocolo de routing de estado de enlace definido en la RFC2328 (La versión II está definida en la RFC1583), con rápida convergencia, soporta VLSM, no tiene límite teórico de saltos (como RIP), aprovecha mejor el ancho de banda, ya que sólo manda upgrades, y no toda la tabla (que sólo lo hace cada 30 minutos), y su decisión de mejor ruta está basada en retardos y costes. OSPF se encuentra en el nivel 4 OSI, y su número de protocolo IP es el 89

7.4.1 Terminología

*   **Interface:** Cada interface de un router por donde se habla OSPF

*   **Link state:** Estado operacional de un enlace. Ante un cambio, se genera un paquete llamado LSA (Link State Advertisiment)

*   **Cost:** Es el coste asociado a cada interface, y depende de la velocidad del medio

*   **Autonomous System:** Grupo de routers que hablan el mismo protocolo de routing y son administrados por la misma entidad

*   **Area:** Un grupo de redes y routers que mantiene la misma información de estado de enlace. Un router dentro de un área es un router interno.

*   **Neighbors:** Dos routers que tienen interfaces en la misma red

*   **Hello:** Protocolo usado para crear relación de vecinos

*   **Neighbors database:** Lista de los vecinos con los que se ha establecido comunicación bidireccional. También se llama adjacencies database.

*   **Link-state database:** Lista con el estado de cada enlace. También llamada topological database

*   **Routing table:** generada por cada router a partir de la Tabla de estados de enlace por el algoritmo SPF (Shortest Path First) o Dijkstra

7.4.2 Funcionamiento de OSPF en un entorno broadcast multiaccess

En este entorno puede haber varios routers conectados (más de dos) y todos reciben las tramas broadcast, como Ethernet.

Los routers siempre tienen que crear una relación de vecinos para mantener comunicación OSPF. Esto se hace mediante el protocolo Hello. Todos los routers mandan periódicamente un paquete Hello a la dirección multicast 224.0.0.5 (todos los routers que hablan OSPF). En este paquete se incluye:

*   **Router ID:** Identifica al router dentro de un sistema autónomo. Se usa la dirección más alta de un interface activo en el router.

- **Intervalos Hello y Dead:** Es la frecuencia con la que se mandan paquetes de hello (por defecto 10 segundos) y el tiempo que se espera a recibir la respuesta (por defecto 4 veces el tiempo hello). Deben ser iguales en los routers

- **Neighbors:** Lista de los Router ID de los vecinos con los que ya se ha establecido relación. Si el propio router se ve en la lista, sabe que ya existe relación de vecino con él.

- **Area-ID:** Para hablarse, dos routers deben pertenecer a la misma área, que se indica aquí.

- **Router Priority:** Indica la prioridad del router para ser elegido DR o BDR

- **DR y BDR IP:** Indica las direcciones de los routers DB y BDR (si se conocen)

- **Password:** Para asegurar que se habla OSPF con un router autenticado. Debe ser la misma en ambos equipos.

- **Stub area flag:** Los dos routers deben tener la misma. Indica que se trata de un área stub.

Los routers DR (Designated Router) y BDR (Backup Designated Router) se establecen para que en un segmento con varios routers no tengan que establecer relación de vecino todos con todos. El funcionamiento es que todos ellos establecen relación con el DR y con el BDR. El BDR no hace nada mientras el DR está activo. El DR se encarga de distribuir a todos los demás routers los cambios que cualquiera de ellos indique en sus enlaces. La relación entre cualquier router y el DR o el BDR se llama adyacencia

- Para elegir al DR y al BDR, se fijan en el valor de Router Priority del paquete Hello. El router con mayor prioridad es el DR y el siguiente es el BDR. Si son iguales (por defecto es 1 y hay que configurarla) se elige el Router ID más alto como DR y el siguiente como BDR. Un router en el que se haya configurado prioridad cero no puede ser ni DR ni BDR.

- Una vez que se ha elegido al DR y al BDR, estos no cambian nunca, aunque lo hagan las prioridades o las direcciones IP. Cuando el DR falla, el BDR pasa a ser DR, y se elige a un nuevo BDR. Si se cae el BDR, se elige a un nuevo BDR.

- Esto es por cada segmento, por lo que un router puede ser DR en un segmento y no serlo en otra interface.

Cuando un router OSPF se conecta en una red, comienza el proceso de intercambio, usando el protocolo Hello. Cuando la red se levanta al mismo tiempo, el proceso es el siguiente:

- **Estado Init:** Los routers mandan paquetes hello por todos los interfaces a la dirección 224.0.0.5 (todos los routers OSPF). Los routers que reciben estos paquetes le añaden al nuevo en la lista de vecinos, y le mandan un paquete en formato unicast, donde ya se encuentra incluido en al lista de vecinos. Aún no se ha establecido una comunicación bidireccional.

- **Estado Two-Way:** Se establece una comunicación bidireccional (unicast), al recibir el router un paquete hello que le incluye en su lista de vecinos. Todos los routers tienen en su lista de vecinos a todos los demás. Se establece quien es el DR y el BDR. A partir de este momento, mandan un paquete hello cada 10 segundos. Los routers que no llegan a ser adyacentes (por ejemplo en un entorno broadcast) se quedan en este estado.

- **Estado Exstart:** Los routers establecen una relación maestro/esclavo (el que tenga mayor Router ID es el maestro). Determinan el número de secuencia inicial para la DBD (Database descrption).

- **Estado Exchange:** Los router se cambian sus DBD, donde se incluye toda la información de estados de enlace de sus vecinos (la tabla de LSA). Estas DBD son confirmadas con LSAck.

- **Estado Loading:** Cuando lo han recibido, si en la DBD hay LSA que no conocía, manda un LSR (Link-state request), solicitando más información para el LSA. EL otro devuelve un LSU (Link State Update) para ese LSA, que vuelve a ser confirmado con un LSAck. Este proceso se repite hasta que ambos conocen por completo la tabla de LSA del otro.

- **Estado Full:** Una vez que las tablas de LSA son iguales, el proceso ha finalizado.

Una vez que la tabla de estados de enlace está completada, el router inicia el algoritmo SPF o Dijkstra, que, a partir de la tabla de estados de enlace genera la tabla de routing. Mientras que está calculando, se utiliza la tabla que ya existiera, y se actualiza toda de golpe una vez que ha finalizado su cálculo. Para la métrica, se basa en el coste de cada interface. El coste es inversamente proporcional a la velocidad del interface (coste = 100.000.000/ancho de banda). Si está directamente conectado, coste=0. Si encuentra caminos del mismo coste al mismo destino, realiza balanceo de carga hasta por seis caminos diferentes.

Algunas veces una línea serie comienza a hacer flapping, y el algoritmo consumiría mucho CPU en calcular las tablas de rutas. Por ello, cuando se recibe un LSA, el router espera un tiempo (spf-delay, 5 segundos por defecto) en ejecutar el algoritmo. Además, éste no puede ser ejecutado dos veces seguidas si no pasa otro periodo de tiempo (spf-holdtime, 10 segundos por defectos). El comando para modificar estos tiempos es **timers spf [spf-delay] [spf-holdtime].**

Para mantener la topología de la red en todos los routers, utilizan un proceso llamado flooding:

- Cuando un router detecta un cambio en uno de sus enlaces, manda un LSU, que incluye el LSA a la dirección 224.0.0.6 (todos los DR y BDR). El mismo paquete de LSU puede contener varios LSA.

- El DR confirma la recepción del mismo y se lo manda a la dirección multicast 224.0.0.5, para que todos los demás lo reciban. Cada router, confirma al DR la recepción del paquete, y actualiza su tabla de rutas.

- Además de informar de cambios, cada 30 minutos se intercambian la tabla LSA entera entre routers adyacentes. Si en una hora no se ha actualizado un LSA, éste es eliminado.

Cada LSA tiene su propio aging timer, que por defecto es de 30 minutos. Cuando finaliza, el router propietario de este LSA envía un LSU a toda la red, para indicar que aún está activo. Cuando otro router lo recibe:

- Si no existía, la añade a su tabla, manda un LSAck al DR, reenvía la información a otros routers y calcula su tabla de routing.

- Si ya existía y tiene la misma información, la ignora.

- Si ya existía, pero ha sido actualizada (no es la misma información), la añade a su tabla, manda un LSAck al DR, reenvía la información a otros routers y calcula su tabla de routing.

- Si ya existía, pero la trama recibida es más antigua que la información que tenía, manda un LSU al origen con la nueva información.

7.4.3 Funcionamiento de OSPF en un entorno point-to-point

En un enlace punto a punto, sólo hay dos routers. Descubren al contrario mandando paquetes de hello a la dirección 224.0.0.5 (todos los routers OSPF). No se elige DR ni BDR. El valor por defecto para el hello y dead es de 10 y 40 segundos, respectivamente.

7.4.4 Funcionamiento de OSPF en un entorno non-broadcast-multiaccess

NBMA son redes tipo ATM o FR, donde el mismo interface de un router puede llegar a varios otros routers, pero sin que exista conectividad entre estos otros. No es un entorno broadcast.

El tiempo de Hello y dead es de 30 y 120 segundos respectivamente en NBMA.

OSPF puede ser configurado para trabajar en dos modos distintos cuando existe sobre redes NBMA, modo NMBA y modo punto a punto.

Modo NBMA:

- Simula la forma de trabajar en redes broadcast. Se eligen un DR y un BDR. Si la red no es completamente mallada, el DR y el BDR deben ser elegidos manualmente, de modo que éstos tengan conectividad con el resto de routers de la red.

- Los vecinos deben ser configurados manualmente a fin de que comience el proceso de selección del DR.

- Los paquetes de LSU y LSAck son reenviados hacía todos los demás vecinos por parte del DR.

- Si no hay muchos routers conectados, el modo NMBA es más eficiente, en términos de tamaño de la tabla de enlaces y el tráfico generado por el protocolo

- La condición de "completamente mallado" o que el DR y el BDR seleccionados tengan conectividad con todos los otros routers puede verse afectada si se usan ATM SVC o enlaces FR usando subinterfaces (si hay un PVC en un interface, y se cae el PVC, también se cae el interface, por lo que se detecta el fallo. En cambio, si se usan varios PVC por interface (subinterfaces) y se cae un PVC, se cae su subinterfaces, pero no el interface, con lo que no se notifica el cambio. Esto se puede evitar con el modo punto a punto.

Modo punto a punto:

- Está diseñada para trabajar en redes partial-mesh o topologías en estrella. OSPF trata a la red como si fueran muchos enlaces punto a punto. Por esto, no se elige DR ni BDR. No se requiere configurar a los vecinos de manera estática

Además de estos, cisco tiene otros modos para configurar OSPF:

- Point-to-multipoint nonbroadcast mode: Es una extensión del modo punto-multipunto. Se deben configurar los vecinos y se puede modificar el coste de cada enlace. Se soporta Classical IP sobre ATM, sin que haya configurado ningún PVC (en la RFC hace falta).

- Broadcast mode: Permite conocer todos los vecinos existentes

- Point-to-point mode: Usado cuando sólo hay dos nodos en la red NBMA. Se usa en enlaces punto a punto.

En la tabla se ve un resumen de los modos:

Mode	Preferred Topology	Subnet Address	Adjacency	RFC or Cisco
NBMA	Fully meshed	Same	Manual DR/BDR	RFC
Broadcast	Fully meshed	Same	Automatic DR/BDR	Cisco
Point-to-multipoint	Partial mesh or star	Same	Automatic No DR/BDR	RFC
Point-to-multipoint nonbroadcast	Partial mesh or star	Same	Manual No DR/BDR	Cisco
Point-to-point	Partial mesh or star, using subinterfaces	Different for each subinterface	Automatic No DR/BDR	Cisco

7.4.5 Configuración

Configuración para topología Broadcast

COMANDO	SIGNIFICADO
(config)# router ospf [process] (config-router)# network [address] [wild card mask] area [area]	Se configura el proceso de OSPF y se definen las redes y el área
(config)# interface loopback 1 (config-if)# ip address [ip] [mask]	Se define un router-ID, la IP debe ser la más alta de todas las del router
(config-if)# ip ospf priority [number]	Se define la prioridad de llegar a ser DR o BDR, es un número entre 0 y 255. Por defecto es 1
(config-if)# ip ospf cost [cost]	Se define el coste de un interface, entre 1 y 65535. Por defecto se obtiene de la fórmula 10^8/bandwith
(config-router)# auto-cost reference-bandwith [ref-bw]	Modifica el numerador de la fórmula anterior para calcular e coste. Si se pone, debe ser puesto en todos los routers de la red para que calculen el coste igual. El comando ip ospf cost sobreescribe este valor. Por defecto es 100.

Configuración para una topología NBMA, modo NBMA

- Es el modo por defecto, el comando ip ospf network non-broadcast no sería necesario.

- Es necesario configurar estáticamente a los vecinos

COMANDO	SIGNIFICADO
(config-if)# ip ospf network non-broadcast	Se define el modo NBMA para un interface
(config-router)# neighbor [IP]	Se declaran los vecinos

Configuración para una topología NBMA, modo point-to-multipoint

- No se elige DR ni BDR

- No se necesita configurar a los vecinos

- OSPF cambia LSU adicionales

- Puede ser usado con topologías en estrella

COMANDO	SIGNIFICADO
(config-if)# ip ospf network point-to-multipoint	Se define el modo point-to-multipoint para un interface

Configuración para una topología NBMA, modo Broadcast
- Hay elección de DR y BDR

- No es necesario definir a los vecinos

- Es necesaria una topología full-mesh, o elegir a los DR y BDR para que tengan conectividad con todos los routers.

COMANDO	SIGNIFICADO
(config-if)# ip ospf network broadcast	Se define el modo broadcast para un interface

Configuración para una topología NBMA, modo point-to-point
- OSPF considera que cada subinterface es un enlace Point-to-point
- La adyacencia es automática

COMANDO	SIGNIFICADO
(config)# interface serial 0.1 point-to-point	Se definen subinterfaces como point-to-point

7.4.6 Verificación

COMANDO	SIGNIFICADO
Show ip protocols	Verifica que OSPF está configurado
Show ip route	Muestra las redes aprendidas
Show ip ospf interface	Muestra información de área y de adyacencias creadas
Show ip ospf neighbor detail	Muestra información de DR, BDR y los vecinos
Show ip ospf database	Muestra la tabla de estados de enlace
Clear ip route	Borra la tabla de rutas
Debug ip ospf [option]	Muestra los procesos de OSPF

7.4.7 Creación de múltiples áreas

Si la red OSPF es muy grande, puede ser que toda la CPU de cada router esté encargada casi exclusivamente al cálculo de la tabla de rutas (algoritmo SPF), además, la tabla de rutas puede ser muy grande, lo que ocasionaría mucho retardo en el forwarding de paquetes. Y la tabla de estado de enlace también sería grande. Por eso se configuran áreas para redes grandes.

Las áreas aíslan a las otras de información de estado de enlace, con lo que se reduce el tamaño de las tablas de rutas y estados de enlace, no se mandan tanto tráfico (no se mandan LSU entre áreas) y los routers calculan menos veces la tabla de rutas, con el algoritmo SPF (Dijkstra)

En OSPF se definen los siguientes tipos de routers:

- **Internal router:** Es el que tiene todos los interfaces en el mismo área OSPF. Todos los routers internos del mismo área tienen idéntica tabla SPF

- **Backbone routers:** Son los routers que tienen al menos un interface en el área cero

- **Area Border Router (ABR):** Tienen interfaces conectados a distintos áreas. Mantienen una tabla de estado de enlace por cada área a la que están conectados. Sumarizan las tablas entre distintas áreas.

- **Autonomus System Boundary Router (ASBR):** Tienen interfaces en distintos sistemas autónomos, el otro SA podría no ser OSPF. Redistribuyen información de OSPF al otro protocolo.

En OSPF se definen los siguientes tipos de LSA, que se incluyen en la tabla de estados de enlace:

- **Tipo 1 - Router:** Generada por cada router para cada área a la que pertenece. Describe el estado de los links del router al área. Sólo son flooded en ese área. Se manda el estado del enlace y el coste.

- **Tipo 2 – Network:** Generada por los DR en redes multiacceso. Describe el conjunto de routers conectados a una red. Son flooded dentro del área que contiene esa red.

- **Tipo 3 y 4 - Summary** Generado por el ABR. Describe el estado de los enlaces entre el ABR y los routers internos de cada área. Son reenviados a través del área de backbone a otros ABR. El tipo 3 describe rutas a redes dentro del área local y el tipo 4 describe la conectividad con ASBR. No son flooded a áreas totally stubby.

- **Tipo 5 - AS external:** Generado por el ASBR. Describe rutas a destinos del AS externo. Son flooded a todo el SA OSPF excepto a las áreas stub, totally stubby y not-so-stubby

- **Tipo 6 - Group-membership:** Flooded por un MOPF (multicast OSPF) router para distribuir información de pertenencia a grupos multicast.

- **Tipo 7 - Not-so-stubby area (NSSA) AS external:** Originado por un ASBR en un NSSA. Es similar al tipo 5, sólo que son flooded dentro de NSSA. En al ABR, el tipo 7 se traduce por el tipo 5.

En OSPF se definen los siguientes tipos de áreas:

- **Standard area:** Es el área normal, y sería el que trabajaría en un entorno OSPF en área simple. Acepta Link updates, rutas sumarizadas y rutas externas.

- **Backbone area (transit area):** Cuando se conectan muchas áreas, el área de backbone es al que se tienen que conectar todas las demás. Siempre se llama área "0". Tiene las propiedades de un standard area.

- **Stub area:** No acepta rutas externas al AS al que pertenece. Si es necesario salir del AS, se usa una ruta por defecto.

- **Totally stubby area:** No acepta rutas externas al AS ni rutas sumarizadas de otros áreas dentro del AS. Siempre sale con una ruta por defecto.

- **Not so stubby area:** Ruta por defecto para el AS, pero tiene rutas fuera del AS, con ASBR

El coste para alcanzar rutas sumarizadas de otros áreas es el más pequeño de las rutas que aparezcan en la sumarización más el coste del enlace del ABR con el backbone.

El coste para alcanzar rutas externas depende del tipo configurado en el ASBR:

- Tipo 1 (E1): Se añade al coste externo el coste de cada link por el que tenga que atravesar la ruta.

- Tipo (E2) (defecto): Sólo es el coste externo, da igual por los routers que atraviese

7.4.8 Operación de OSPF en múltiples áreas

Para mandar los LSU a distintas áreas, se sigue este proceso:

- Dentro de cada área, se inicia el proceso de routing, como se vio en el tema anterior.

- Los ABR analizan la tabla de estado de enlace y generan LSA resumen. Si se configura sumarización se reduce esta tabla.

- Los LSA sumarizados (tipo 3 y 4) son puestas en un LSU y se mandan por todos los interfaces, excepto:
    - Si el vecino de un interface se encuentra en una fase anterior al proceso de intercambio
    - Si el interface está conectado a un área totally stubby
    - Si el LSA incluye una ruta tipo 5 (external) y el interface está conectado a un área stub

- Cuando un ABR o ASBR reciben el LSA, lo añaden a su tabla de estados de enlace y lo mandan cada uno a su área local. Los routers locales analizan la información recibida:
    - Primero calculan los LSA tipos 1 y 2, que se corresponden con rutas dentro de su propia área.
    - Luego calculan los LSA tipo 3 y 4, que se corresponden con rutas entre áreas.
    - Luego calculan los LSA tipo 5, que se corresponden con rutas de otros SA.

- Un ABR de un área totally-stubby manda al área solamente el default LSA (0.0.0.0). Se configura con area x stub no-summary y es mejor para estabilidad y escalabilidad.

7.4.9 Sumarización OSPF

Es importante sumarizar entre áreas, de modo que al backbone sólo le lleguen redes sumarizadas del resto. Si todas las redes son sumarizadas, se mandará un único summary LSA al backbone.

Bit Splitting: Un método de conseguirlo, es utilizar bits de la parte de dirección como identificador del área. Por ejemplo, utilizar 4 bits para identificar 16 áreas diferentes. Dentro de cada área, se utilizarán las subredes de manera agrupada, para permitir más sumarización. De este modo, se permite VLSM en el backbone. OSPF soporta redes discontinuas, es decir, se puede usar la misma red principal en varias áreas, y es mejor que se utilice una subred sumarizada para cada una de ellas

El ABR consolida los LSA desde el área hasta el backbone y viceversa. Se configura manualmente con el comando **area...range**. Un área puede tener varios ABR.

Si no se usa sumarización, los LSA de link específico entran en el backbone. Cada vez que un enlace haga flapping, todos los routers de la red deben iniciar el algoritmo SPF para calcular de nuevo la tabla de rutas, lo que supone mucho consumo de tráfico y de CPU. La sumarización oculta al resto de la red los cambios producidos dentro de un área.

Los ASBR consolidan las rutas externas, de modo que hacia la red OSPF se mandan sólo las redes sumarizadas o la ruta por defecto 0.0.0.0 (si se usa el comando default-info originate).

7.4.10 Virtual links

Todas las áreas deben estar conectados al área 0. No obstante, puede ser que, una vez que se ha diseñado la red, se quiera agregar un nuevo área, y no haya posibilidad de conectarlo al área 0.en este caso, se puede configurar un virtual link. Un virtual link proporciona un enlace virtual entre cualquier área y el área 0. Tiene dos requerimientos:

* Debe ser establecido entre dos routers que comparten un área en común.

* Uno de estos routers debe estar conectado al backbone

7.4.11 Configuración

Un área stub reduce el tamaño de la tabla de estado de enlace dentro de ese área, ya que los LSA tipo 5 (otros SA) no son redistribuidos dentro, y se sustituyen por una única ruta por defecto.

Un área totally stubby es una característica propietaria de Cisco, en la que se bloquean los LSA tipos 3,4 y 5 (rutas de otras áreas y de otros sistemas autónomos), sustituyendo todos por una única ruta por defecto.

Las áreas stub tienen una única salida del área (un ABR). Si tiene varios, no se puede hacer que escoja la mejor ruta, sino que un único ABR le enviará la ruta por defecto al área.

Todos los routers OSPF dentro de un área stub deben ser configurados como stub. Este área no puede servir de puente para un virtual link. No puede haber ASBR dentro, y no es el backbone (área 0)

COMANDO	SIGNIFICADO
(config)# router ospf [proceso]	Se inicia la configuración OSPF
(config-router)# network [address] [wldcard-mask] area [area]	Se configuran las redes que formarán parte del proceso y el área en que se encuentran
(config-router)# area [area] stub [no-summary] (solo en ABR)	Crea un área como stub. Si se pone el parámetro no-summary se creará un área totally stubby
(config-router)# area [area] default-cost [cost]	Indica el coste para la ruta por defecto que se envía al área.
(config-router)# area [area] range [address] [mask]	Sumariza las rutas de otros áreas en un ABR

(config-router)# summary-address [address] [mask] [not-advertise] [tag tag]	Sumariza rutas externas, normalmente usado en ASBR
(config-router)# area [area] virtual-link [router-id]	Establece un virtual link. Se configura en los dos extremos (ABR del backbone y ABR del área a enlazar)

7.4.12 Verificación

COMANDO	SIGNIFICADO
Show ip ospf border-routers	Muestra los ABR y los ASBR en el sistema autónomo
Show ip ospf virtual-links	Muestra el estado de los virtual links
Show ip ospf process-id	Muestra las estadisticas de cada area al que el router está conectado
Show ip ospf database	Muestra el contenido de las tablas OSPF

7.5 IS-IS

Protocolo de routing de estado de enlace definido por la ISO para el enrutamiento de CLNS, aunque soporta enrutamiento de IP. IS-IS manda a la red información de estado de enlace de cada equipo, de modo que cada uno de ellos puede hacerse un dibujo de la topología de la red. Es similar a OSPF, en el sentido de que precisa de una topología jerárquica. IS-IS define dos niveles de jerarquía: Nivel 1 (L1) intraarea y nivel 2 (L2) interarea.

IS-IS también define dos tipos de routers (En IS-IS un router se llama IS y un host ES). Un router L1 sólo puede hablar con otros routers L1 dentro del mismo área L1. Un router L2 puede hablar con routers L1 de diferentes áreas, haciendo interarea routing, y con otros routers L2 del área L2.

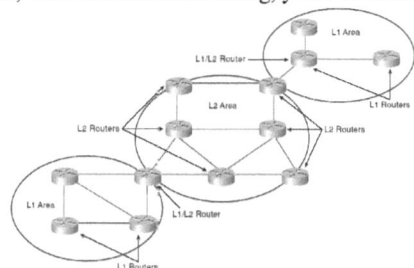

7.5.1 Métrica IS-IS

IS-IS utiliza una métrica muy simple basada en coste. El coste por defecto es de 10 para todos los interfaces de un Cisco. El administrador debe poner el coste que desee en cada interface y el de menor coste será el camino empleado. Un coste mayor 1023 es inalcanzable.

Además de esta, se definen otras tres métricas alternativas:

- Retardo:
- Coste (Económico)
- Error

7.5.2 Funcionamiento

7.5.2.1 Network Entity Title (NET)

Aunque puede enrutar IP, la comunicación entre IS no es IP, sino OSI, y funciona directamente sobre la capa de enlace. El Network Entity Title (NET) es la dirección OSI que se debe configurar en los IS para permitir esta comunicación. La dirección OSI tiene un tamaño de entre 8 y 20 bytes, y tiene el formato siguiente:

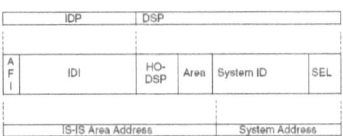

- IDP (Initial Domain Part):
    - Authority Format identifier (AFI). Indica el tamaño del IDI
    - Inicial Domain Identifier (IDI).

- DSP (Domain Specific Part)
    - High-order DSP (HO-DSP)
    - Area ID
    - System ID
    - Selector (SEL)

Todos los IS dentro del mismo dominio tienen el mismo IDP y el mismo valor HO-DSP.
Todos los IS dentro del mismo área tienen el mismo IDP, HO-DSP y Área
System identifica a la máquina dentro de esa área
SEL identifica a la aplicación dentro de un host.

Para configurarlo:
    Router isis
      Net 49.0001.00aa.0101.0001.00

7.5.2.2 Designated IS (DIS)

Como en OSPF, IS-IS selecciona routers designados (DIS) en redes multiacceso. No hay backup del DIS (En OSPF hay un DR y un BDR). Si el DIS falla, se escoge uno nuevo.

En IS-IS, todos los routers de un área establecen adyacencia con todos los routers del área, no solo con el DIS (como sucede en OSPF)

Se elige como DIS al IS que tenga una prioridad mayor (por defecto es 64 y puede ser modificada entre 0 y 127 con el comando **isi priority**). En caso de empate, se elige al que tenga una mayor System ID. Si se agrega un nuevo router un red en la que ya existe un DIS, pero él tiene una prioridad mayor, el nuevo pasa a ser el DIS.

7.5.2.3 Áreas

Los routers L1 tienen todos una base de datos de topología exacta, y son comparables a los routers internos de OSPF. Los routers L1/L2 tienen dos tablas de topología, una para el área L1 y otra para el área L2, y no anuncian la topología de un área a los routers del otro.

Lo que hace un router L1/L2 es marcar en sus anuncios el bit ATT, para indicar que conoce otras áreas además de esa.

7.5.2.4 Autenticación

IS-IS soporta tres tipos de autenticación:

- Autenticación de enlace. Password en claro que se configura con **isis password [password] [level-1 | level-2]**

- Autenticación de área: **router isis [subcommand] area-password [password]**

- Autenticación de dominio: **router isis [subcommand] domain-password [password]**

7.5.3 Configuración

        Router isis [etiqueta]
            Net 49.0000.0001.0003.00
        Interface lopback0
            Ip address 192.16.100.1 255.155.255.255
            Ip router isis cisco
            Isis metric 5 level-2
        Interface ethernet0
            Ip address 192.16.100.20 255.255.255.240
            Ip router isis cisco
            Isis circuit-type level-2 only
            Isis password ciscopass level-2
            Isis priority 70 level-2

Verificación
        Show isis database
        Show isis topology
        Show clns is-neighbors
        Show ip route
        Show ip protocols

7.6 BORDER GATEWAY PROTOCOL (BGP)

BGP es un protocolo de vector de distancia externo (para comunicar distintos sistemas autónomos) definido en la RFC 1771.

La métrica de BGP está basada en información de "alcanzabilidad" de una red, llamados vectores de camino o atributos, que incluye una lista de todos los SA por lo que hay que pasar para alcanzar a una ruta.

BGP es apropiado cuando un AS permite atravesar por él tráfico con origen y destino de otros AS distintos, o cuando un AS está conectado a varios AS.

No se debe usar BGP si sólo existe una salida a Internet o otros AS, No interesa configurar políticas de routing, se dispone de routers poco potentes, no se entiende el funcionamiento del protocolo o hay poco ancho de banda entre los AS. En estos casos es mejor configurar rutas estáticas o por defecto.

7.6.1 Terminología

BGP viaja a través del puerto 179 de TCP, para establecer sesiones con sus vecinos (peers). Se mandan keepalives de manera periódica para comprobar la conectividad TCP entre los peers. Tiene un modo de trabajo incremental, solo se mandan los updates. La información entre el IGP y BGP se redistribuye.

Cuando BGP funciona entre routers que pertenecen al mismo AS, se llama IBGP (Internal BGP), los routers no tienen que estar directamente conectados, y cuando arranca con otros AS, se llama EBGP (External BGP) y los routers deben estar directamente conectados. Esto es así porque en IBGP ya existe un IGP que conoce la ubicación del otro router.

BGP permite establecer políticas que modificarán la decisión del routing. Esto se llama Policy-based routing. Mediante el paradigma "hop-to-hop", que indica que no podemos indicar al AS vecino cómo ha de tratar nuestro tráfico, pero podemos influenciar en cómo el tráfico alcanza a nuestro vecino.

Las métricas en BGP se llaman atributos. Cada atributo puede ser:

- **Well-know attributes:** Deben ser reconocidos por todos los routers BGP
    o **Mandatory attributes:** Deben estar presentes en los updates.
    o **Discretionary attributes:** Podrían estar presentes, aunque no es obligatorio.

- **Opcional attributes:** Reconocido por algunos routers, puede ser privado, aunque no se espera que todos lo conozcan.
    o **Transitive attributes:** Si no se reconocen, se marcan como parcial y se propagan a otros vecinos.
    o **Nontransitive attributes:** Si no se reconocen, se eliminan

Atributos BGP:

- **Well-know mandatory**
    o **AS-path:** Es la lista de todos los AS que hay que atravesar para llegar a una ruta
    o **Next-hop:** Es la dirección de la interface por la que un router anuncia una ruta. En IBGP se mantiene la dirección del que lo anunció por EBGP.
    o **Origin:** Anuncia si la red ha sido aprendida por IBGP (i), EBGP (e) o por otro medio (Incompleta ?), por ejemplo una redistribución de un EGP en BGP.

- **Well-know discretionary**

- o **Local preference:** Se manda sólo en routers IBGP, e indican el mejor camino para alcanzar a una ruta. El mayor local preference será el que se use. Por defecto es 100.
- o **Atomic Aggregate:** Informa al AS vecino que el que originó la ruta lo hizo de forma agregada (sumarizada). Se indican el AS-PATH común de las rutas, pero falta información de cada una de ellas

- **Optional transitive:**
  - o **Aggregator:** Informa del Router ID y AS al que pertenece del router que ha agregado (sumarizado) la ruta.
  - o **Community:** Se pone una etiqueta (community) a la ruta, de modo que, basándose en esa etiqueta, se pueden configurar filtros, selección de ruta, etc. Reduce la configuración que de otro modo hay que hacer con grandes listas de acceso. Aunque es transitivo, hay que configurar que se propague a otros routers cuando no se soportan. El comando es **neighbor [vecino] send-community**

- **Optional nontransitive:**
  - o **Multi-exit-discriminator (MED):** Sólo se intercambia con EBGP. Si hay varias formas de que un router EBGP llegue a un AS (donde hay otros routers IBGP entre ellos), mandará el tráfico al que tenga menor MED.

- **Propietario Cisco:**
  - o **Weight:** Pertenece a un router Cisco, y no se intercambia con ningún peer. Identifica el peso de cada interface del router para cada ruta, de modo que el tráfico hacía esa ruta saldrá por el interface de mayor peso

Sincronización BGP: Un router no debería usar o anunciar a un peer externo una ruta aprendida por IBGP, hasta que esa ruta no sea conocida por el protocolo IGP. Por defecto está habilitada, y sólo se quitará si todos los routers del AS hablan BGP o si no existe tráfico entre AS's.

7.6.2 Operación

Cuando BGP empieza a trabajar, los peers se intercambian toda la tabla de rutas, y a partir de ese momento sólo datos incrementales, keepalives para mantener la sesión TCP abierta y paquetes de notificación para comunicar errores o condiciones especiales

- **Paquete OPEN:** Después de establecer la sesión TCP, los routers se intercambian un paquete open, si éste es aceptable, se envía un keepalive para confirmarlo. Una vez confirmado, ya está establecida la sesión BGP, y pueden cambiarse keepalives, updates y notifications. El paquete OPEN incluye la siguiente información:

  - o **Hold time:** Es el número máximo de segundos que pueden pasar entre keepalives o updates. El receptor calcula su hold time como el más pequeño entre todos los recibidos y el configurado.
  - o **BGP router identifier (router ID):** Indica el ID del que manda el paquete. Se corresponde con la dirección más alta de loopback, y si no existen lopbacks, la más alta de los interfaces.

- **Paquete Keepalive:** Consiste sólo en una cabecera, que se ha de mandar antes de que el holdtime llegue a cero. Si se configura el holdtime a cero, no se mandan estos paquetes.

- **Paquete UPDATE:** Lleva información sobre un sólo camino. Contiene la siguiente información:

  - o **Withdraw routes:** Redes que ya no pueden ser alcanzadas por este camino.
  - o **Path attributes:** todos los parámetros que se han visto antes.
  - o **Network layer reachability information:** Contiene una lista de direcciones IP (prefijos) que pueden ser alcanzados siguiendo este camino.

- **Paquete NOTIFICATION:** Se manda cuando se detecta un error y la conexión BGP se cierra inmediatamente.

Cuando un router BGP recibe varios caminos a una misma ruta (por distintos AS), tiene que decidir cual de ellos empleará. Esta decisión se basa en las siguientes preferencias (por orden):

- Si el path es interno, la sincronización está habilitada, y no hay sincronización, no se considera.

- Si el siguiente salto es un router no alcanzable, no se considera.

- Se prefiere el camino con mayor peso (propietario de Cisco)

- Se prefiere el que tenga mayor local preference (dentro de un AS)

- Se prefiere la ruta originada por el router local

- Se prefiere la ruta con el AS-path más corto

- Se prefiere la ruta con el origin code más bajo (IGP<EGP<incomplete)

- Se prefiere la ruta con el MED más bajo (enviado por otro AS con varios caminos a mi AS)

- Se prefieren caminos EBGP antes que IBGP

- Si sólo son caminos IBGP, se prefiere el camino más corto (decidido por el IGP) para alcanzar al peer BGP

- Si solo son EBGP, se prefiere la ruta más antigua

- Se prefiere la ruta al peer con Router ID más bajo

- Se prefiere la ruta al peer con IP más baja

El camino seleccionado será el que se ponga en la tabla de rutas, y es la que se propaga a los vecinos BGP

Las versiones anteriores a BGP4 no soportaban CIDR (Classless interdomain routing), pero BGP 4 si. De este modo, un AS puede sumarizar las rutas aprendidas por otros caminos, y presentarlas sumarizadas a otros AS que dependan de él. En los updates se manda el prefijo de la red conocida, y la longitud del prefijo.

Route Dampening es un mecanismo empleado por BGP para controlar la inestabilidad de las rutas causadas por flapping en la red. A cada ruta se le asigna un penalti (Un valor incremental) cada vez que hace flapping. Si alcanza el valor de Supress-Limit, la ruta deja de anunciarse. Este penalti se reduce escalonadamente si la ruta permanece estable durante un determinado tiempo. Cuando se redunce hasta el valor reuse limit, la ruta volverá a anunciarse.

7.6.3 Configuración

COMANDO	SIGNIFICADO
(config)#router bgp [AS]	Habilita el protocolo BGP
(config-router)#neighbor [IP | grupo] remote-as [AS]	Define vecinos BGP
(config-router)# network [IP] mask [mask]	Indica las redes que se anunciarán, si están en la tabla de rutas.
(config-router)#neighbor [IP | grupo] next-hop-self	Indica que todas las rutas anunciadas a ese vecino lo hagan con este router como siguiente salto
(config-router)#no synchronization	Deshabilita la sincronización para IBGP
(config-router)#aggregate-address [IP] [mask [summary-only][as-set]]	Crea una ruta sumarizada. Summary-only hace que sólo se anuncie la ruta sumarizada, y no las individuales. As-set manda la información de todos los AS por los que pasaban las rutas individuales.
#clear ip bgp [* | IP][soft [in | out]]	Resetea las conexiones BGP, hay que usarlo al modificar la configuración de BGP.
#debug ip eigrp	Muestra los cambios que EIGRP hace en la tabla de rutas
#debug ip eigrp summary	Muestra un resumen de la actividad de EIGRP

7.6.4 Verificación

COMANDO	SIGNIFICADO
#show ip bgp [summary | neighbors]	Muestra información sobre BGP
#debug ip bgp	Muestra los eventos BGP que suceden

7.6.5 Problemas de escalabilidad de IBGP

BGP tiene una técnica de split horizon que hace que una ruta aprendida por IBGP no sea de nuevo publicada por IBGP. Por eso es necesaria una configuración full-mesh, de modo que cada router pueda indicara cada otro las rutas conocidas.

Esto hace que se tengan que establecer n(n-1)/2 sesiones para n routers, que consumirían mucho ancho de banda, además de que los routers deban mantener abiertas tantas sesiones. Para solucionarlo, se usan confederaciones o router reflectors.

7.6.5.1 Confederaciones BGP

Las confederaciones crean sistemas autónomos dentro del sistema autónomo. De esta manera, todos los routers de una confederación deben estar conectados en full-mesh, pro no entre ellos y los pertenecientes al otro "subsistema autónomo".

A pesar de esta división,las fronteras se intercambian datos como si se tratara de iBGP, no eBGP, de modo que el next-hop, MED y local preferente se conserva, lo que nos permite tener un único IGP en todo el sistema autónomo.

Para configurarlo, se pone el comando

Router(config-router)#bgp confederation identifier [SA]

y se crean los peers con

Router(config-router)# bgp confederation peers [SA]

7.6.5.2 Route reflectors

Los route reflector modifican la norma de split horizon, y si que publican por IBGP rutas aprendidas por otros peers IBGP. Las ventajas de los Route Reflectors son:

- Soluciona el problema de full-mesh, si se usa en los ISP cuando el número de equipos que tienen que hablar IBGP es elevado.

- No se ve afectado el forwarding de paquetes

- Pueden ponerse varios, para que haya redundancia

- Puede haber varios niveles de route reflectors

- Pueden coexistir peers normales de BGP

- La migración a Route Reflectors es muy fácil.

Terminología:

- **Route Reflector:** Router que permite publicar a peers IBGP rutas aprendidas por otros peers IBGP.

- **Clients:** Los routers que forman peer con el Route Reflector son sus clientes.

- **Cluster:** La combinación del Route Reflector con sus clientes

- **Nonclients:** Otros peers IBGP del Route Reflector que no son clientes

- **Originator-ID:** Atributo opcional no transitivo creado por el route reflector, donde se indica el router ID del router (siempre del mismo AS) que originó la ruta.

- **Cluster ID:** Es el identificador de un cluster. Si solo hay un Route reflector es el router ID de éste. Si hay varios (por redundancia), hay que configurar un cluster Id a todos los Route reflectors.

Las reglas de diseño básicas para montar Route reflector son:

- Dividir el AS en varios clusters, en cada cluster al menos un RR con sus clientes

- Configurar en full-mesh todos los RR

- Dejar que el IGP lleve las rutas locales y la información de next-hop

Cuando un Route Reflector recibe un update hace lo siguiente:

- Si es de un cliente, manda el update a todos los vecinos, clientes y no clientes, excepto al que originó la ruta.

- Si es de un no cliente, manda el update a los clientes.

- Si es de un vecino EBGP, se lo manda a todos, clientes o no.

Para migrar una red existente full mesh a una con Route reflectors, hay que seguir la topología física. Por ejemplo, no configurar clientes a routers que no estén directamente conectados al route reflector, para asegurar que no existan bucles, y que el forwarding no se vea afectado. Es importante configurar un route reflector a la vez, eliminando de él las sesiones IBGP redundantes, y poner sólo un RR por cluster.

Para configurar un route reflector, se configuran sus clientes:

(config-router)# neighbor [IP] route-reflector-client

Con el comando **show ip bgp neighbor** se verifica esta configuración.

7.6.6 Prefix list

Para disminuir la información de routing que se distribuyen entre los vecinos, se puede emplear distribute list (con listas de acceso) o prefix list. En IOS se hace todo con prefix list. Realmente hace la misma tarea que las distribute list, es decir, filtran anuncios de rutas, pero tienen las siguientes ventajas:

- No afecta tanto al performance de la red como las listas de acceso

- Soporta modificaciones incrementales, sin tener que borrarla lista de acceso

- Más fáciles de aprender y utilizar

- Mayor flexibilidad

Para configurar un prefix list:

(config)#ip prefix-list [name] [seq seq] [deny | permit] network/len [ge value] [le value]
(config-router)# neighbor [IP | grupo] prefix-list [nombre] [in | out]

- **Seq:** Es el orden en el que el router mirará la lista. De este modo se pueden hacer modificaciones incrementales, o introducir líneas en medio. Si no se pone se generan automáticamente (de 5 en 5)

- **Network/len:** Dirección de red y número de bits de máscara

- Ge value y le value se usan para hacer más exacta la longitud de la máscara.

El comando **show ip prefix-list** muestra información de la prefix-list, y **clear ip prefix-list** borrar los contadores de la lista.

7.6.7 Multihoming

Multihoming es conectarse a varios ISP, para incrementar la disponibilidad (redundancia por si uno falla) y el performance (se elegirá la mejor salida para cada destino)

Hay tres tipos de multihomming, en función de las rutas que los ISP entregan al AS:

- **Todos los ISP pasan sólo la ruta por defecto:** Hay menos consumo de CPU. Se elige la salida en función de la decisión tomada por el IGP. El AS manda todas sus rutas a los ISP, y Internet decide el camino de vuelta.

- **Pasan la ruta por defecto y algunas rutas seleccionadas:** Se consume algo más de CPU. Se elige el mejor camino (basado en los atributos como AS-path) para las rutas que nos publican y para el resto es el IGP el que decide el camino de salida. La vuelta depende siempre de Internet. Normalmente, se anuncian rutas de redes que tienen que ver con mi AS, por ejemplo, clientes.

- **Pasan todas las rutas:** Se consume mucho más CPU, siempre se elige el mejor camino (AS-path más corto). El camino de vuelta lo deciden fuera.

Para elegir el camino de salida, se puede configurar peso y local preference. Los comandos son:

> **(config-router)# neighbor [Ip | grupo] weight [peso]**
> **(config-router)# bgp default local-preference [valor]**

7.6.8 Redistribución con IGP

BGP tiene una tabla de rutas, y el IGP que se utilice tiene otra. Es posible redistribuir información entre ambas tablas. Hay tres formas de meter rutas en BGP:

- **Usando el comando network**

- **Redistribuyendo rutas estáticas en BGP (usando null 0).** Es mejor emplear el comando aggregate-address que mandar una ruta a null 0.

- **Redistribuyendo desde IGP.** Esta solución no es recomendada, ya que crea mucha inestabilidad

Para anunciar en el IGP las redes aprendidas en BGP:

- Si se trata de un ISP, no es necesario hacerlo, ya que todos los routers hablan IBGP. No se redistribuye, y se deshabilita la sincronización.

- Si no es un ISP, se puede redistribuir, aunque es mejor mandar rutas por defecto

8 ROUTE MANIPULATION

8.1 DISTANCIA ADMINISTRATIVA Y MÉTRICAS DE ROUTING

Se pueden emplear varios protocolos de routing de manera simultánea. Para decidir qué información es la más adecuada a seguir, se define la distancia administrativa. Un protocolo es más fiable si tiene la distancia administrativa más baja. En la tabla se ven las distancias por defecto para los protocolos existentes (puede ser modificada). Básicamente, se prefieren las rutas introducidas manualmente a las aprendidas dinámicamente, y entre ellos, se prefieren los que tienen una métrica más sofisticada.

Protocolo	Distancia administrativa
Interface directamente conectado	0
Ruta estática a un interface	0
Ruta estática a una IP	1
EIGRP sumarizada	5
Ruta BGP externa	20
EIGRP	90
IGRP	100
OSPF	110
IS-IS	115
RIP	120
EGP	140
External EIGRP	170
Internal BGP	200
Desconocido	255

Para modificar estos valores, se utiliza el comando **distance** dentro de las instancias de los protocolos de routing, indicando el valor de ese protocolo entre 0 y 255:

> **Router rip**
> **Distance 49**
> **Router igrp 100**
> **Distance 48**
> **Router eigrp 100**
> **Distance 41**
> **Router isis**
> **Distance 42**
> **Router ospf 100**
> **Distance external 45**
> **Distance inter-area 46**
> **Distance intra-area 44**
> **Router bgp 6000**
> **Distance 47**

Un caso aislado son las rutas estáticas. Para cambiar si distancia administrativa:

> **Ip route [destino] [máscara][distancia administrativa]**

8.2 LISTAS DE ACCESO (ACL)

Las listas de acceso se usan para denegar o permitir determinado tipo de tráfico en una interface de un router. Sirven tanto para controlar el tráfico que atravesará el router como para controlar el tráfico con destino al propio router (VTY).

También pueden ser usadas para determinar qué tráfico entrará en una cola u otra, marcar el tráfico interesante en conexiones DDR, y realizar filtrado de las rutas anunciadas por un determinado protocolo de routing.

Hay dos tipos de listas de acceso:

• **Standards:** Chequean la dirección fuente de un paquete. Deberían ponerse cercanas al destino al que no se permite el acceso de estas redes.

• **Extendidas:** Chequean las direcciones tanto fuente como destino en cada paquete, y permiten también verificar el protocolo específico a filtrar, puertos y otros parámetros.

Las listas de acceso pueden ser aplicadas tanto de entrada como de salida de un interface concreto. Pero no actúan sobre los paquetes generados por el propio router.

Las listas de acceso se analizan de modo secuencial, en cuanto existe una coincidencia, se toma la decisión, sin seguir mirando nada más. Al final de cada lista de acceso, existe implícito un deny para todo lo no especificado.

Para configurarlas, se configuran las listas con **access-list access-list-number {permit | deny} {test conditions}** y luego se aplican al interface con **{protocol} access-group access-list-number {in | out}**

El número de la lista de acceso indica el tipo (standard o extendida), y el protocolo, de modo que:

Tipo de lista de acceso	Número de identificador
IP standard	1-99
	1300-1999
IP extendida	100-199
	2000-2699
IP nombrada	Nombre (IOS 11.2 y superior)
IPX standard	800-899
IPX extendida	900-999
IPX SAP	1000-1099
Nombrada	Nombre (IOS 11.2 y superior)

Siempre que se trate de listas de acceso, la máscara de las redes se escribe en formato wildcard mask. La wildcard mask 0.0.0.0 se puede sustituir por el comando **host** y la wildcard mask 255.255.255.255 se puede sustituir por **any**.

Para filtrar los accesos a interfaces VTY, se ha de definir la lista de acceso, normalmente standard, aunque se comportará como una extendida, ya que el destino es conocido (el propio router). Para aplicarla, dentro de las **line vty** se aplica el comando **access-class access-list-number {in | out}** Cuando se define como **out** se evita que el router realice sesiones TELNET a las direcciones IP establecidas en las listas de acceso.

En las listas de acceso extendidas, se permite filtrar por número de puerto TCP, con las opciones de menor que (**lt**), mayor que (**gt**), igual (**eq**), no igual (**neq**). También se puede introducir el parámetro **log** que enviará a consola un mensaje cuando un paquete sea denegado por la lista de acceso.

Las listas de acceso IP nombradas permiten identificar a la lista con un nombre determinado en lugar de con el número de lista de acceso. El comando para configurar este tipo de listas es **ip access-list {standard | extended} name** El router entrará en modo **Router(config {std- |ext-} nacl)#** donde se podrán introducir comandos con la estructura **{permit | deny} {ip access-list test conditions}**

Puede añadirse al comando eq established, lo cual permite, en conexiones TCP, abrir automáticfamente el camino de retorno:

Router(config)# access-list 100 permit tcp any host 192.168.1.1 eq established

Las listas de acceso nombradas permiten eliminar una de las líneas de la misma, aunque no permiten introducir comandos nuevos entre medias. Las listas de acceso numeradas no permiten modificación, sólo agregar al final de ellas.

Es recomendable configurar las listas de acceso standard cercanas al destino, y las listas de acceso extendidas cercanas a la fuente.

Los comandos de verificación para las listas de acceso son **show {protocol} access-list {access-list-number}** o **show access-list {access-list-number}**

8.3 POLICY ROUTING (PBR)

Permite realizar routing o marcado del TOS de los paquetes según una política definida en route maps. Los route maps son similares a las listas de acceso, en la que se configuran una serie de condiciones, y una acción a tomar en caso de que el paquete cumpla con ellas. Se permite insertar y borrar líneas en medio del route map.

Para configurarlos:

(config)# route-map [nombre] [permit | deny][número de secuencia]
(config-route-map)# match [condiciones]
(config-route-map)# set [acciones]

La configuración se ha de interpretar de este modo:

route-map demo permit 10	IF ((x OR y OR z) AND a) THEN
match x y z	SET B
match a	SET C
set b	
set c	
route-map demo permit 20	ELSE IF q THEN
match q	SET r
set r	
route-map demo permit 30	ELSE SET NOTHING

Las ventajas de usar policy-routing son:

- Realizar routing basado en dirección origen

- Realizar QoS, basándose en el TOS y en la dirección origen y combinándolos con colas

- Ahorrar costes en los enlaces WAN, ya que permite gestionarlos mejor.

- Balanceo de carga

Si un paquete no coincide con ninguna política, o si esta está marcada como deny, el paquete se enrutará como lo haría sin policy-routing.

La política se ha de establecer en el interface de entrada del tráfico. Para cada paquete de entrada, el router lo hace pasar por la política definida, y de este modo decide el interface de salida. Si normalmente el routing se hace en función de la dirección destino, con policy routing podemos enrutar basándonos en dirección origen, puerto, protocolo y tamaño de paquete.

En los comandos match se pueden configurar:

(config-route-map)# **match ip address [access list, access list,...]** Para establecer los valores de IP origen, IP destino, puerto o protocolo (puede ser normal o extendida)
(config-route-map)# **match lengh [min] [max]** Para ver el tamaño de los paquetes

En los comandos set se pueden configurar:

(config-route-map)# **set ip next-hop [ip-address]** Define el siguiente salto para el paquete
(config-route-map)# **set interface [interface]** Define el interface de salida del paquete

Estos dos sólo valen para paquetes que tengan como destino uno que esté incluido en la tabla de rutas del router. Si el destino no está especificado en la tabla de rutas, se han de emplear estos otros:

(config-route-map)# **set ip default next-hop [ip-address]**
(config-route-map)# **set default interface [interface]**

Para activarlo, se configura en el interface:

(config-ig)# **ip policy route.map [nombre]**
(config-if)# **ip route-cache policy Este comando habilita fast-switching con policy routing. Si se activa este comando, no se soporta set ip default y el set interface es sólo valido para enlaces point-to-point**

Para verificar el funcionamiento de policy-routing:

Show ip policy Muestra los route maps configurados en cada interface
Show route-map [nombre] Muestra información de un route-map
Debug ip policy muestra los eventos de policy outing
Traceroute si se usa en modo extendido, podemos poner la dirección origen y comprobar el camino seguido
Ping si se usa en modo extendido, podemos poner la dirección origen y comprobar el camino seguido

8.4 REDISTRIBUCIÓN

En ocasiones es necesario configurar varios protocolos de routing en la red, y es necesario que los routers que hacen de frontera entre los dos protocolos redistribuyan las rutas entre ellos.

A la hora de configurar redistribución hay que tener en cuenta:

- Si hay varios routers frontera, las rutas de un AS son redistribuidas a otro, y el otro router frontera puede volver a distribuirlas de nuevo al origen (bucles) Si se está redistribuyendo la misma ruta, puede darse el caso en que uno de los protocolos de routing vea una red de su zona mejor a través del router que la está distribuyendo al otro, y causar un bucle. Para solucionarlo, se pueden usar passive interface, y redistribuir la información de subred.

- La métrica entre distintos protocolos de routing puede ser incompatible (RIP usa saltos y OSPF usa coste, por ejemplo)

- Tiempo de convergencia inconsistente: RIP es más lento en converger que EIGRP, por ejemplo.

Para solucionar el problema de la métrica, se define la distancia administrativa, que hace más creíble a un protocolo de routing frente a otro. Sólo si se trata del mismo protocolo, se hará caso a la métrica

Para que, una vez que se ha redistribuido una ruta, exista compatibilidad con las métricas, se ha de configurar el comando **default-metric**, de modo que se configura a mano una métrica que ya es compatible con el nuevo protocolo, a partir de ese momento, se incrementará normalmente. Hay que asegurarse de que la métrica configurada sea mayor que la más grande de las nativas, para que no se la haga caso a una redistribuida si ya se la conoce por el protocolo original.

La redistribución soporta todos los protocolos, que deben ser de la misma pila (IP). Todas las redistribuciones deben ser configuradas manualmente excepto:

- IPX RIP y IPX EIGRP está habilitada por defecto.

- Appletalk RTMP con EIGRP

- IGRP y EIGRP, cuando están configurados en el mismo sistema autónomo.

Configuración para OSPF:

(config-router)# redistribute protocol [AS] [**metric** valor] [**metric-type** valor] [**route-map** map-tag][**subnets**][**tag** tag-value]

- metric: Valor que se empleará como métrica en la red redistribuida

- metric-type: propietario para OSPF, si se tratará de tipo 1 o tipo 2 (defecto)

- map-tag: Para configurar filtros

- subnets: Indica que las subredes también sean redistribuidas

- tag-value: etiqueta unida a la red, no la usa OSPF, pero puede servir para mandar información entre ASBR.

Configuración para EIGRP:

(config-router)# redistribute protocol [AS] [match {internal | external1 | external2}] [metric valor] [route-map map-tag]

- match: Se usa para redistribuir OSPF en EIGRP.

- metric: Valor que se empleará como métrica en la red redistribuida

- map-tag: Para configurar filtros

Se puede configurar una métrica por defecto para las rutas redistribuidas:

(config-router)# default-metric bandwith delay reliability loading mtu para redistribuir en IGRP o EIGRP
(config-router)# default-metric [metrica] Para redistribuir en OSPF, RIP, EGP o BGP

El comando **(config-router)#passive-interface [interface]** hace que por ese interface no se mande información de rutas, aunque si que se seguirán recibiendo.

Las rutas estáticas se configuran con **ip route** ip mask [siguiente salto o interface] **[tag** tag] **[permanent]**. Es necesario redistribuirlas

El comando **ip default-network [network]** hace que el router redistribuya la ruta por defecto a la red indicada, aunque no tiene efecto para el propio router.

Para controlar la información que se cambian los routers, se pueden usar filtros, o modificar la distancia administrativa de las rutas anunciadas

Route filtering: Se crea una lista de acceso con las redes que queremos o no queremos que se anuncien. Se aplica con:

(config-router)# distribute-list [lista de acceso] in [interface]
(config-router)# distribute-list [lista de acceso] out [interface | proceso de routing | AS]

Modificar la distancia administrativa: **(config-router)# distance [DA] [IP mask | lista de acceso] [IP]**

8.5 ON DEMAND ROUTING (ODR)

ODR es una mejora de CDP, que permite que CDP envíe además el prefijo de redes stub conectadas al equipo. Soporta VLSM. Se debe desactivar otro protocolo de routing dinámico y se activa con el comando router odr.

9 MULTICAST

Se usa para mandar la misma información a varias estaciones (por ejemplo, un canal de audio o vídeo). Ofrece muchas ventajas frente a otras alternativas:

- **Unicast:** Si se manda la misma información a todas las estaciones como tráfico unicast, se requiere una gran cantidad de ancho de banda en la red, y además el servidor debe tener abiertas multitud de sesiones, una con cada máquina.

- **Broadcast:** Si se manda en broadcast, los routers deben dejar pasar este tráfico, e idealmente el tráfico broadcast debe estar contenido en la LAN. Además, si una estación no quiere recibir este tráfico, debe procesar toda la trama broadcast, lo que lleva a menor ancho de banda disponible, y una mayor carga, al tener que procesarlo.

Multicast envía una única copia de cada paquete, que se va reproduciendo a medida que vaya siendo necesario, para llegar únicamente a los clientes que lo han solicitado. (RFC 1112)

IP Multicast tiene las siguientes características:

- Permite el envío de un paquete a un grupo de hosts identificado por una única dirección IP.

- Entrega el paquete con la misma fiabilidad que el resto de paquetes IP.

- Soporta añadir nuevos hosts al grupo de modo dinámico.

- Soporta cualquier miembro, independientemente del número de ellos y de su localización.

- Soporta que un host se encuentre en varios grupos de manera simultánea

- Soporta una única dirección para múltiples aplicaciones.

- El servidor desconoce la identidad real de los clientes.

9.1 DIRECCIONAMIENTO MULTICAST

La clase D de direcciones IP está reservada para multicast (desde la 224.0.0.0 hasta la 239.255.255.255). El rango 224.0.0.x está reservado para propósitos locales, como administración (en la tabla hay algunos ejemplos), y los routers no hacen forwarding de ellas. El rango 239.x.x.x está reservado para adminsitrative scoping (una zona donde no se puede hacer broadcast con otras direcciones, a fin de asegurar alta velocidad) es similar a una clase privada.

Dirección	Propósito
224.0.0.1	Todos los hosts de una subred
224.0.0.2	Todos los routers de una subred
224.0.0.4	Todos los routers DVMRP (Distance Vector Multicast Routing Protocol)
224.0.0.5	Todos los routers OSPF
224.0.0.6	Todos los routers OSPF designados
224.0.0.9	Todos los routers RIP
224.0.0.13	Todos los routers PIM (Protocol Independent Multicast)

Las direcciones multicast pueden ser dinámicas (el cliente solicita esta dirección sólo para recibir la información del grupo) o estáticas (el cliente siempre responde a esta dirección)

A fin de que el tráfico multicast funcione bien en redes locales, se ha de identificar la dirección MAC de las estaciones que están en estos grupos, ya que de lo contrario el protocolo ARP identificaría la misma dirección MAC con dos direcciones IP. El modo de mapear estas direcciones es como sigue:

IP			224	10		8	5
			11100000	0 0001010		00001000	00000101
MAC	00000001	00000000	01011110	0	0001010	00001000	00000101
	01	00	5E	0A		08	05

- Los primeros bytes de la MAC son **01:00:5E**

- El siguiente bit es un 0

- El resto de los bits se ponen igual que los últimos de la dirección IP Multicast

Existe un riesgo de que haya varias direcciones MAC iguales dentro de la misma LAN (si el primer bit del segundo byte de la dirección IP es un "1" o si el primer byte es distinto de 224), pero es un riesgo asumido, por la baja posibilidad de que suceda.
Un mismo host puede pertenecer a la vez a varios grupos multicast (hasta 32) con lo que tendrá hasta 32 direcciones MAC multicast. Corresponde entonces a las aplicaciones de nivel superior discriminar a quien van dirigidos los paquetes.

9.2 INTERNET GROUP MANAGEMENT PROTOCOL (IGMP)

Para que el tráfico pueda llegar a todos los hosts que desean apuntarse al grupo multicast, es necesario crear el árbol por el que circularán las tramas desde el servidor hasta los clientes. Este árbol está formado por el servidor, los routers, los switches y los clientes. Los routers y switches necesitan disponer de la información acerca de los clientes que pertenecen al grupo, a través de que interface se accede a ellos, y si se desconectan del grupo o se apuntan más clientes.

Los protocolos IGMP v1 (RFC 1112) y IGMP v2 (RFC 2236) son los usados para gestionar las peticiones de los clientes de pertenecer a un grupo multicast. IGMP tiene dos tipos de paquetes:

- **Query:** Se usa para saber qué dispositivos de red forman parte de un grupo multicast.

- **Report:** Lo mandan los hosts como respuesta a un query informando que son parte del grupo.

9.2.1 IGMP v1

De manera periódica, un router multicast por LAN mandará un paquete de Query multicast a la dirección 224.0.0.1 (todos los hosts) con TTL=1. A este paquete contestará con un Report un host de la LAN (router o estación) que pertenezca a este grupo. Cuando se recibe el query, todos los host fijan un valor aleatorio entre 0 y 10 segundos. Transcurrido este tiempo se manda el report, si no se ha recibido antes el report de otra estación. El periodo en que se mandan estos queries se define con el comando **ip igmp [intervalo]**.

IGMP v1 tiene el número de protocolo 2. Los paquetes van montados sobre una cabecera IP y solo tienen 8 bytes de carga. En él se indica si es un report o un query, un cheksum y el grupo multicast.

Cuando un cliente quiere formar parte de un grupo puede mandar directamente un report a la dirección 224.1.1.1 (Todos los routers del grupo)

La forma de borrarse de un grupo multicast en IGMP v1 es manteniendo silencio tras recibir un query. Cuando todas las estaciones de una LAN no contestan al query, el router también mantiene silencio ante los queries que recibe, borrándose él también del grupo.

9.2.2 IGMP v2

Frente a IGMP v1, IGMP v2 permite mandar queries y reports para un grupo concreto, en lugar de para todos juntos. También implementa un mensaje específico para abandonar un grupo. Se puede definir el máximo tiempo para mandar el report entre 1 y 10 segundos (en IGMP v1 es fijo). Este tiempo máximo se fija en el paquete de query.

Los mensajes pueden ser:
* Query

* Report de un grupo

* Report para abandonar un grupo

* Report version 1 (para compatibilidad con IGMP v1)

Para entrar en un grupo se hace igual que en IGMP v1. Cuando un cliente quiere formar parte de un grupo puede mandar directamente un report a la dirección 224.1.1.1 (Todos los routers del grupo)

Usando queries y reports el router construye una tabla que identifica los miembros de cada grupo multicast que tiene en cada una de las interfaces. Cuando recibe una trama multicast de un grupo, solo la manda por los interfaces correspondientes.

IGMP v2 tiene un procedimiento para seleccionar el router que puede mandar queries en una LAN, que es el que tenga la dirección IP más alta. Cuando se inicia el proceso, todos mandan queries, y si uno de ellos escucha un query con una IP origen más alta que la suya, deja de enviarlos. El comando **show ip igmp interface [interface]** indica quien es el designated query de esa LAN.

También se pueden mandar queries para un grupo concreto. Mientras que la dirección para mandar un query general es la 224.0.0.1, la dirección para mandar un query de un grupo es a la dirección multicast de ese grupo.

El mantenimiento del grupo se hace de manera similar a IGMP v1, de forma periódica, se mandan queries a los hosts y se espera de ellos el report adecuado. En IGMP v2 se pueden mandar queries generales o a un grupo concreto.

Para abandonar un grupo, mientras que en IGMP v1 se mantenía silencio y no se enviaban reports, en IGMP v2 se manda un mensaje "leave" a la dirección 224.0.0.2 (todos los routers) indicando el grupo que se desea abandonar. Cuando el querier elected recibe este mensaje, manda un query al grupo multicast del que se trate, para comprobar si aún existen hosts que deseen pertenecer al grupo. Si no recibe un report en el tiempo previsto, abandonará el grupo él también.

9.3 CISCO GROUP MANAGEMENT PROTOCOL (CGMP)

Si existe un cliente de un grupo conectado a un interface de un switch, puesto que el tráfico multicast se envía a una dirección desconocida por éste, se enviará a todos los puertos, haciendo que las estaciones conectadas al mismo switch que no deseen recibir este tráfico tengan que procesar la información para posteriormente descartarlo, además de quitarles ancho de banda de acceso.

CGMP es un protocolo cliente/servidor hablado entre el router y el switch. El Router ve todos los paquetes IGMP y puede informar al switch de los hosts que pertenecen al grupo para que éste forme la tabla de forwarding. Cuando el router ve un paquete de control IGMP (un join o un leave), crea un paquete CGMP y lo manda al switch, indicando la dirección MAC del cliente, el grupo multicast, y si es un leave o un join. El switch crea su tabla en función de esta información para mandar el tráfico únicamente al puerto correspondiente.

9.4 ROUTING MULTICAST

Para poder enrutar la información desde el servidor o los servidores multicast hasta todos los clientes, los routers crean un árbol por donde se transportará al tráfico, dejando los posibles caminos redundantes aislados para el tráfico multicast, de manera similar a como lo hace Spanning Tree Protocol.

Existen dos técnicas para la construcción del árbol:

- **Source Distribution Tree:** Se usa cuando únicamente existe un servidor de tráfico multicast. Se trata de encontrar el camino más corto entre el servidor y cada uno de los clientes. Se basa en el algoritmo RPF (Reverse Path Forwarding). Si el paquete multicast llega por el interface por el que el router llegaría al servidor, el paquete es reenviado por todos los interfaces menos por el que llegó. Si llega por otro interface distinto, el paquete es rechazado. Este interface se denomina el enlace "padre" y los interfaces de salida son los "hijos". Puede existir más de una fuente, pero se crea un árbol independiente para cada una de ellas. Es mejor para tráfico muy distribuido.

- **Shared Distribution Tree:** Este tipo de árbol es el que se emplea cuando existen varias fuentes y se quiere crear un árbol único para ellas. Se trata de encontrar un punto que se encuentre lo más cercano posible de todas las fuentes, y a partir de éste punto se creará un árbol como los anteriores.

El ancho de banda de las aplicaciones que precisan de multicast suele ser bastante elevado (multimedia) por lo que en ocasiones es necesario crear un scope, una zona donde se mantendrá contenido este tráfico. Para lograrlo, se puede generar el tráfico con un TTL en función de la zona donde se quiera contener este tráfico. En la tabla se ven algunos de estos valores. Se puede configurar un valor de threshold TTL en cada interface de un router, de modo que si el paquete tiene un TTL menor o igual que el threshold el paquete sea descartado.

Valor TTL	Zona de acción
0	Restringido al mismo host, sin salida por ningún interface
1	Restringido a la subred
15	Restringido a la misma empresa o departamento
63	Restringido a la misma región
127	Mundial
191	Mundial con limitación de ancho de banda
255	Sin restricciones

9.5 PROTOCOLOS DE ROUTING MULTICAST

El protocolo de routing multicast es el encargado de crear los árboles y habilitar el forwarding de los paquetes multicast. Existen dos tipos de protocolos de routing multicast:

- **Protocolos de Routing Dense Mode:** Se emplean si los clientes van a estar situados de una manera densa, y si casi todos los miembros de la red necesitan de este tipo de tráfico. Siempre es source tree. Dentro de este modo hay los siguientes protocolos de routing:

  o **DVMRP (Distance Vector Multicast Routing Protocol):** Definido en la RFC 1075, se emplea en el Internet Multicast Backbone (MBONE). Cuando un router recibe un paquete multicast lo manda a todas las interfaces menos por la que llegó. Si un router no desea recibir más tráfico multicast, manda un mensaje prune hacía arriba para que no le sean enviadas más tramas. De manera periódica, se mandan paquetes para alcanzar a posibles nuevos hosts que deseen agregarse a un grupo. Tiene su propio protocolo de enrutamiento unicast, similar a RIP. Los routers de Cisco hablan PIM, pero saben lo suficiente de DVMRP para poder cambiar rutas y paquetes con estos equipos.

  o **MOSPF (Multicast Open Shortest Path First):** Se describe en la RFC 1584, no es soportado por Cisco. Es similar a OSPF hablado en un único área de routing (cada router conoce la topología completa de la red), pero es independiente de que se utilice OSPF o no para el routing del tráfico Unicast.

  o **PIM DM (Protocol Independent Multicast Dense Mode):** Es similar a DVMRP, el tráfico se manda a todos los interfaces y luego se va haciendo prunning en los que no haya clientes multicast. Trabaja mejor si se cumplen estas condiciones:
    - Hay muchos clientes y pocos servidores
    - Los servidores y los clientes están cercanos
    - El volumen del tráfico multicast es alto y constante

- **Protocolos de Routing Sparse Mode:** Se emplean si los clientes van a estar situados de una manera esparcida, no quiere decir que haya pocos clientes, sino que de cada router tendrá pocos clientes detrás. Dentro de este modo hay los siguientes protocolos de routing:

  o **CBT (Core-Based Tree):** Se define en la RFC 2201. Se construye un árbol simple independientemente de la ubicación de los servidores. Un router hace de core para este árbol (shared tree). Los clientes mandan una solicitud a este core para formar parte del árbol. Al recibirlo, devuelve un acknowledge y forma la nueva rama del árbol. Si este mensaje es interceptado por otro router distinto del core que ya forma parte del árbol, es él quien manda el acknowledge y crea la nueva rama.

  o **PIM SM (Protocol Independent Multicast Sparse Mode):** Se define un rendezvous point (un router). Cuando un servidor quiere mandar tráfico multicast, se lo mandará a este rendezvous point. Cuando un cliente quiere formar parte del grupo, también se lo manda al rendezvous point. Una vez que el tráfico ha comenzado entre los dos, se encuentra el camino óptimo y es el que se usará durante toda la comunicación. Este protocolo es útil si existen pocos clientes multicast, o si el tráfico multicast en intermitente o esporádico. PIM es capaz de trabajar en dense mode para unos grupos y en modo Sparse mode para otros de manera simultánea. Sólo se precisa RP (Rendezvous point) en sparse-mode.

9.6 CONFIGURACIÓN DE IP MULTICAST

9.6.1 Configuración de routing IP multicast

El primer paso es habilitar el roting multicast en el router con el comando:

(config)# ip multicast-routing

Para ver la tabla de roting multicast de un router, o para analizar los paquetes multicast que se tratan, se pueden ejecutar los comandos:

show ip mroute [grupo] [fuente] [summary] [count] [active kbps]
debug ip mpacket [detail] [acl] [grupo]

- count da información acerca del número de paquetes
- active kbps indica el rango de velocidad de la transferencia multicast
- acl monitoriza solo los paquetes de los grupos definidos en una lista de acceso
- grupo monitoriza solo los paquetes del grupo definido

9.6.2 Habilitar PIM en un interface

Un interface puede ser configurado en dense mode, sparse mode o sparse-dense mode. Esto afectará al tratamiento del routing multicast. En dense mode, el router entenderá que todos los routers conectados tendrán clientes multicast, salvo que le indiquen lo contrario y en sparse mode el router entiende que no existen clientes multicast salvo que llegue una solicitud.

Todos los routers mantienen una lista de interfaces de salida multicast (oilist). Un interface formará parte de esta lista si:

- Se escucha un vecino PIM en esa interface

- Existe un cliente de un grupo multicast al que se llegue por esa interface

- El interface se configura manualmente para pertenecer al grupo.

En dense mode, todos los interfaces pertenecen a oilist en un principio, y en sparse mode ninguno. En esta lista se anotan las interfaces con un estado (S,G) donde S es la fuente y G es el grupo multicast. Se enviará tráfico a un grupo si es del tipo (*,G) y procedente de una fuente si es del tipo (S,*), mientras que se enviará tráfico procedente de una fuente para un grupo si se dan ambos valores (S,G).

En Sparse mode, se emplea un rendezvous point (RP) para hacer las solicitudes de pertenencia a un grupo, ya que el router entiende que nadie quiere pertenecer al mismo en un principio. El RP anuncia hacia abajo la existencia de un grupo y hacia arriba las posibles solicitudes de acceso al mismo. Una vez hecho esto, el tráfico multicast irá por el mejor camino entre origen y destino.

Para configurar PIM en un interface hay que poner el comando:

(config-if)# ip pim {dense-mode | sparse-mode | sparse-dense-mode}

En sparse-dense-mode, se tratará como dense mode si no se detecta la existencia de un rendezvous point. Se activa IGMP v2 automáticamente al iniciar PIM en el interface.

Para ver información acerca del funcionamiento de PIM en un interface, se pone el comando:

 # show ip pim [interface] [count]

El parámetro count especifica si se quiere ver el número de paquetes multicast que ha atravesado el interface

PIM establece una relación de vecino con los directamente conectados al interface. El router con la dirección IP más alta será el DR (Router Designado), que será el encargado de mandar queries a la LAN. El siguiente comando visualiza distintos parámetros de PIM, entre ellos indica quién es el DR de esa LAN:

 # show ip pim neighbor [interface]

9.6.3 Configurar un rendezvous point

Si se configura el sparse mode, es necesario definir quien será el RP (Rendezvous point). En los routers "leaf" (los conectados directamente al servidor o a los clientes) deben conocer la dirección del RP, aunque él mismo no necesita saber que se trata de un RP. La configuración en los routers "leaf" es:

(config)# ip pim rp-address [IP] [lista-gupo] [override]

- lista-grupo define el número de una lista de acceso estándar donde se definen los grupos multicast para los que será RP.

- Override Indica que en caso de que esta configuración no concuerde con la aprendida por auto-RP, prevalezca la configurada manualmente.

Auto-RP es un protocolo propietario de Cisco que permite configurar un único elemento la red como RP, y que sea éste el que se encargue de anunciarse al resto de elementos de la red. De este modo, se evitan incongruencias por las distintas configuraciones en los routers, sobre todo si existen muchos RP para los grupos. En este router se tiene que configurar:

(config)# ip pim send-rp-announce [interface] scope [TTL] group-list [lista-gupo]

Los candidatos a RP (en los que se ha configurado el comando anterior) mandan anuncios RP al grupo CISCO-RP-ANNOUNCE (224.0.1.39). Un router configurado como RP mapping agent escucha este grupo y decide quien será el RP para cada grupo, y lo manda al grupo CISCO-RP-DISCOVERY (224.0.1.40) donde escuchan los routers designados PIM, y utilizan la información recibida para saber quien es el RP. Para configurar el router que trabajará como RP mapping agent se ha de poner el comando:

(config)# ip pim send-rp-discovery scope [TTL]

9.6.4 Configurar el TTL threshold

La función del TTL threshold en un interface es controlar el radio de acción del tráfico multicast. Si un paQuete multicast llega al interface con un TTL mayor o igual que el definido como threshold, el paquete es descartado. Si es mayor, se reduce el TTL en 1 y se manda el paquete. El valor por defecto es 0, que significa que no hay ningún threshold. El comando para configurarlo es:

(config-if)# ip multicast ttl-treshold [TTL]

9.6.5 Entrar en un grupo multicast

Para que un router entre a formar parte de un grupo multicast se pone el comando siguiente. Si un router pertenece al grupo, podrá responder al protocolo ICMP para ese grupo, de otro modo únicamente hará forwarding de los paquetes.

(config-if)# ip igmp join-group [grupo]

9.6.6 Cambiar la versión de IGMP

Los routers no detectan automáticamente la versión de IGMP que se habla en la red, con lo que es necesario configurarlo. Básicamente, se pondrá la versión v2 salvo que existan en la red hosts o otros routers que sólo sean capaces de hablar IGMP v1. La versión v2 es la de defecto en los routers Cisco. Para ver la actual o cambiarla se puede introducir los comandos:

show ip igmp interface [interface]
(config-if)# ip igmp version [2 | 1]

9.6.7 Habilitar CGMP

CGMP permite a los routers establecer comunicación con los switches para indicarles los puertos por lo que deberá sacar el tráfico multicast. Sólo se puede habilitar en los interfaces de los routers que tengan PIM configurado y por defecto está desactivado. Para activar CGMP hay que introducir los comandos siguientes (uno en el router y otro en el switch):

(config-if)# ip cgmp
set cgmp enable (en IOS: (config)# cgmp)

El proceso general es que sea el router quien, tras recibir un paquete leave de un cliente en IGMP v2, genere un mensaje CGMP indicando al switch que bloquee ese puerto, pero existe una funcionalidad mediante la cual el switch es capaz de interpretar este tipo de mensajes y bloquear él mismo el puerto de manera inmediata (CGMP fast-leave). El comando en el switch para soportar esta funcionalidad es:

set cgmp leave

Los comandos de verificación del protocolo CGMP en el switch son:

show cgmp statistics [vlan]
show multicast group cgmp [vlan]

10 CALIDAD DE SERVICIO (QoS)

10.1 INTRODUCCIÓN

Las herramientas de Calidad de Servicio pueden afectar a 4 parámetros del tráfico:

- **Ancho de banda**: Es el número de bits/segundo enviados. En un interface, hay un clock rate, que indica la cantidad de bps enviados al medio cuando en una línea serie el equipo proporciona el reloj, y el comando bandwith, que define el ancho de banda real del interface, y le sirve como variable de entrada a varias funciones del router.

- **Retardo**: Retardo total desde que un bit sale de un origen hasta que llega a su destino. Afectado por:
  - o Retardo de serialización (lo que tarda un equipo en poner los bits en el cable)
  - o Retardo de propagación (lo que tarda un bit en llegar al otro extremo)
  - o Retardo de encolado (el tiempo que pasa un paquete en una cola de un router)
  - o Retardo de procesamiento (el tiempo que tarda el router en tratar un paquete)
  - o Retardo de shapping (retardo adicional de encolado debido a una política de shapping)
  - o Retardo de red (el retardo de la parte de red no controlada, como un operador)
  - o Retardo de codec (lo que tarda un codec en pasar voz o video a digital)
  - o Retardo de compresión (lo que tarda un equipo en comprimir un paquete, si esta habilitada)

- **Jitter:** Es la diferencia de retardos entre paquetes del mismo flujo.

- **Pérdida de paquetes:** Paquetes que son descartados en la red

Para implementar una política de QoS hay que seguir estos pasos:

1- Identificar el tráfico y sus requerimientos, para lo cual hay dos fases, una primera de análisis del trafico que hay en la red (con un sniffer, un NBAR o similar), y una segunda para identificar la criticidad de ese trafico para la empresa.

2- Dividir el tráfico en clases de servicio diferentes (payload de voz, payload de video, señalización de voz y video, aplicaciones críticas, tráfico transaccional, best-effort, scavenger (tráfico perjudicial, que requiere una política inferior a Best-effort, como P2P)

3- Definir las políticas para cada clase. Una política es un documento donde se reflejan las necesidades de ancho de banda, retardo, pérdida de paquetes y jitter para cada tráfico, y se le aplican las herramientas para poder asegurar sus necesidades.

10.1.1 ARQUITECTURAS DE QoS

10.1.1.1   INTSERV (INTEGRATED SERVICES QOS MODEL)

Intserv utiliza dos componentes: Reserva de recursos (reserva un ancho de banda en la red) y control de admisión CAC (rechaza solicitudes de reserva de ancho de banda si no hay disponible). Algunos métodos de CAC son:

- Advanced Busyout Monitor

- RSVP

- Max Connections

El protocolo RSVP (Resource Reservation Protocol). RSVP es un protocolo que permite calidad de servicio extremo a extremo para flujos de datos concretos. Trabaja con los protocolos de routing e instala el equivalente a listas de acceso dinámicas por los routers que atraviesa.

Un router RSVP solicita reservar ancho de banda al siguiente, y éste lo hace con el siguiente y así sucesivamente. Cuando el último lo conceden, todos se lo conceden a su router anterior, dejando un ancho de banda reservado en todo el camino.

Para hacerlo, envía paquetes de path message, con objetos de descubrir todos los caminos posibles al destino, identificar el mejor, y notificar al resto de routers el camino elegido.

Ventajas:

- Gestión de recursos confirmada extremo a extremo

- Admisión control (CAC)

- Señalización de puertos dinámicos, como H.323

Inconvenientes:

- Escala poco, ya que está basado en flujos, y hay muchos mensajes RSVP.

- Mucho tráfico y tiempo gastado en señalización.

RSVP se habilita con el comando **ip rsvp bandwith [interface-kbps] [single-flow-kbps]**. Este comando habilita RSVP y marca el máximo ancho de banda (75% del ancho de banda del interface como mucho) y el máximo que se va a permitir reservar por las aplicaciones.

Por defecto, cualquier vecino puede hacer una solicitud de RSVP. Se puede controlar quien puede hacerlo con el comando **ip rsvp neighbor [access-list number]**.

La verificación se puede realizar con el comando **show ip rsvp.** Este comando muestra las conversaciones activas en un camino RSVP establecido, con sus recursos reservados.

10.1.1.2   DIFFSERV (DIFFERENCIATED SERVICES QOS MODEL)

En Diffserv los paquetes son clasificados y marcados en el origen, y en base a clases. El resto de los equipos de la red utilizarán la información de marcado de cada paquete y técnicas de gestión de colas para priorizar unos tráficos frente a otros.

Puede clasificarse el tráfico en base al flujo al que pertenece (IP y puerto origen y destino), y aplicar alguna acción de Calidad de Servicio a ese flujo completo o en base a una clase (Se identifica la clase con el análisis de la cabecera IP, listas de acceso, interface por el que entra, etc).

Lo ideal es hacer la clasificación y el marcado lo más cerca de origen que sea posible. Si tráfico marcado atraviesa varios sistemas autónomos, hay que fijar con ellos las reglas de QoS.

El resto del tema habla exclusivamente de Diffserv.

10.2 HERRAMIENTAS DE QOS

- **MARCADO Y CLASIFICACIÓN:** Consiste en marcar cada paquete en función de la calidad de servicio que se le desea asignar. Se marca en los campos IP precedente y en el Differenciated Services Code Point (DSCP), de la cabecera IP. DSCP sustituye los tres bits de IP precedente del campo de type of service del paquete IP por seis bits, haciendo uso de los bits de retardo, throughput y fiabilidad. Esto le permite configurar hasta 64 prioridades de tráfico diferentes.

- **COLAS (GESTION DE CONGESTIÓN):** Permiten establecer una prioridad al forwarding de paquetes, en base a determinados parámetros. Por defecto, un router se basa en FIFO, y aparecen varias alternativas de encolado:

  o **PQ (Priority Queuing):** 4 colas. Cada categoría es un búffer que será atendido sólo cuando todos los de nivel superior estén vacíos.
  o **CQ (Custom Queuing):** 16 colas, Cada cola se configura con el numero de bytes que puede transmitir a la vez, y v haciendo round-robin entre las colas permitiendo que se transmita esa cantidad de bytes.
  o **MDDR (Modified Deficit Round-Robin):** 8 colas. Similar a CQ, pero cada cola consigue un porcentaje de ancho de banda definido.
  o **WFQ (Weighted Fair Queuing):** 4096 colas. Cada flujo entra en una cola diferente. Se da prioridad a los flujos con menos tráfico (paquetes más pequeños) y mayor IP Precedente.
  o **CBWFQ (Class-based Weighted Fair Queuing):** 64 colas. Algoritmo no publicado, el resultado es un porcentaje del AB para cada cola
  o **LLQ (Low Latency Queuing):** Variación de CBWFQ pero que permite dar prioridad absoluta a determinadas colas prioritarias

- **SHAPPING AND POLICING:** Shapping encola todos los paquetes que harían al ancho de banda aumentar por encima de un valor establecido, evitando que sean descartados por cuellos de botella posteriores. Policing descarta los paquetes que hagan superar un ancho de banda, evitando que afecte a otros flujos.

- **CONGESTION AVOIDANCE:** Descarta paquetes de sesiones TCP antes de que las colas se llenen, para forzar a TCP a disminuir el AB, evitando cogestión.

  o **RED (Random Early Detection):** No soportada por IOS, descarta paquetes aleatoriamente
  o **WRED (Weighted Random Early Detection):** Descarta paquetes dentro de cada clase
  o **ECN (Explicit Congestion Notification):** No descarta paquetss, notifica al emisor para que baje la velocidad

- **LINK EFFICIENCY:** Son técnicas de compresión y fragmentación:
  o Payload compression (puede ser software o hardware)

- o Header compression (software)
- o Fragmentation and interleaving (LFI)

- **CALL ADMISSION CONTROL (CAC):** Rechaza sesiones de voz o video si no hay calidad para cursarlas.

10.3 CLASIFICACION

El marcado por clases (CB Marking) clasifica paquetes en clases en base a las cabeceras y a listas de acceso. La tabla representa los datos que pueden ser analizados:

ANALIZABLES DIRECTAMENTE CON MATCH	ANALIZABLES CON UNA LISTA DE ACCESO
Dirección MAC origen y destino	Dirección IP origen y destino
IP Precedence	IP precedence
IP DSCP	IP DSCP
MPLS Experimental	IP ToS
CoS	Puertos TCP
Host name y URL	TCP established
Interface de entrada	UDP
Rango de puertos UDP RTP	ICMP
Grupo QoS	IGMP
Tipo de protocolo NBAR	
Aplicaciones Citrix NBAR	

NBAR permite a un router identificar tráfico de aplicaciones que utilizan puertos dinámicos. Algunos flujos identificables son:

- RTP Audio y video

- Aplicaciones Citrix

- Hostname, URL, MIME (permite buscar una cadena URL)

- Aplicaciones P2P

Para poder clasificar la información de un túnel, se puede usar pre-clasify, que se configura en el interface túnel y en el crypto-map. Permite clasificar al paquete con su cabecera original, y no con su nueva cabecera de túnel.

10.4 MARCADO

Reparto de los bits en el byte de ToS de IP:

BIT	0 (LSB)	1	2	3	4	5	6	7 (MSB)
Sin Diffserv	**IP Precedente** 0: Routine 1: Priority 2: Inmediate 3: Flash 4: Flash Override 5: Critical 6: Internetwork control 7: Network control			**TOS** Flags for throughput, delay and reliability				**No usado**
Con Diffserv	**DSCP** 8 clases de servicio compatibles con IP Precedente: los bits 3-5 son 000 64 clases en total Existen 12 valores específicos que marcan la prioridad a la hora de descartar paquetes (cuatro clases, tres prioridades) Se escribe como AFxy, donde x es la clase "y" la prioridad, cuanto menor sea, menos se descartará.						**ECN** Explicit Congestion Notification. Se marcan cuando el flujo esta afectado por congestión.	

El tráfico es marcado con la finalidad de que futuras clasificaciones sean más rápidas:

CAMPO Y VALOR	VALOR BINARIO	NOMBRE	RFC
Precedence 0	000	Routine	791
Precedence 1	001	Priority	791
Precedence 2	010	Inmediate	791
Precedence 3	011	Flash	791
Precedence 4	100	Flash override	791
Precedence 5	101	Critic	791
Precedence 6	110	Internetwork control	791
Precedence 7	111	Network control	791
DSCP 0	000 000	Best effort	2475
DSCP 8	001 000	CS1	2475
DSCP 16	010 000	CS2	2475
DSCP 24	011 000	CS3	2475
DSCP 32	100 000	CS4	2475
DSCP 40	101 000	CS5	2475
DSCP 48	110 000	CS6	2475
DSCP 56	111 000	CS7	2475
DSCP 10	001 010	AF11	2597
DSCP 12	001 100	AF12	2597
DSCP 14	001 110	AF13	2597
DSCP 18	010 010	AF21	2597
DSCP 20	010 100	AF22	2597
DSCP 22	010 110	AF23	2597
DSCP 26	011 010	AF31	2597
DSCP 28	011 100	AF32	2597
DSCP 30	011 110	AF33	2597
DSCP 34	100 010	AF41	2597
DSCP 36	100 100	AF42	2597
DSCP 38	100 110	AF43	2597
DSCP 46	101 110	EF	2598

PHB (Per-hop Behavior)	Componentes	Nombre los DSCP
BE (Best effort)	No obtiene un tratamiento especial, solo FIFO	DSCP BE (Default). 000 000
AF (Assured forwarding)	Se encola el tráfico en 4 colas para asegurar un mínimo ancho de banda a cada una y se establecen tres prioridades de descarte en cada cola.	AF11 AF12 AF13 AF21 AF22 AF23 AF31 AF32 AF33 AF41 AF42 AF43
EF (Expedited Forwarding)	Tráfico con el menor retardo/jitter/loss y policy para garantizar un AB	EF

También puede realizarse marcado en:

- Campo CoS de las cabceras IEEE 802.1q e ISL (enlaces trunk, solo en FE, GbE y 10GbE). Son 3 bits, que pueden ser marcados por routers y switches.

- Bit DE (Dicard elegibility) de Frame Relay

- Bit CLP (Cell Loss Priority) de ATM

- MPLS Experimental bits, 3 bits que pueden mapearse con IP Precedence

- Grupo QoS, marcado interno al router, que le da prioridad en el procesamiento.

El marcado debe realizarse:

- Lo más cerca del origen como sea posible

- En un dispositivo confiable. La frontera de confianza es el primer equipo administrado. Si el tráfico llega marcado, se debería remarcar en esta frontera con los criterios reales.

Valores de marcado recomendados:

Tipo de trafico	CoS	Precedence	DSCP
Payload de voz	5	5	EF
Payload de vídeo	4	4	AF41
Señalización de voz y video	3	3	CS3
Datos críticos	3	3	AF3x
Datos transaccionales	2	2	AF2x
Otros datos	1	1	AF1x
Best effort	0	0	BE
Scavenger	0	0	2,4,6

La tabla representa que parámetros marca cada mecanismo de marcado:

Herramienta QoS	Elementos que puede marcar
Commited Access Rate (CAR)	IP Precedence DSCP QoS Group MPLS experimental bits
QoS Policy Propagation throught BGP (QPPB)	IP Precedence QoS Group
Policy-based Routing (PBR)	IP Precedence QoS Group
Class-based marking	IP Precedence DSCP QoS Group MPL experimental bits ATM CLP bit Frame Relay De bit 802.1q/ISL CoS / priority

10.5 COLAS

10.5.1 COLAS SOFTWARE Y HARDWARE

En los routers Cisco hay una cola que siempre es FIFO y que está asociada por hardware al interface de salida. Cuando una cola software decide poner un paquete en el interface, realmente lo pone en esta cola hardware. Cuando el router identifica el interface de salida de un paquete, mirará si hay espacio en esta cola. Si lo hay, pondrá en ella directamente el paquete. Si no, es cuando se hará la selección de otra cola software en la que ponerlo. Típicamente caben dos paquetes en esta cola, se puede ver con **show controllers** y se puede modificar con el comando de interface **tx-ring limit 1.**

10.5.2 FIFO

Es la cola por defecto. El primer paquete que entra al router es el primer paquete que sale del miso. FIFO se activa desactivando otras colas (**no fair queue**), y puede configurarse el tamaño de la cola con **hold-queue x out.**

10.5.3 PQ: PRIORITY QUEUING

Tiene un método para priorizar estrictamente hasta cuatro categorías de tráfico (HIGH, MEDIUM, NORMAL y LOW). Cada una de ellas es un búffer que será atendido sólo cuando todos los de nivel superior estén completamente vacíos.

En cada búffer puede ser introducido tráfico que haya sido seleccionado únicamente por protocolo o por interface de entrada.

El tamaño de los búffers es indirectamente proporcional a su prioridad, es decir, el tamaño del búffer HIGH es más pequeño que los otros tres.

Todo el tráfico que no haya sido seleccionado para pertenecer a una cola en concreto, pertenecerá a la cola NORMAL, que es la de defecto.

Usado para bajo ancho de banda cuando hay congestión.

Para configurarlo:
1- Se clasifica el tráfico en 4 clases
2- Se asigna una cola a cada clase
3- Se establece el tamaño máximo de cada cola
4- Se aplica la configuración a uno o varios interfaces

10.5.4 CQ: CUSTOM QUEUING

Custom queuing asigna un porcentaje del ancho de banda disponible a cada búffer (hasta 16), de modo que todos tienen, en mayor o menor medida, posibilidad de ser tratados. De este modo, es posible predecir el retardo del router, con lo que se permite el uso de protocolos sensibles al retardo.

En Custon Queueing hay 17 colas de salida, las 16 definidas por el usuario y una utilizada por el router para su propia información (por ejemplo keepalives).

Se indica qué tipo de tráfico pertenecerá a cada cola, se indicará para cada cola el número de bytes que puede transmitir cada vez, y después serán tratadas en round-robin.

10.5.5 DRR y MDDR: (MODIFIED) DEFICIT ROUND-ROBIN

DRR utiliza 8 colas de salida virtuales (VOQ) para evitar bloqueo de línea. Puede utilizar WRED dentro de cada cola para evitar congestión. Es parecido a CQ, pero más exacto, ya que recuerda exactamente el número de bytes atendido en cada cola.

MDDR es soportado solo en los GSR12000, que no soportan otro tipo de encolado. Permite reservar un porcentaje del AB disponible a cada cola, además de disponer de una cola prioritaria, permitiendo un servicio a los paquetes en modo estricto o en modo alternado.

10.5.6 WFQ: WEIGHTED FAIR QUEUING

Da prioridad a pequeños flujos de tráfico, y a IP precedence más alto, penalizando las grandes transferencias de datos, basándose en flujos:

• IP origen y destino

• TCP o UDP

• Puerto origen y destino

• IP Precedence

No hay clasificación. Cada flujo se mete en una cola (hay hasta 4096 colas, el número es dinámico y depende del AB del interface). El AB disponible se divide por igual para todas las colas, con lo que se favorece a los flujos que precisan menor ancho de banda. Se asigna el doble de ancho de banda a IP Precedente 1, el triple a IP precedente 2, y así sucesivamente hasta 8.

El porcentaje del ancho de banda de cada cola varia mucho ya que continuamente apareen y desaparecen flujos de tráfico.

Cuando la cola hardware se vacía, el router mete en ella al paquete de todas las colas con menor valor de SN (Sequence Number). El SN se asigna al paquete antes de ser clasificado, y su valor es:

SN anterior + (peso * longitud del paquete)
peso = 32384 / (IP Precedente +1)

Cuando llega un nuevo paquete, se le asigna SN y se trata de meter en su cola. Si no hay sitio, se busca el paquete con menor SN y es descartado, dejando memoria libre para ubicar al nuevo paquete. Al final, el SN equivale al tiempo que el paquete terminará de ser transmitido.

WFQ tiene 8 colas de baja prioridad para tráfico generado por el propio router.

Para activar WFQ en un VC ATM, se ha de configurar en la default-class.

Comandos:

Fair-queue [congestive-discard-threshold [dynamc-queues [reservable queues]]]
Hold-queue length **out**
Show queue interface-name interface-number [vc[vpi/vci]]
Show queuing [custom | fair | priority | random-detect [interface atm-subinterface [vc[[vpi/vci]]]]

dWFQ (distributed WFQ) es un término empleado en los routers 7000 con procesadoras VIP. Hay 4 versiones de dWFQ:

*   Flow-based dWFQ

*   ToS-based dWFQ

*   QoS-group-based dWFQ

*   Distributed class-based Dwfq

10.5.7 CBWFQ: CLASS-BASED WEIGHTED FAIR QUEUING

CBWFQ es como CQ, pero asigna un porcentaje real, y no una cantidad de datos, a cada cola. Tiene 64 colas.. Para la asignación a colas, utiliza los mismos parámetros que CB marking, dejando una cola por defecto para tráfico no clasificado.

Dentro de cada cola, CBWFQ permite que se aplique FIFO o WFQ.

CBWFQ tiene dos tipos de descarte de paquetes:

*   Tail drop: tira el paquete que no cabe en la cola.

*   WRED (tira paquetes de sesiones TCP para obligarlas a reducir su velocidad y evitar congestiones)

Configuración de CBWFQ:

Class-map class-map-name
Match...
Policy-map policy-map-name
Class name
Bandwith [bandwitch | **percent** percent]
Bandwith [**remaining percent** percent]
Queue-limit queue limit
Fair-queue [queue-limit queue-value]
Random-detect dscp [dscpvalue min-threshold max-threshold [mark-probablility-denominator]
Random-detect precedence [dscpvalue min-threshold max-threshold [mark-probablility-denominator]
Max-reserved-bandwith percent
Show policy-map

10.5.8 LLQ: LOW LATENCY QUEUING

LLQ es una opción de CBWFQ. LLQ mira la cola de baja latencia. Si tiene algún paquete lo manda, y si no, mira el resto de colas, basándose en la lógica de encolado y priorización normal. Realmente aplica PQ entre una cola y el resto de colas.

Para evitar lo que le sucede a PQ, que podría ser que otras colas se quedaran sin Ancho de Banda, se puede establecer un ancho de banda máximo a la cola de alta prioridad. Con el comando **priority [bandwith | percent] [burst].**

10.6 SHAPPING AND POLICING

10.6.1 SHAPPING

General Traffic shapping (GTS) permite establecer shapping sobre cualquier tipo de interface. Además, el interface puede tener configurada cualquier tipo de cola, pero la cola sujeta a shapping debe estar configurada con WFQ.

El tráfico que exceda el valor de Bc en el tiempo T será encolado. Esto se cumple por encima incluso de límite marcado.

Con el comando shape Peak, Shapping se hace a la velocidad configurada * (1+Be/Bc). Los valores de Be y BC por defecto son 8000.

CB Shaping, es lo mismo que GTS, pero aplicado a ua cola CBWFQ. Se implementa con MQC.

Frame Relay Traffic Shapping (FRTS) Trabaja solo en entornos FR, y hace shapping de un VC. También activa per-VC queuing. El interface físico debe tener configurada WFQ, mientras que la cola de shapping puede ser CQ, PQ o WFQ

Para configurar FRTS:

1- Determinar los parámetros con class-map
2- Habilitar FRTS en el interface físico
3- Aplicar los parámetros de shapping a todos los VC dentro del interface, a algunos o a uno solo.

Los routers de Cisco pueden utilizar la configuración de switches para usarla en traffic shapping o para gestionar entornos de congestión. El comando frame-relay qos-autosense activa ELMI (Enhaced Local Management Intrface) en el router y permite que los parámetros de Bc, Be y CIR pasen del switch al router con mensajes ELMI.

Los niveles de velocidad a la que se hace shapping pueden ser modificados automáticamente por las tramas BECN que se reciben en el equipo. Cada trama BECN recibida hace que la velocidad se reduzca a ¾ la anterior (75%), pero nunca por debajo de la definida como mínima.

Configuración (en policy-map)

COMANDO	SIGNIFICADO
shape [average | peak] *mean-rate* [[*burst- size*] [*excess-burst-size*]]	Habilita shapping, establece la velocidad y permite cambiar Bc y Be (por defecto 8000 cada uno). La opción average es el funcionamiento normal. La opción peak permite transmitir Bc+Be en cada Tc.
shape [average | peak] percent *percent* [[*burst- size*] [*excess-burst-size*]]	Igual, pero define la velocidad como un %
Shape adaptive *min-rate*	Establece el mínimo de shapping a la que se llegará si hay tramas BECN. El máximo se establece con Peak o average
Shape fecn-adapt	Envía tramas BECN cuando recibe tramas FECN
shape max-buffers *number-of-buffers*	Establece la máxima longitud de la cola.

10.6.2 POLICING

CAR (Commited-Access Rate): CAR es un sistema que permite establecer una velocidad máxima en un interface., de manera similar a como lo hace una política de policing, sólo que también permite realizar el marcado de paquetes, ser usado en sentido entrada y salida. CAR suele utilizarse en la frontera entre las redes del operador y las del cliente.

CAR utiliza el mecanismo de token Beckett, como GTS, pero sin encola paquetes. Permite establecer políticas en cascada, permitiendo una mayor granularidad.

Ejemplo de configuración:

```
interface serial 0/0
  rate-limit input 256000 4000 96000
conform-action transmit exceed-action drop
  rate-limit output 256000 4000 96000
conform-action transmit exceed-action drop

rate-limit [sentido] [velocidad] [burst (Bytes/sec)] [Burst inicial (Bytes)]
```

10.7 CONGESTION AVOIDANCE

10.7.1 RANDOM EARLY DETECTION (RED)

Es un algoritmo para evitar congestión que aleatoriamente descarta paquetes antes de que se produzca la congestión. En el caso de TCP no afecta a las aplicaciones, pero sus desventaja es que en caso de UDP o IPX , puede afectar a las mismas. IOS no soporta RED, soporta WRED, ECN y FRED.

RED mide el uso de las colas del interface de salida para calcular cuantos paquetes descartar. El comportamiento es el de la figura.

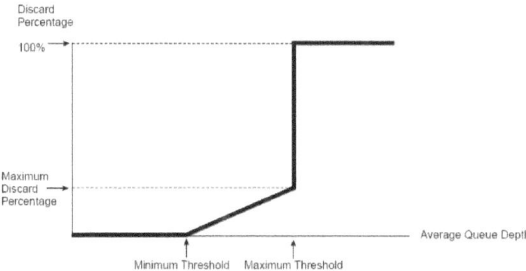

Si los valores máximo y mínimo se juntan mucho, puede ocurrir un efecto llamado TCP global synchronization, que hace que todas las sesiones TCP bajen su velocidad y la suban a la vez, produciendo un diente de sierra que aprovecha muy poco el ancho de banda.

En el punto "Maximun Discard Percentaje" se descarta 1 paquete por cada valor indicado en el denominador mark

10.7.2 WEIGHTED RANDOM EARLY DETECTION (WRED)

WRED trabaja de manera idéntica a RED, pero permite crear un perfil para cada valor de DSCP o IP precedente, configurando en cada uno de ellos los valores de disparo, porcentaje de paquetes a tirar, etc.

WRED solo se soporta con colas FIFO, pero puede configurarse con CBWFQ, configurándolo dentro de las clases, ya que dentro de cada una de ellas la cola es FIFO.

Configuración:

COMANDO	SIGNIFICADO
random-detect [dscp-based | prec-based]	Activa WRED, indicando si debe actuar en base a DSCP o IP Precedence. Se configura en interface o en clase
random-detect-group grupo [dscp-based | prec-based]	Se configura en global, crea un grupo de parámetros WRED que luego son activados con el comando siguiente
random-detect [attach group-name]	Se configura en interface. Activa WRED para un VC ATM
random-detect precedence [precedence min max mark-prob-denominator]	Configuración en Interface, clase o randon-detect-group. Modifica los valores de funcionamiento de WRED para una precedente determinada
random-detect precedence [dscpvalue min max mark-prob-denominator]	Configuración en Interface, clase o randon-detect-group. Modifica los valores de funcionamiento de WRED para una DSCP determinada. La probabilidad de descarte es 100%/prob-denominator.
random-detect **exponential-weighting-constant** exponent	Configuración en Interface, clase o randon-detect-group. Modifica los valores de funcionamiento de WRED. Un exponente más bajo hace que WRED actúe antes.
show queue	Paquetes que estan esperando en una cola de salida
show queueing random-detect	Configuraciones y estadisticas
show interfaces	Interfaces con WRED activado
show interface random-detect	Interfaces con WRED activado en tarjetas VIP
show policy-map	Red activado dentro de de un policy map

FRED se activa con **random detect flow**

10.7.3 EXPLICIT CONGESTION MODIFICATION (ECN)

ECN hace lo mismo que WRED, pero sin descartar paquetes. En lugar de descartarlo marca dos bits de la cabecera IP. Cuando el origen ve estos bits marcados, baja el valor de la ventana al 50%.

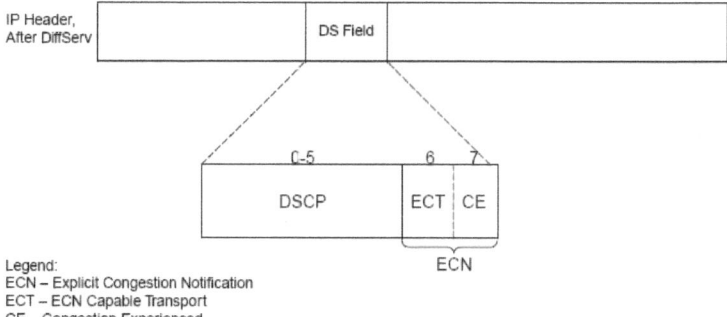

Para configurarlo, solo se agrega el comando **random-detect ecn** dentro del policy-map y el resto de la configuración es la misma que CBWFQ.

El comando shape fecn-adapt hace que el router responda a ls tramas marcadas FECN, mandando tramas con los bits de BECN al origen.

10.8 LINK EFFICIENCY

10.8.1 PAYLOAD AND HEADER COMPRESSION

Cisco permite comprimir el contenido de todo el tráfico, o solo las cabeceras, para emplear más eficientemente el AB de la línea. La compresión de todo el tráfico se realiza con determinados módulos hardware (service adapters, AIM y Network modules, según el equipo).

La compresión de cabeceras reduce de 40 bytes a solo 2 o 4 bytes las cabeceras de tráficos TCP, UDP y RTP. Utiliza el algoritmo de Van Jacobson (RFC 1144) y comprime la cabecera IP/TCP, dejando las de nivel 2 intactas, y la carga también. Es bueno para la transmisión de paquetes pequeños, donde las cabeceras suponen una carga importante.

La compresión de todo el tráfico es automática cuando se pone la tarjeta, mientras que el header compression se activa con **compression header ip [tcp | rtp]** aplicado a la configuración de la clase.

Hay varios algoritmos de compresión:

* **Stacker o STAC**, utiliza el algoritmo Lempel-Ziv, que busca cadenas redundantes y las reemplaza por cadenas cortas. Construye un diccionario con estas cadenas.

* **MPCC:** Algoritmo desarrollado por Microsoft, utiliza el mismo método (Lempel-Ziv)

10.8.2 LINK FRAGMENTATION AND INTERLEAVING

Cuando un router empieza a enviar una trama, la manda completa. Si nada más empezar a lanzar una trama grande llegara una pequeña con mayor prioridad, debería esperarse. Link fragmentación corta la trama grande en tramas más pequeñas, para permitir la salida más rápida de la trama pequeña, más sensible a retardos.

MLP LFI: Fragmentación en redes PPP multilink	FRF.12: Fragmentación en redes Frame Relay	FRF.11 Annex C
Se activa con **Interface multilink** **ppp multilink fragment-delay** [delay] **ppp multilink interleave** "delay" se expresa en milisegundos, el router calcula el tamaño de la trama. Por defecto son 30 milisegundos. En el interface fisico, hay que activar MLP (Mulktilink PPP), y WFQ o CBWFQ. Para que una cola cause interleaving, se configure una cola con PQ, como LLQ, bajo el interface multilink Comprobación con **show interface multilink** Es el mecanismo de LFI más empleado	Se activa con **map-class frame-relay** **frame-relay fragment** tamaño Se require FRTS (Frame Relay Traffic Shaping) Para que una cola cause interleaving, se configure una cola con PQ, como LLQ, bajo el map-class frame-relay Comprobación con **show frame-relay fragment**	Utilizado en redes Frame Relay. Nunca segmenta tramas de voz, por lo que se usa en redes con Voz sobre FR (VoFR)

10.9 LAN QoS

10.9.1 MARCADO

La clasificación a nivel 2 se hace con 3 bits del campo CoS, presente en la trama Ethernet cuando se utiliza IEEE 802.1q. Puede clasificarse el tráfico en 8 clases distintas. A nivel 3, se hace en el campo ToS o DSCP, de entre 3 y 6 bits. Los switches Cisco 2950 pueden mapear y convertir el marcado de nivel 2 en nivel 3 y viceversa. Los 3 bits de CoS son los tres primeros bits de DSCP. Para que realice esta conversión se pone el comando **mls qos map cos-dscp**, como comando global en el switch. Se verifica con **show qos map cos-dscp**.

10.9.2 FRONTERAS DE CONFIANZA

La frontera es el punto donde debe hacerse la conversión entre COS y DSCP, y/o el marcado correspondiente a las clases. La tabla representa la configuración para definir la frontera:

COMANDO	SIGNIFICADO
Mls qos trust [cos | pass-throught] | device cisco-phone | dscp]	Se confía en los valores CoS o DSCP de la trama que entra, según el subcomando. Con pass-throught se dice que se confíe en el valor de CoS, pero que no se modifique el valor de DSCP al enviar tramas por ese puerto. Con device-cisco-phone se confía en los valores de CoS, solo si hay un teléfono Cisco conectado.
Switchport priority extend [cos value | trust]	Si se indica un valor de CoS, si hay un teléfono conectado, se sustituye el valor CoS del PC al valor indicado, por defecto cero. Con trust se deja el valor que traiga cada trama.

10.9.3 CONGESTION MANAGEMENT

Los Catalyst tienen 4 colas de salida. Se usa CoS para definir cual es la más apropiada.

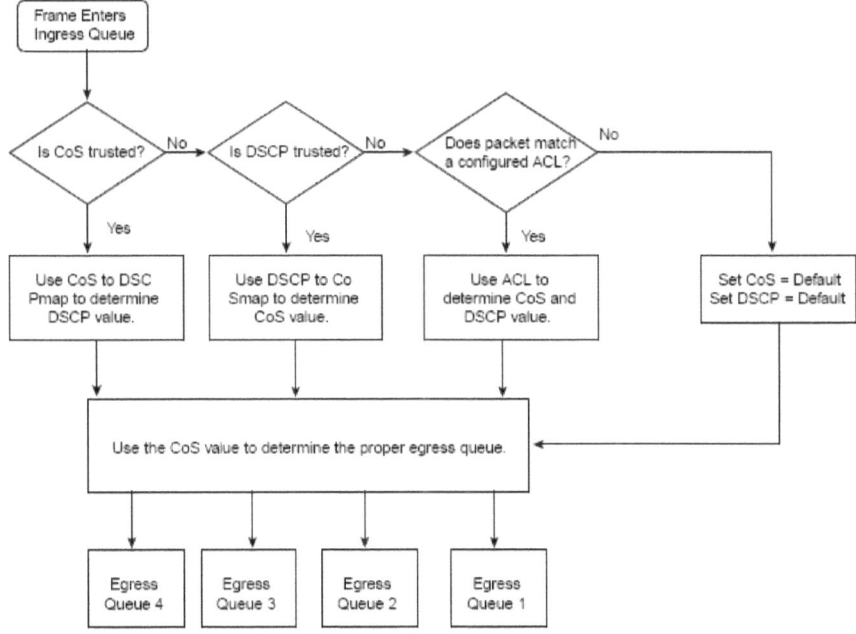

- **WRR**: El comando **wrr-queue cos-map [cola] [valores cos]** define que CoS se meten en cada cola. Con el comando **show wrr-queue cos-map** se puede ver si se ha configurado correctamente.

- **WRR SCHEDULING** evita que una cola prioritaria paralice a las siguientes, permitiendo que una tasa de tráfico pase por todas ellas. Con el comando **wrr-queue-bandwith [paquetes-cola-1 paquetes-cola-2 paquetes-cola-3 paquetes-cola-4]** se define la cantidad de tráfico que puede pasar por cada cola.Si se supera, se cambia de cola.

- **STRICT PORIORITY AND WRR SCHEDULING:** Cuando se pone el comando anterior, puede definirse el tráfico de la cola 4 a cero. Eso significa que siempre que exista un paquete en esa cola se transmitirá, independientemente de lo que haya en las otras. Si no hay tráfico en la cola 4, se aplicará WRR SCHEDULING en las otras tres.

10.9.4 POLICING

Para aplicar policing, se crea una clase, y dentro de ella se establece la política con el comando **police** rate-bps busrt-byte **[exceed-action {drop | dscp** dscp value}]

10.10 SERVICE ASSURANCE AGENT (SAA)

Se trata de una configuración que permite medir los niveles de QoS entregados en un determinado enlace. SAA permite medir y monitorizar:

- Métricas de SLA's, como tiempo de respuesta round-trip y disponibilidad

- Métricas de VoIP como Ritter, pérdida de paquetes, disponibilidad de paquetes de voz, etc

- Métricas de aplicaciones, como Web

Para configurar un router como SAA, se realizan estos pasos, desde el modo de configuración global:

- Se entra en el modo de configuración rtr con rtr op-number. El número identifica el proceso de la medida a realizar

- Utilizar el comando type para especificar el tipo de operación que se está configurando

- Configurar las características de la operación

- Volver al modo de configuración global

- Indicar las condiciones reactivas para la operación

- Hacer un Schedule de la operación, fijando el comienzo de la misma

10.11 CONFIGURACIÓN

10.11.1 AUTOQoS

AutoQoS permite configurar automáticamente políticas y fronteras para voip:
Auto qos voip trust
Auto qos voip cisco-phone

Las funciones que realizan estos comandos están en el apartado de configuración. Las colas asignadas por defecto son:

COLA	VALORES CoS	ANCHO DE BANDA WRR
1	0,1,2,4	20%
2	No usada	No usada
3	3,6, 7	80% WRR
4	5	Cola prioritaria

10.11.2 MODULAR QOS CLI (MQC)

Modular QoS es un conjunto de comandos IOS que permite realizar CB marking, CB Weighted Fair Queuing, CB Policing, CB Shapping y CB header compression.

La estructura es como sigue:

CLASIFICACIÓN	class-map clase1 (parámetros match) class-map clase2 (parámetros match) Siempre se crea una clase llamada "class-default" con todo el tráfico que no haya entrado en ninguna otra clase
ACCIÓN PHB (PER-HOP BEHABIOR)	policy-map politica class clase1 (acciones) class clase2 (acciones)
HABILITAR EN INTERFACE	Interface [interface] Service-policy [input |output] política
VERIFICACIÓN	show class-map show policy-map

Los comandos match que sirven para clasificar el tráfico son los siguientes:

Comando
match [ip] precedence *valores IP Precedence*
match access-group {*access-group* | name *accessgroup-name*}
match any
match class-map *class-map-name*
match cos *cos-value* [*cos-value cos-value cos-value*]
match destination-address mac *address*
match fr-dlci *dlci-number*
match input-interface *interface-name*
match ip dscp *[valores DSCP]*
match ip rtp *starting-port-number port-range*
match mpls experimental *number*
match mpls experimental topmost *value*
match not *match-criteria*
match packet length {max máximo | min mínimo}
match protocol citrix app *application-name-string*
match protocol http [url *url-string* | host *hostnamestring*| mime *MIME-type*]
match protocol *protocol-name*
match protocol rtp [audio | video | payload-type *payload-string*
match qos-group *qos-group-value*
match source-address mac *address-destination*

Comandos de acción de policy-map:

Command	Function
set	CB Marking action, with options to mark several fields inside headers
bandwidth	Reserva un porcentaje o un tamaño de cola a una clase (CBWFQ). La garantía es relativa
priority	Reserves bandwidth and provides Low Latency Queuing (LLQ) with CBWFQ **Priority [AB]:** Reserva absoluta de AB
shape	Shapes traffic in the class with a defined bandwidth and burst sizes Ver configuración en apartado de shapping
police	Polices traffic in the class with a defined bandwidth and burst sizes
compress	Performs TCP and RTP header compression on packets in the class
fair-queue	Cola WFQ en esa clase

10.11.3 QoS POLICY MANAGER (QPM)

Es una aplicación que permite habilitar y monitorzar una política de QoS en varios elementos de la red, cargando directamente las configuraciones con TELNET y SNMP. Necesita Cisco Works para conocer la red

QPM Performance Monitor mide ratio de descarte de paquetes, bit rate, cuenta de paquetes y de bytes antes y después de aplicar la política, y ocupación de las colas.

IPM permite identificar y hacer un análisis de performance del camino entre dos nodos de la red, salto a salto. Dispone de reports gráficos con contenido histórico, y es capaz de enviar una alarma SNMP si los tiempos de respuesta exceden de un umbral establecido.

10.11.4 AutoQoS

Comando que realiza automáticamente toda la configuración en router y switches para configurar una política de QoS:

Router: **auto qos voip [trust] [fr-atm]**
Catalyst IOS: **auto qos voip [ciso-phone | trust]**
Catyalyst SET: **set qos autoqos**

Este comando realiza las siguientes funciones:

MARCADO Y CLASIFICACIÓN	**Router** Si se pone trust, el router confía en el marcado e las celdas que le llegan. Si no, configura CB marking, utilizando NBAR para clasificarlo en: - VOZ: Lo marca como DSCP EF - Señalización de voz: Lo marca como DSCP AF31 - Todo lo demás: Lo marca como DSCP AFBE **Switch** Si se pone trust, el router confía en el marcado e las celdas que le llegan. Si no, marca CoS de los paquetes con: CoS 0 si no hay un teléfono conectado CoS 5 – DSCP EF (voz) CoS 3 – DSCP AF31 (señalización de voz) CoS 0 – DSCP BE (resto) Si se pone Cisco-phone, el switch sabe que las celdas vienen bien marcadas por que hay un teléfono detrás (utiliza CDP para ver si es un teléfono Cisco).
COLAS	**Router** El tráfico de voz lo pone en LLQ La señalización de voz la pone en una cola CBWFQ con poco ancho de banda El resto lo pone en una cola por defecto, con el 25% del ancho de banda **Switch** El tráfico de voz (CoS 5) lo pone en una cola LLQ 20 % del resto a señalización de voz (CoS 3) 80 % del resto a todo lo demás (CoS 0)
COMPRESSION (Router)	Si el enlace es menor a 768 Kbps, comprime cabeceras RTP
LFI (Router)	Si el enlace es menor a 768 Kbps, activa LFI
SHAPPING (Router)	En interfaces FR se activa FRTS con un intervalo shapping de 10 ms

10.12 MEJORES PRÁCTICAS EN QOS

APLICACIÓN	DSCP	CoS	Cola	Uso de la cola	WRED
Voz	EF	5	LLQ	Voz y video no debería superar 33% del AB del enlace	No aplicado
Bulk (FTP, etc)	AF11, AF12, AF13	1	CBWFQ	15% después de LLQ	Basado en DSCP, disparos por defecto
Transaccional	AF21, AF22, AF23	2	CBWFQ	5% después de LLQ	Basado en DSCP, disparos por defecto
Misión Crítica	AF31, AF32, AF33	3	CBWFQ	25% después de LLQ	Basado en DSCP, disparos por defecto
Video interactivo	AF41, AF42, AF43	4	LLQ	Voz y video no debería superar 33% del AB del enlace	Basado en DSCP, disparos por defecto en AF42 y AF43. AF41 debería usar LLQ y, por tanto, no utilizar WRED
Protocolos de routing	CS6	6	CBWFQ	10% después de LLQ	Basado en DSCP, disparos por defecto
Video streaming	CS4	4	CBWFQ	10% después de LLQ	Basado en DSCP, disparos por defecto
Señalización voz y video	AF31 / CS3	3	CBWFQ	5% después de LLQ	Basado en DSCP, disparos por defecto
SNMP	CS2	2	CBWFQ	5% después de LLQ	Basado en DSCP, disparos por defecto
Scavenger	CS1	1	CBWFQ	Sin ninguna garantía, solo se transmite si no hay nada más para transmitir	Basado en DSCP, disparos por defecto
No especificado	BE / CS0	0	CBWFQ	5% después de LLQ, pero sin garantía	Basado en DSCP, disparos por defecto

11 MULTIPROTOCOL LABEL SWITCHING (MPLS)

MPLS proporciona una forma de realizar ingeniería de tráfico, garantizar ancho de banda, seleccionar camino a destinos y configurar VPN's.

MPLS añade una etiqueta a cada paquete IP, y que se corresponde con caminos establecidos previamente en la red, permitiendo a lo administradores establecer varias políticas de Calidad de Servicio. Esta etiqueta se pone en la frontera de entrada a la red y se elimina cuando el paquete abandona la red MPLS.

La etiqueta MPLS son 32 bits que se insertan entre las capas 2 y 3 del paquete. Es interpretado por SDH, SONET, Ethernet, FR, ATM. En Redes ATM se sustituye la etiqueta por el VP/VC.

11.1 Label Switch Routers (LSR)

Todos los routers de una red MPLS son LSR, es decir, hacen forwarding en base a la etiqueta y no en base al protocolo de routing. Los routers frontera (Edge LSR) son los encargados de poner y quitar estas etiquetas a los paquetes.

En la arquitectura MPLS existen cuatro tipos de routers:

- **Router P:** Routers internos completamente a la red MPLS del operador. Enrutan en base a etiquetas, y no precisan disponer información acerca de VPN's.

- **Router C:** Routes internos a la red del cliente. No tiene conexión con el proveedor y no mantiene información sobre la VPN.

- **Router PE:** Routers del operador en os que se conectan los clientes. Mantienen la tabla de VPN asociado a los interfaces del mismo

- **Router CE:** Router de cliente conectado al operador: No mantienen información de VPN.

11.2 Configuración MPLS

Para activar MPLS, es preciso activar antes Cisco Express Forwarding. Posteriormente, se habilita os interfaces que vayan a soportar MPLS:

> **Router(config)# ip cef**
> **Router(config)# interface Ethernet 0**
> **Router(config-if)# mpls ip**

12 PROTOCOLOS DE DESKTOP

Los protocolos de desktop son protocolos de nivel 3 concebidos para trabajar en un modelo cliente / servidor sobre un entorno LAN (Ethernet, Token Ring, FDDI), el mismo dominio de broadcast y con un uso extendido de comunicaciones en broadcast.

El diseño de la red debe permitir que haya ancho de banda suficiente para soportar este modelo cliente / servidor, asegurar que el cliente sea capaz de encontrar al servidor, y asegurar la comunicación host-to-host

Al trabajar en broadcast, si los servidores están en remoto, los broadcast consumirían mucho ancho de banda en el enlace, por lo que hay que hacer algo para que lo routers puedan filtrar estos broadcast, sin perder el servicio en la red.

12.1 NOVELL IPX

Novell IPX es una pila de protocolos dependiente de XNS (Xerox Network Systems). IPX es un protocolo de nivel 3, con direccionamiento lógico, y que trabaja con datagramas de manera no orientada a conexión y sin acknowledges (similar a IP+UDP).

IPX tiene un direccionamiento lógico de 80 bits, 32 de red y 48 de nodo, que se corresponden con la MAC del mismo. En total pueden tener hasta 16 dígitos hexadecimales. Se escriben de forma hexadecimal, eliminando los "0" no válidos en cada una de las partes. Como la dirección del nodo ya se encuentra implícita, no existe ningún protocolo como ARP. En los interfaces serie, como no disponen de dirección MAC, los routers asumen la misma dirección MAC que en una interface Ethernet del router. Se soportan múltiples redes lógicas sobre un mismo interface físico, encapsulando cada red de una forma diferente sin crear subinterfaces. Solo varias redes sobre el mismo interface.

Gracias al protocolo SAP, los servidores anuncian los servicios ofrecidos mediante broadcast. Con GNS (Get Nearest Server), un cliente solicita el servidor más cercano (el primero que responde)

Para configurar el router con el direccionamiento adecuado, hay que conocer las direcciones de los elementos Novell Netware que ya están establecidas en la red, a fin de que la dirección de red del router sea la misma.

12.1.1 Protocolos Novell IPX

Los servidores Novell soportan varias pilas de protocolos: AppleShare server, Network File System (NFS) y IBM Systems Network Architecture (SNA) gateways. La mayor parte de los protocolos viajan a través de IPX. La capa de aplicación es NetWare Core Protocol (NCP) que proporciona control de secuencia. Los protocolos Novell RIP (Routing Information Protocol) y SAP (Service Advertisement Protocol) son protocolos nativos, y están activos en todos los interfaces Novell.

SAA GATEWAY	NCP	NFS	AFP
NetBIOS			
SPX	IPX	IP	DDP
IPX			
OPEN DATA-LINK INTERFACE (ODI)			
802.3	802.5	FDDI	PPP

12.1.1.1   IPX RIP

Protocolo de routing de vector de distancia. Usa como métrica ticks (una medida de tiempo, y número de saltos (solo si hay empate en los ticks). IP RIP sólo empleaba número de saltos. Se envía la tabla de routing cada 60 segundos (50 redes por paquete de 432 bytes). En IP RIP se envía cada 30 segundos. Los ticks son fijos en cada interface. Se configuran con el comando **ipx delay**. Por defecto son 1 en una interface LAN y 6 en un interface WAN.

IPX RIP funciona de modo similar a IP RIP. La métrica está basada en ticks, que es 1/18 de segundo (1 tick en enlaces LAN y 6 en WAN. Se desempata con la métrica basada en saltos). Si hay empate, se hace balanceo de carga por los caminos que se configuran con el comando **ipx maximun-paths.** El periodo de actualización es de 60 segundos, y el de flush es de 180 segundos.

IPX RIP utiliza split horizon para evitar bucles, y no puede ser desactivado, por lo que la conexión está limitada en redes NBMA.

Cuando un router detecta que una red ha fallado, manda un broadcast RIP indicando que la red es inalcanzable. Luego, el router espera 10 ticks y busca una ruta alternativa a la red. Utiliza el algoritmo lost route para prevenir bucles. IPX RIP está habilitado por defecto.

12.1.1.2   Service Advertisement Protocol (SAP)

Los servidores anuncian mediante broadcast cada 60 segundos sus tablas de servicios (7 servicios por cada paquete de 480 bytes), que se identifican por un número hexadecimal. Los routers leen esta información y la almacenan en la tabla SIT. No hacen forwarding de las tramas, sino que anuncian cada 60 segundos su propia tabla de servicios (todos los que conoce). Genera más tráfico que RIP. En la tabla aparecen los servicios SAP:

NÚMERO	DESCRIPCIÓN
0	Desconocido
1	Usuario
2	Grupo de usuarios
3	Cola de impresora
4	Servidor de archivos
5	Servidor de trabajos
6	Gateway
7	Servidor de impresora
47	Anuncio de servidor de impresora
98	Servidor de acceso netware
23A	Netware LANalyzer agent
FFFF	Todos los servicios

12.1.1.3 Get Nearest Server (GNS)

Cuando un cliente necesita un servicio, envía un broadcast GNS. Todos los servidores responden con una trama SAP. Los routers solo responden a esta solicitud si no existen servidores en el segmento donde se encuentra el cliente. Cuando lo hacen, mandan la información del servidor que se encuentre más cercano (información de su SIT). Los routers pueden responder a las solicitudes GNS, y lo harán si la LAN donde se hace la petición no existe un servidor GNS. Si no existe, responderán en nombre de los servidores GNS que conozcan, haciendo round-robin sobre ellos.

12.1.1.4 NetWare Core Protocol (NCP)

Proporciona conexión cliente - servidor.

12.1.1.5 Sequenced Packet Exchange (SPX)

Protocolo de nivel 4 que proporciona un transporte orientado a conexión (similar a TCP).

12.1.1.6 NetWare Link Services Protocol (NLSP)

Protocolo de enrutamiento de estado de enlace jerárquico, similar a IS-IS, que se configura en un solo área. La versión NLSP v1.1 soporta varias áreas, y se soporta desde la IOS 11.2

Utiliza el algoritmo SPF, tiene rápida convergencia. Está limitado a unos 400 routers por área. El consumo de CPU está de acuerdo a la fórmula n*log(n), donde n es el número de vecinos.

La métrica de NLSP es el coste. El coste de un interface va entre 1 y 63, y el máximo número de saltos posibles es de 1023. Es más importante la dispersión geográfica que el número de routers.

Como la mayoría de los clientes utilizan RIP, están limitados a 15 saltos, aunque la red internamente sea NLSP

La redistribución es automática entre NLSP y RIP, y automáticamente se aseguran de una redistribución libre de bucles.

Para escalar IPX, se puede utilizar EIGRP en el backbone. Reduce el consumo de ancho de banda por que el update es incremental. Además, EIGRP mantiene la cuenta de ticks y de hops entre los extremos donde se redistribuye con RIP. Esta redistribución y la de SAP, son automáticas.

EIGRP para RIP, SAP y RTMP tiene updates incrementales en interfaces WAN y full updates en interfaces LAN.

NLSP manda un update cuando hay un cambio en la red. De todos modos, manda un update cada dos horas, para asegurar la consistencia.

12.1.1.7   NetBIOS emulation

NetBIOS trabaja con broadcast. Encapsular NetBIOS sobre IPX tiene los mismos problemas de escalabilidad que sobre LLC2. Al encapsular NetBIOS sobre IPX, utiliza el puerto 20 de IPX, que hay que propagar por toda la red. Los routers de Cisco hacen esto con el comando **ipx type-20-propagation**. El router lo propagará por todas las redes IPX que tenga conectadas. Una forma de controlar los broadcast de NetBIOS sobre IPX es filtrar NetBIOS por nombres. Es necesaria una buena implementación de nombres.

12.1.1.8   IPXWAN

El Novell DIC no es compatible con Cisco DIC. Para conectar un servidor Novell a un router Cisco, hay que utilizar PPP. IPXWAN es un protocolo que establece una métrica exacta en redes dialup. Se soporta IPX sobre PPP entre servidores Novell y routers Cisco, y IPXWAN sobre HDLC entre routers Cisco.

IPXWAN establece las siguientes métricas:

- 2.04 Mbps: 6 ticks

- 1.544 Mbps: 6 ticks

- 256 Kbps: 6 ticks

- 128 Kbps: 12 ticks

- 56 Kbps: 18 ticks

- 38.4 Kbps: 24 ticks

- 19.2 Kbps: 60 ticks

- 9600 bps: 108 ticks

Los modos de switching para IPX son:

SWITCHING	IPX	IP
Process Switching	Por paquete	Por paquete
Fast Switching	Por paquete	Por destino
Autonomous Switching Silicon Switching	Por destino	Por destino

Por defecto, IPX no balancea carga, aunque se recomienda configurar 2, 3 o 4 caminos de balanceo.

12.1.2 Funcionamiento IPX

Los servidores Novell siempre tienen una red interna lógica. La dirección MAC interna empleada es 0000.0000.0001. cuando se solicita un servicio, un proceso de routing interno enruta los paquetes entre la red interna, donde se encuentra el servicio, y la red externa.

Los servidores mantienen la tabla RIT (Route Information Table) y SIT (Service Information Table). Ambas son enviadas mediante broadcast cada 60 segundos por defecto.

Si un cliente Novell quiere conectar con un servidor manda un GNS (Get Nearest Server) en broadcast solicitando un servicio concreto (por ejemplo archivos (tipo 4) y el servidor contesta a esta solicitud

Si hay routers en la red, mirarán en su tabla de servidores IPX (SAP table) para ver si hay un servidor en la LAN o no. Los routers mantienen su tabla de servidores IPX atendiendo a los broadcast SAP que éstos generan. Si hay varios, se escoge el más cercano, y en caso de empate, el más reciente gana.

En el caso de que no haya servidores en la LAN, el router manda un RIP al cliente

El cliente manda un NCP al servidor y queda establecida la sesión.

El comando **show novell traffic** permite analizar estadísticas de tráfico IPX, como paquetes enviados y recibidos, errores, broadcast y SAP's generados y recibidos.

Los routers Cisco leen estos broadcast y almacenan las tablas RIT y SIT para participar también en el broadcast.

Hay varias formas de encapsular IPX sobre redes Ethernet, Token Ring, FDDI o interfaces serie. En la tabla se ve la denominación para Cisco de estas encapsulaciones:

TERMINO COMÚN	TERMINO NOVELL	TERMINO CISCO	ENCAPSULACIÓN	OBSERVACIONES
Novell 802.3 raw	ETHERNET 802.3	NOVELL-ETHER	Cabecera MAC 802.3 seguida de cabecera IPX con checksum FFFF	Llamada raw Ethernet. Por defecto hasta Netware 3.11 incluida.
SNAP	ETHERNET SNAP	SNAP	Cabecera MAC 802.3 seguida de cabecera 802.2 SNAP LLC	
	FDDI SNAP	SNAP	802.2 SNAP con 8137	Por defecto en FDDI
	TOKEN RING SNAP	SNAP	802.2 SNAP con 8137	Por defecto en Token Ring
IEEE 802.3	ETHERNET 802.2	SAP o ISO 1	Cabecera MAC 802.3 seguida de cabecera 802.2 LLC	Por defecto a partir de NetWare 3.12 incluido
	FDDI 802.2	SAP o ISO 1	802.2 con E0E0 SAPS	
	TOKEN RING	NOVELL-TR (SAP?)	802.2 con E0E0 SAPS	
ETHERNET V.2	ETHERNET II	ARPA	ARPA con 8137 TYPE	
	FDDI RAW	NOVELL-FDDI		
	SERIAL	HDLC		Por defecto en serial

En un entorno bridge, se deben soportar todas las encapsulaciones a la vez. En routing, cada red utiliza una encapsulación diferente.

Para que en un mismo entorno LAN haya diferentes redes, cada una de ellas tiene que trabajar con un tipo de encapsulación diferente, y en el router se pueden crear subinterfaces, identificando en cada uno de ellos la red y el tipo de encapsulación a utilizar. Es mejor configurar todas las máquinas en la misma red.

12.1.3 Diseño de Novell IPX

A la hora de realizar el diseño de Novell, hay que optimizar el diseño, teniendo en cuenta variables como:

• Filtros de protocolos

• Diseño jerárquico

• Protocolos de routing EIGRP y NLSP

12.1.3.1 Parámetros por defecto en IPX

PARÁMETRO	VALOR POR DEFECTO
Encapsulación	NOVEL_ETHER
SAP interval	1 MINUTO
Type-20 propagation	NO
Helper-address	NO
GNS-response-delay	0
RIP update interval	1 MINUTO
SAP update interval	1 MINUTO
Fast Switching	SI

12.1.3.2 Consideraciones de configuración

Los servidores NetWare mandan un mensaje a todos sus clientes cada 5 minutos, y las aplicaciones SPX pueden utilizar keepalives. Si hay una salida DDR, estaría permanentemente activa. Por eso, hay que utilizar watchdog spoofing para IPX, y SPX spoofing

Para permitir a estaciones IPX acceder a Internet o a otras máquinas IP, pueden correr las dos pilas de protocolos, pero se necesitarían máquinas con mayor capacidad. Se puede montar un IP eXchange Gateway, que arranca ambos y actúa como un servidor IPX y como un cliente IP.

Para ahorrar AB por los IPX SAP updates:

• EIGRP

• Access-list 1000-1099

• Incremental SAP Updates

12.1.3.3 Listas de acceso IPX

Las listas de acceso para controlar el tráfico RIP y SAP son de la 800 a la 899 para las standards y de la 900 a la 999 para las extendidas. Las listas de acceso deben ser aplicadas lo más cerca del origen posible, y deben estar basadas en la red, no en el host (porque la dirección de host depende de la MAC, y podrían cambiarla). Pueden ser definidas para filtrar en entrada, en salida o por fuente origen.

- **Lista de acceso Standard:** Se lee las direcciones fuente y destino del paquete. Del 800 al 899. Ejemplo: **access-list 800 permit 2b 4d** permite tráfico desde la red 2b hasta la 4d.

- **Lista de acceso Extendida:** Se leen las direcciones fuente y destino, protocolo y socket number (puerto). Del 900 al 999

Todas las listas de acceso pueden ser nombradas o numeradas y se activan en el interface con **ipx access-group access-list-number | name [in|out]**

- **Filtros SAP:** Del 1000 al 1099. Se usan para limitar los broadcast SAP.
Access-list access-list-number {deny | permit} network [.node] [network-mask.node-mask] [service-type [server-name]]. Se activa con **ipx {output-sap-filter | input-sap-filter} access-list-number**

12.1.4 Configuración y troubleshooting

Para hacer trabajar a un router en una red IPX se activa el routing **ipx routing [node]** (habilita IPX y SAP), se configura la máxima redundancia: **ipx maximun-paths paths** (por defecto no hay balanceo) y se configuran los interfaces **ipx network network [encapsulation encapsulation-type]**. Si se hay distintas redes, se crean subinterfaces, cada una con su red y su encapsulación distinta.

Algunos comandos de verificación son:

TIPO DE COMANDO	COMANDO	SIGNIFICADO
PING	Ping	Permite conocer la conectividad con otro host. Es incompatible con los servidores Novell. Para hacerlo compatible, se puede poner el comando **ipx ping-default novell**, pero en ese caso no responderán los routers. Lo mejor es preparar ping extendido y contestar SI a la pregunta de "Novell standard echo"
COMANDOS SHOW IPX	show ipx interfaces	Muestra los interfaces, estado, tipo de encapsulación, temporizadores (SAP y RIP), filtros y estadísticas de tráfico
	show ipx traffic	Estadísticas de tráfico IPX, errores, broadcast, para los protocolos activos de IPX
	show ipx route	Tabla de rutas de Ipx
	show ipx servers	Contenido de la tabla SAP, que contiene los servidores IPX que han sido aprendidos por broadcasts SAP.
	show ipx eigrp	Muestra información de EIGRP enrutando IPX
	show ipx nlsp	Información de NLSP (Protocolo de routing para IPX)
COMANDOS DEBUG IPX (desactivar fast-switching con **no ipx route-cache** o solo se mostrara el primer paquete)	Debug ipx packet	Paquetes IPX enviados y recibidos
	Debug ipx routing	Paquetes de routing IPX enviados y recibidos
	Debug ipx sap	Paquetes de SAP enviados y recibidos. Cada paquete SAP tiene una dirección destino IPX y un socket. Un paquete IPX puede llevar 7 informaciones de SAP. Cada SAP informa de un servicio. La opción activity da una lista de sap updates con detalles. La opcion events muestra un resumen de SAP updates.
	Debug ipx ipxwan	IPXWAN es un protocolo que permite enlazar dos routers IPX a través de una WAN. Este comando visualiza las negociaciones de inicio (luego no hay, salvo en cambios)
	Debug ipx eigrp	Muestra los paquetes EIGRP cuando levan información de routing IPX
	Debug ipx mlsp	Muestra los paquetes NLSP

12.2 APPLETALK

Apple Talk es un protocolo de red que tiene las siguientes ventajas:

- Facilidad de utilización

- Minimiza el tráfico broadcast

- Escala a gran tamaño

- Soporta policy routing

- Interopera con IP

Apple Talk tiene dos versiones, llamadas fase I y fase II. Hay que utilizar la fase II únicamente, ya que la fase I sólo permite 253 estaciones en un segmento (254 direcciones). La comunicación entre la fase I y la fase II es complicada, por lo que hay que usar sólo la fase II.

La fase II soporta varios rangos de cable por zona y varias zonas por rango de cable.

12.2.1 Protocolos Apple Talk

La pila de Apple Talk es como la de la tabla:

IP network applications	AppleTalk network applications		Routing	Chooser	
MacTCP supports IP stack	AppleTalk higher layers				
	ATP	ADSP	RTMP	NBP	
				ZIP	
	DDP				AARP
Physical and data link layers					

Protocolos Apple Talk:

- **AARP (Apple Talk Address Resolution Protocol):** Protocolo similar a ARP

- **DDP (Datagram Delivery Protocol):** Protocolo de nivel 3 que realiza las funciones de IP.

- **NBP (Name Binding Protocol):** Traduce nombres a números. Utiliza broadcast. En AppleTalk se utiliza NBP para decidir el servidor que quiere ser empleado. NBP solicita un determinado servicio en modo broadcast, y muestra en la pantalla (aplicación chooser) todas las opciones encontradas. Tiene tres componentes, de los cuales en el query van dos, y la respuesta levará el tercero:

  - Nombre del objeto
  - Tipo
  - Zona

- **ZIP (Zone Information Protocol):** Utiliza broadcasts.

- **RTMP (Routing Table Maintenance Protocol):** Protocolo de routing similar a RIP. Utiliza broadcast para los updates.

- **ADSP (Apple Talk Data Stream Protocol)**

- **ATP (Apple Talk Transaction Protocol):** Protocolo similar a TCP o SPX

- **ASP (Apple Talk Session Protocol):** Gestiona las sesiones.

12.2.2 Funcionmiento de Apple Talk

El usuario abre el "chooser" en su cliente y el cliente entonces manda una solicitud GetZoneList a la red. El router contesta con un GetZoneList reply, basándose en su tabla AppleZone.

Entonces, el cliente actualiza el "chooser" con los servicios disponibles para el usuario. Cuando el usuario selecciona el servicio al que quiere acceder, el cliente manda un NBP (Name Binding Protocol) request, que es reenviado a todos los routers de esa zona apple talk.

Todos los servidores de esa zona que ofrecen ese servicio contestan (unicast) al cliente, que muestra en la aplicación la lista de los posibles servidores. El usuario selecciona el servidor

Se inicia el protocolo ATP (AppleTalk Transaction Protocol) entre el cliente y el servidor, y se permite el tráfico de los protocolos de nivel superior (por ejemplo AFP para archivos).

El comando **show appletalk traffic** muestra información sobre tráfico AppleTalk, como paquetes enviados y recibidos, errores, etc.

Si se quiere configurar un router para que aprenda la zona de otro router, se pueden poner dos comandos, que en principio hacen lo mismo:

- appletalk cable-range 0-0

- appletalk discovery

12.2.3 Routing Apple Talk

12.2.3.1   Route Table Maintenance Protocol

RTMP trabaja de un modo similar a como lo hace RIP. El número mayor de saltos es 15, y manda un update cada 10 segundos. Un paquete contiene un tuple, que indica el rango de cable y el número de saltos.

RTMP siempre utiliza split horizon, que limita la conectividad en entornos NBMA.

Cisco no anuncia una red Apple Talk hasta que conoce la correspondiente información de zona. De este modo es más lento, pero se evitan tormentas de ZIP.

El efecto de RTMP sobre el ancho de banda está determinado por:

- Un paquete RTMP contiene entre 100 y 200 tuples

- Se genera un tuple por cada rango de cable (usando split horizon)

- Un paquete DDP tiene hasta 600 bytes

- RTMP transmite la tabla por cada interface cada 10 segundos

12.2.3.2   AURP

En el backbone (enlaces WAN), puede utilizarse AURP, dejando RTMP en el acceso. AURP es un protocolo de estado de enlace que permite:

- Reducir el tráfico en enlaces WAN porque sólo se envían actualizaciones, no la tabla completa, como RTMP.

- Crear túneles a través de redes IP

- Seguridad, incluyendo "ocultación" de redes y hosts

- Remapeo de números de redes, para evitar conflictos, si hay solapamiento entre las redes remotas.

- Internetwork cluster, para minimizar tráfico de routing y necesidades de almacenamiento.

- Reducción de cuenta de saltos, para crear redes mayores.

12.2.3.3   EIGRP

EIGRP soporta Apple Talk. Si se utiliza EIGRP, se reduce el tráfico en los enlaces WAN (sólo manda updates). Si se monta EIGRP en el backbone se permite escalar el tamaño de la red Apple Talk, ya que mantiene intacto el número de saltos. EIGRP ve la red RTMP como un único salto de 9600 bps. Montar sólo en la WAN, dejando la LAN en RTMP.

12.2.4 Filtros Apple Talk

Hay 4 formas de filtrar Apple Talk:

- **Filtro GetZoneList:** Filtra información ZIP entre routers y hosts. Oculta determinadas zonas a usuarios de determinadas redes. No escala, porque debe ser configurado cada router

- **Filtro ZIP reply:** Oculta información de zonas entre áreas de manera fácil. Utilizado entre dominios administrativos.

- **Filtro NBP:** Filtra paquetes NBP, para ocultar servicios

- **Distribute list:** Controla los broadcast de RTMP entre routers. Para bloquear cable ranges. No utilizar para ocultar zonas.

12.2.5 Diseño de Apple Talk

Una red Apple Talk está identificada por un número de 16 bits. Puede haber más de una red en cada cable físico (un rango). La organización de estas redes facilita el troubleshooting. Pueden organizarse por edificio, por planta, por oficina, etc. Los rangos de los cables no pueden solaparse, ya que no funcionaría el routing. (Como en IP)

Para poner líneas de backup, se pueden utilizar rutas estáticas flotantes

La comunicación entre estaciones Apple Talk se hace con NVE's (Network Visible Entities). Un NVE está compuesto por el número de la red, el número de nodo y el socket. Realmente identifican algo similar a IP+Puerto. Por ejemplo, el PING es el socket 4. Cada socket puede ser nombrado, con un nombre que identifique el servicio, por ejemplo impresora@ingenieria sería una impresora en la zona ingenieria. Un NVE tiene 32 bits (16 de red, 8 de nodo y 8 de socket)

Las zonas deben ser nombradas con nombres que identifiquen realmente dónde se está refiriendo (Marketing, Ingeniería, etc). Los enlaces WAN se pueden nombrar como ZZZ WAN, para que aparezcan al final de la lista. Se puede configurar un filtro para que las que comiencen con "ZZZ" no aparezcan en la lista. Evitar las WAN en la misma red.

Hay que mantener localizadas las zonas que se configuran. Una zona con conexión a varias es ideal para colocar los servicios a los que todo el mundo accede. En caso contrario, es mejor distribuir los servicios. Hay que limitar el número de zonas que tienen que atravesar una WAN. Si se usa DDR, asegurar que no se levantará innecesariamente el enlace.

Cuando se abre el chooser, se manda un query que solicita al router todas las zonas conocidas. Cuando se pincha sobre una zona, se mandan NBP a la zona, para solicitar todos los servicios de esa zona (como en un explorer). Si en la zona hay muchos servicios, se ha de mandar mucho tráfico NBP, por lo que es mejor mantener las zonas pequeñas.

DDP es lento en tunneling IP, pero a veces es mejor esto que arrancar AppleTalk en toda la red de backbone. Si se utiliza DDP para tunneling IP, hay que poner EIGRP en el backbone. Sirve para conectar LAN aisladas. Utilizar una topología en estrella. Puede existir alguna degradación.

Algunas recomendaciones en el diseño de Apple Talk son:

- Well laid-out zones
- Filtros de protocolos
- Diseño jerárquico
- Protocolos de routing EIGRP y AURP

12.2.6 Troubleshooting de Apple Talk

12.2.6.1 Comandos

TIPO DE COMANDO	COMANDO	SIGNIFICADO
PING Y TEST	ping appletalk	Permite conocer la conectividad con otro host.
	test appletalk	Permite detectar problemas en nodos. Tiene las opciones siguientes: - **Confirm:** Manda un paquete de confirmación NBP a una entidad específica. - **Lookup:** Busca una NVE (Network Visible Entity) - **Poll:** Busca todos los dispositivos en todas las zonas.
COMANDOS SHOW APPLETALK	show appletalk interface	Muestra información sobre los interfaces que tienen Apple Talk configurado
	show appletalk route	Muestra la tabla de rutas de AppleTalk. No pueden ser borradas con **clear appletalk route *** , solo pueden borrarse individualmente una a una
	show appletalk zone	Muestra el contenido de la ZIT (Zone Information Table). Contiene rango de cables, y nombre de la zona.
	show appletalk access-list	Listas de acceso Apple Talk configuradas.
	show appletalk adjacent-routes	Muestra las redes directamente conectadas y las que están a sólo un salto.
	show appletalk arp	Tabla ARP Apple Talk
	show appletalk globals	Muestra la configuración global de Apple Talk. (Número de entradas en la tabla de rutas y de zonas, logging, temporizadores de ZIP, RTMP y AARP, protocolo en uso, etc.
	show appletalk name-cache	Muestra la información del caché que almacena NBP nombres y servicios.
	show appletalk neighbors	Routers directamente conectados
	show appletalk traffic	Estadísticas de tráfico Apple Talk
COMANDOS DEBUG APPLE	debug apple arp	Debug de los paquetes de AARP
	debug apple errors	Muestra errores apple talk
	debug apple events	Eventos de appletalk: - Line down - Restarting - Probing (probando una dirección) - Acquiring (mandando solicitudes GetNetInfo) - Requesting zones - Verifyng - Checking zones - Operational
	debug apple nbp	Actividad del protocolo NBP (Nombres)
	debug apple packet	Todos los paquetes apple
	debug apple routing	Paquetes de routing RTMP
	debug apple zip	Actividad del protocolo ZIP (Zone Information Protocol)

12.2.6.2 Fallos comunes en AppleTalk

- **Error de configuración:** Routers adyacentes no tienen la misma información del rango de cable o del nombre de la zona.

- **Rangos de cable duplicados en la red**

- **Incompatibilidad entre Apple Talk fase I y fase II**

- **Tormentas ZIP:** Un error de configuración puede causar que los routers reciban información inconsistente acerca del rango de cable de una zona y estén mandando queries ZIP indefinidamente.

- **Temporizadores de routing inconsistentes.**

- **Mucha carga en la red:** Puede causar que una red haga flapping, ya que no se puede mandar la información de la ruta en el tiempo marcado por los temporizadores.

12.3 WINDOWS NETWORKING

Windows networking es una pila de protocolos que permite a estaciones Microsoft establecer comunicaciones entre ellos. Tiene dos tipos de agrupación:

- **Grupos de trabajo:** Cualquier PC puede pertenecer a cualquier grupo de trabajo, o crear uno nuevo

- **Dominios:** Es una entidad más formal, un servidor de dominio (Windows NT con la aplicación Primary Domain Controller PDC) decide quien pertenece o no al dominio. El término de dominio empleado aquí no debe confundirse con el dominio usado por los DNS.

12.3.1 Protocolos de Windows Networking

- **NETBIOS:** NetBIOS es un protocolo de la capa de sesión ideado para servir de base (API - Application programming interface) a todas las aplicaciones que corren sobre PC, y que necesitan de comunicación con otros PC's. Está diseñado para trabajar sólo en entorno LAN. Actúa como API para crear aplicaciones LAN como IBM LAN server, Microsoft LAN Manager y OS/2. Permite crear grupos de trabajo en LAN. El soporte de NetBIOS está estandarizado. NetBIOS se emplea para compartir archivos e impresoras, mensajes entre hosts, autenticación y resolución de nombres La pila de protocolos de NetBIOS es como sigue:

Capa OSI	NetBIOS		
7 Aplicación	Redirector		
6 Presentación	Server Message Block (SMB)		
5 Sesión	NetBIOS		
4 Transporte	NetBEUI	NWLink	NBT
3 Red		IPX	IP
2 Enlace	Tarjeta de red		
1 Física	Tarjeta de red		

- **REDIRECTOR:** Dirige las solicitudes de red a los servidores, y los comandos locales al sistema operativo local.

- **Server Message Block:** Proporciona un lenguaje peer-to-peer y formatos para comunicación entre aplicaciones.

- **NetBEUI:** NetBEUI es un protocolo de transporte que trabaja en las capas 3 y 4 OSI, pero no incluye un esquema de direccionamiento lógico, con lo que no puede ser enrutado. Sólo puede trabajar en un entorno LAN y utiliza las direcciones MAC como direccionamiento lógico. Es poco escalable, pero es bueno para redes muy pequeñas. Es necesario montar Soure-Route Bridging (SRB) para transportarlo en un router.

- **NWLink:** Protocolo de transporte que encapsula NetBIOS sobre IPX. Recomendado en redes pequeñas y medianas que ya tienen IPX. No necesita configurar dirección en los hosts finales. Utiliza paquetes tipo 20 donde encapsula la información de NetBIOS. Para configurarlo **ipx type-20-propagation**.

- **NBT:** Protocolo de transporte que encapsula NetBIOS sobre TCP/IP. Recomendado para redes medianas y grandes. Necesaria para redes que incluyen enlaces WAN. Depende de la política de direccionamiento IP, que puede ser asignada manualmente o con un servidor DHCP.

12.3.2 Funcionamiento de Windos Networking

En Windows se utiliza un browser, en el que aparecen todas las máquinas conectadas en la Red. Cada cliente registra su nombre periódicamente mandando un broadcast con él.

Los métodos de traducción entre la dirección y el nombre son:

- **Broadcast:** Un browser designado mantiene una lista de todos los recursos de la red. Todos los PC's mandan su nombre en modo broadcast, por lo que esta solución no escala bien, y no es recomendada. Es la solución por defecto.

- **LMHOSTS:** El PDC (Primary Domain Controller) mantiene una lista con los nombres y las direcciones IP de todas las máquinas de todos los dominios de la red, no sólo el suyo. Todos los clientes deben ser configurados con la dirección del LMHOST y el path del archivo. Por eso, no escala bien, y no es recomendado. El tráfico es unicast contra el LMHOST server.

- **WINS:** (Windows Internet Name Server). Los clientes pueden estar en diferentes redes IP. El registro es dinámico y se hace browsing sin tener que mandar broadcast. El servidor WINS traduce nombres NetBIOS a direcciones IP. Para compatibilidad con sistemas viejos, el método de broadcast permanece activo por defecto.

- **Internet DNS:** Los nombres deben registrarse estáticamente en el servidor de DNS. Para hacer esta operación dinámica, el servidor DNS puede consultar la tabla de un servidor WINS.

12.3.3 Acceso Remoto

Windows 95 dispone de herramientas que permiten a usuarios móviles acceder a las redes corporativas mediante dialup. Dispone de herramientas para:

- Acceder a una cuenta de correo (Microsoft Exchange y Microsoft Mail workgroup post office).

- Maletín (Briefcase): Para mantener actualizados los archivos entre un portátil y un PC de sobremesa

- Imprimir en diferido: Windows dispone de un método para poder imprimir y que los archivos queden pendientes hasta que se detecta una impresora.

El software de dialup de Windows 95 requiere uno o más módems compatibles o un adaptador RDSI y entre 2 y 3 MB de disco duro e incluye:

- Cliente y servidor de dialup

- Protocolos de conexión (Netware connect, PPP (con los NCP: IPCP, IPXCP y NBFCP), RAS, SLIP y CSLIP)

- Protocolos de LAN (IPX/SXP, TCP/IP, NetBEUI)

- Servidores de red

- Medidas de seguridad

Windows NT, para autenticación, incluye PAP, CHAP y MSCHAP, pero por defecto está configurado sólo CHAP.

12.3.4 Diseño de Windows networking

Confiabilidad de dominios. Se pueden crear varios tipos de dominios, de modo que actúan entre ellos para permitir una escalabilidad mayor. Se definen 4 tipos de dominios:

- **Dominio simple:** Es un dominio pequeño, para redes pequeñas o medianas

- **Dominio global:** Organizaciones sin una estructura central. Cada dominio confía en los demás.

- **Dominio Master:** Todos los dominios confían en el dominio Master, pero éste no confía en ningún otro. Para una organización en la que cada grupo organiza sus propios recursos, pero deben autenticarse de manera centralizada

- **Múltiples Dominios Master:** Varios dominios master, que confían entre ellos.

Un correcto diseño de NetBIOS, sería el que utilice:

- Usar NWLink o NBT

- Filtros de protocolos

- Diseño jerárquico

12.4 SNA

SNA es una arquitectura jerárquica, con un único host central. La carga del host se reduce con el empleo de un Front-end Processor (FEP), que coge el control de la manipulación de caracteres y del proceso de polling. El FEP es un dispositivo 37x5 que tiene un software llamado NCP (Network

Control Program). El host principal tiene una aplicación llamada VTAM (Virtual Telecommunications Access Method)

12.4.1 Componentes SNA

Todas las comunicaciones de SNA son entre NAU's (Network Addressable Units). Hay varios tipos de NAU's:

- **Logical Unit (LU):** El LU principal está asociado con las aplicaciones del host. El LU secundario está asociado con los usuarios finales.

- **Physical Unit (PU):** En cada nodo de tipo 5, 3 y 2. Comunica con SSCP. Utilizado para controlar y monitorizar los recursos físicos.

- **System Services Control Point (SSCP):** Parte del VTAM en el host. Controla todas las sesiones en el dominio SNA.

La arquitectura de SNA está reflejada en la tabla:

Dispositivo	Software	Aplicación
Tipo 5 Host Computer ó Mainframe (ES9000 o 370)	VTAM SSCP	Controla todas las comunicaciones del dominio. Tiene el Primary LU
Tipo 4 Communication controller ó FEP (3745)	**NCP**	Se encarga del polling
Tipo 2 Enterprise controller ó Cluster controller (3174)		Tiene el Secondary LU.
Terminal (3270)		Usuario

Un área es toda la red que depende de un Tipo 5. Un subárea es toda la red que depende de un Tipo 4. La subárea es la base para el direccionamiento SNA. Los dispositivos son numerados dentro del mismo.

Cuando un terminal quiere comunicarse con una aplicación del host principal, se establece una sesión entre el PLU y el SLU. La sesión se establece con un mensaje al SSCP, seguido de un mensaje del PLU al SLU.

12.4.2 Gateways Token Ring

El terminal más corriente es un PC. Los entornos SNA están típicamente conectados en redes Token Ring. Para que un PC conectado a una red Token Ring pueda tener acceso a los recursos de SNA, necesita de un gateway. Hay dos categorías de gateways:

- **PU Gateway:**

  o Dispositivo Token ring que aparece como un nodo tipo 2. Normalmente es un PC.
  o Cada PC establece una sesión con el VTAM. Resulta una mayor carga en el host.

- **LU Gateway:**

- o Dispositivo Token Ring (PC) que aparece como un LU. El PU es un PC con algún protocolo desktop (Miltec con NBT; Novell SAA server con NWlink).
- o Cada PC establece una sesión NetBIOS con el gateway (LU), y él establece una única sesión contra el VTAM. Se reduce la carga del host. Si el host está remoto a los terminales (con un enlace WAN en medio, que debe ser transparent bridging), este gateway se puede poner cercano al host o al cliente. Es mejor esto último, porque reduce el tráfico en la WAN.
- o Para establecer una sesión LU-LU, tienen que estar establecidas las sesiones SSCP-PU y SSCP-LU.

12.4.3 Requerimientos de SNA internetworking

Antes, el Mainframe estaba considerado como un súper computador central donde corrían todas las aplicaciones. Hoy, en cambio, el mainframe se ve como un repositorio para mantener muchas aplicaciones cliente / servidor. Los recursos se van distribuyendo entre los terminales (PC) y el mainframe. La estrategia de migración para conseguir esto es:

- Situación anterior:
  - o Muchos FEP y muchos enlaces SDLC
  - o Unos pocos enlaces BSC
  - o Algunos Token Ring

- Acciones:
  - o Eliminar los FEP remotos, y sustituirlos por routers de bajo coste
  - o Incorporar Frame Relay (RFC 1490) (TR sobre FR)
  - o Montar tunneling RSRB o STUN

12.4.4 SNA Token Ring internetworking

El protocolo de transporte para los túneles RSRB puede ser:

- **Local SRB:** No hay encapsulación para continuar el camino Token Ring. Bajo overhead.

- **Directo:** Encapsulación en capa de enlace para enlaces punto a punto. Bajo overhead.

- **Frame Relay:** Para configuraciones en estrella. Bajo overhead

- **IP FST:** Encapsulación en IP para routing. Requiere más overhead pero es rápido

- **TCP:** Encapsulación en TCP para fiabilidad. Requiere más overhead que otros.

Los dispositivos se mandan ACK's en sus comunicaciones en LLC2. El túnel puede transportar estos ACK, o emularlos en los routers locales, para disminuir el tráfico en la WAN.

El protocolo de transporte para los túneles STUN puede ser:

- TCP para soportar local ACK

- HDLC para enlaces serie

- Serial direct (entre puertos serie del mismo router)

SDLLC es un método de conversión que permite conectarse a controladores SDLC remotos. Conserva los puertos FEP. Termina LLC2 en un lado y SDLC en el otro. Tiene local ACK.

Si se usa junto con RSRB se permite ACK local en el lado LLC2, mantiene las sesiones SNA. Los routers se conectan con un túnel TCP. Permite 7 saltos.

Una alternativa a RSRB es DLSW (Data Link Switching). Permite integrar tráfico SNA y NetBIOS (LLC2) sobre TCP/IP. Soporta terminación RIF y LLC2, soporta balanceo de carga, permite routers peer de backup. Tiene compatibilidad hacia atrás con RSRB y STUN. Se corta el tráfico de paquetes exploradores en la WAN. No permite analizadores de protocolo, permite 6 saltos.

APPN es la segunda generación de SNA. Permite routing peer-to-peer, sin que sea necesario el mainframe. Reduce la definición del sistema. Permite clase de servicio. Consolida el tráfico de un subárea y cliente / servidor.

En APPN hay:

- **Network Node (NN):** Un router en una red APPN

- **End Node (EN):** Un host con una aplicación

- **Low Entry Node (LEN):** Permite comunicaciones entre nodos sin necesidad de VTAM (AS400, S36). No proporciona routing

- **Composite Network Node (CNN):** Tiene la funcionalidad de VTAM.

Channel Interface Processor (CIP) es un port adapter para un Cisco 7000 o 7500, que permite al router actuar como FEP. Soporta IP, SNA y APPN.

12.4.5 SNA internetworking topologies

- **Diseño Dual FEP:** Dos FEP, conectados a dos redes TR donde están conectados dos routers. Si se rompe un anillo Token Ring, se pierde la sesión (balanceo por sesiones)

- **Diseño Dual Backbone:** Dos FEP, conectados a dos redes TR donde se conectan los terminales a través de bridges.

- **Diseño Dual Collapsed Backbone:** Igual que el anterior, pero los anillos TR de los hosts salen todos de los routers

- **Simplest RSRB Model:** Un FEP conectado a un router con túneles RSRB a todos los demás.

- **Two-Layer Hierarchy:** Igual que el anterior, pero muchos routers conectados a los FEP.

En SNA, se puede montar Priority queuing o Custom queuing, para dar la máxima prioridad a los paquetes SNA, ya que son muy sensibles a retardos.

13 VOZ SOBRE IP (VoIP)

13.1 PACKET VOICE

La voz puede ser digitalizada y paquetizada en tramas IP. Los routers de Cisco soportan esta digitalización directamente, mediante unos puertos de voz que simulan ser líneas de teléfonos. Internamente, mantienen una tabla de traducciones de números de teléfono a direcciones IP, de modo que pueden utilizarse servicios de voz sobre la red de datos.

Si el router comprueba que no disponer de ancho de banda suficiente para transmitir la señal de la voz, podría realizar una llamada tradicional a través del enlace de un operador. En el ejemplo se configura el router A:

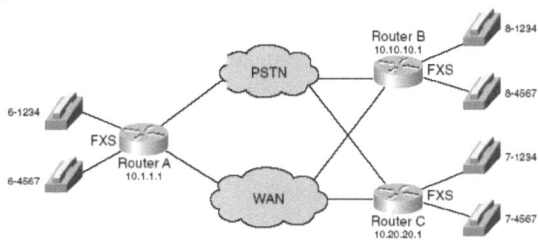

```
dial-peer voice 6000 pots
   destination-pattern 61234
   port 1/1
dial-peer voice 6001 pots
   destination-pattern 64567
   port 1/2
dial-peer voice 8000 voip
   destination-pattern 8....
   session target ipv4:10.10.10.1
   ip precedence 5
dial-peer voice 8000 voip
   destination-pattern 8....
   session target ipv4:10.20.20.1
   ip precedence 5
interface serial 0
   ip address 10.1.1.1 255.255.255.0
   ip rtp header-compression
   ip rtp heade-compression-connections 25
voice port 1/1
voice port 1/2
```

13.1.1 Puertos

Existen varios puertos a los que se pueden conectar teléfonos y conmutadores de voz (PABX):

- **Foreign Exchange Station (FXS):** Para conectar un teléfono. Proporcion señalización.

- **Foreign Exchange Office (FXO):** Para conectar a una centralita o a la PSTN. Simula un telefono

- **Ear and mouth (E&M):** Enlace nalógico para cnetar a una centralita. Soporta señalización.

- **Channelized T1 (or E1):** Enlace digital para conectar a una centralita o la PSTN.

13.1.2 Erlangs

Es una medida que representa el uso continuado de un canal de voz. Describe el volumen total de tráfico en una hora:

Si un grupo de usuarios hacen 20 llamadas por hora, y cada llamada es de 10 minutos, los erlangs son:

20 llamadas/hora x 10 minutos/llamada = 200 minutos/hora
Volumen de tráfico = 200 / 60 = 3'33 erlangs.

13.1.3 Voice Activity Detection (VAD)

VAD permite detector los momentos de silencio de una conversación, y no enviar tráfico de datos durante estos espacios, para ahorrar ancho de banda. En su lugar, proporciona Comfort Noise Generation (CNG), que genera localmente ruido blanco en os momentos de silencio. Para activarlo:

```
dial-peer voice 00 voip
  destination-pattern +12817810300
  vad
  session target ipv4 :1.1.1.1
```

13.2 REAL TIME PROTOCOL (RTP)

RTP es un protocolo de capa de sesión que se monta sobre UDP para transmitir señales que precian ser tratadas en tiempo real, como la voz. Real Time Control Protocol (RTCP) viaja sobre otro puerto difrente a RTP y sirve para el control de este.

Compressed RTP (CRTP) es una forma de comprimir las cabeceras RTP, para aumentar la efectividad del protocolo.

13.3 CODECS

Los CODECS son algoritmos que digitalizan la señal de la voz que modficando parámetros como frecuencia de muestreo, bit por muestra, etc alcanzan diferentes calidades y velocidades de la voz paquetizada. La tabla muestra algunos de ellos:

CODEC	BIT RATE
G.711u	64 Kbps
G.711a	64 Kbps
G.723.1	6.3 Kbps o 5.3 Kbps
G.726	10 / 24 / 32 / 40 Kbps
G.729	8 Kbps

13.4 H.323

H.323 es un estándar de la ITU que define soluciones para transportar protocolos multimedia sobre IP. Describe los siguientes elementos:

• **Terminales:** Teléfonos, video phones, sistemas de voice mail, etc

• **Multipoint Control Unit (MCU):** Gestiona conferencias multipunto

• **Gateway:** Para traducir el medio IP por l analógico.

• **Gatekeeper:** Admisión, control y resolución de direcciones

• **Border elements:** Colocado con los gatekeepers, proporciona resolución de direcciones y participa en la autorización de las llamadas

Los terminales H.323 deben soportar los siguientes estándares:

• **H.245:** Mensajes para abrir y cerrar canales para stream de datos.

• **Q.931:** Establecimiento y señalización de llamadas

• **H.225:** Control

• **RTP/RTCP:** Protocolo que realiza el transporte de la voz.

De todos modos, H.323 define bastantes más estándares:

VÍDEO	AUDIO	DATOS	TRANSPORTE
H.261	G.711	T.122	RTP
H.263	G.722	T.124	H.225
	G.723.1	T.125	H.235
	G.728	T.126	H.245
	G.729	T.127	H.450.1
			H.450.2
			H.450.3
			X.224.0

13.5 SESSION INITIATION POTOCOL (SIP)

Definido por la IETF RFC2543. Es un alternativa a H.323. Es un protocolo de la capa de aplicación para crear, modificar y terminar conferencia multimedia, llamadas de teléfono, etc. La comunicación entre los miembros puede ser multicast, unicast o una combinación de estas.

SIP incorpora los siguientes protocolos:

- Resource Reservation Protocol (RSVP)
- Real Time Protocol (RTP)
- Real Time Streaming Protocol (RTSP)
- Session Announcement Protocol (SAP)
- Session Description Protocol (SDP)

SIP soporta movilidad, utilizando servidores proxy y redirects para localizar al usuario. Los componentes de SIP son:

- SIP user agent
- SIP proxy server
- SIP redirect server
- SIP registrar server
- SIP location services
- Bck-to-back user agent

13.6 SIGNALING SYSTEM 7 (SS7)

SS7 es un standard internacional de la ITU que permite a las llamadas de voz ser enrutadas y controladas por centros de control centralizados. SS7 implementa call setup, routing y control, que asegura que las centrales de la ruta están disponibles antes de poner la llamada. Con SS7 las operadoras ofrecen servicios de red inteligente.

Proporciona mecanismos para intercambiar mensajes de control con las centrales públicas. Los mensajes SS7 viajan sobre un canal separado que está reservado para la comunicación de voz (Out-of-band signaling). Los elementos de una red SS7 son los siguientes:

- **Signaling Control Pont (SCP):** Bases de datos que proporcionan la información necesaria para el procesado de una llamada.

- **Signalng Transfer Point (STP):** Recibe y enruta los mensajes del SCP a sus destinos.

- **Signaling Switching Point (SCP):** Centrales telefónicas equipadas con software S7 y enlaces de señalización.

14 SEGURIDAD

Antes de controlar el acceso es necesario crear una política de acceso, que es un documento donde se recogen todos los parámetros de seguridad que hay que tener en cuenta, incluyendo en él el acceso físico y de administración a los elementos de red, pertenencia de los usuarios a una VLAN determinada, acceso a los servicios de la empresa, tráfico permitido y denegado y filtrado de rutas.

Esta política de seguridad ha de ser lo más simple posible y se ha de aplicar a los sistemas de firewall que se usen. La política de seguridad ha de cumplir con las siguientes consideraciones:

- Tener un especialista en seguridad dedicado a ello

- Determinar cuánta seguridad es necesaria

- Facilidad de configuración y uso del sistema

- Determinar los datos que pueden ser vistos desde el exterior.

- Cuantificar el coste del sistema de seguridad

- Implementar un diseño robusto y simple.

Hay varios aspectos de seguridad que pueden ser empleados: firewalls, gestión de accesos, seguridad en los hosts, encriptación, etc.

Para instalar un firewall, se han de diferenciar dos redes, la de servidores externos (DMZ), visibles desde el exterior (FTP, HTTP, etc) y servidores privados.

Adicionalmente, un firewall puede dar otros servicios, como NAT, proxy, filtrado, accounting, login para acceder a la red.

En el firewall, hay que bloquear todos los servicios que no se utilicen. Se recomienda:

- Desactivar VTY para que no haya accesos TELNET

- No usar protocolos de routing dinámicos, sólo rutas estáticas.

- Desactivar el servidor TFTP

- Usar password encription

- Desactivar el servicio de proxy

- Desactivar el servicio finger

- Desactivar el IP redirects

- Desactivar caché de rutas

- No hacerlo servidor de MOP ni MacIP

- Activar sólo los servicios empleados (FTP, HTTP, etc)

- Bloquear el tráfico desde los routers de firewall a otros puntos, de modo que si lo atacan, no puedan acceder a ninguna parte.

- Evitar IP spoofing, denegando cualquier paquete que entre a la red con IP origen de la red interna.

14.1 AUTHENTICATION, AUTHORIZATION AND ACOUNTING (AAA)

AAA Está compuesto por:

- **Authentication:** Determina la identidad de los usuarios que pretenden acceder a la red

- **Authorization:** Permite limitar los servicios a los que pueden acceder cada usuario.

- **Accounting:** Se almacenan el tiempo o el uso de los distintos servicios, para facturación o estadísticas.

En los routers, el AAA se asocia bien a modo carácter o a modo paquete, con excepción del comando **aaa accounting system**. En la tabla se refleja la idea:

MODO	PUERTOS	AAA COMMAND
character (line mode or intercative login)	tty, vty, aux, con	login, exec, nasi connection, arap, enable, command
packey mode (interface mode or link protocol session)	async, group-async, bri, pri, serial, dialer profiles, dialer rotaries	ppp, network, arap

Para configurarlo:

COMANDO	SIGNIFICADO
(config)# aaa new-model	Activa AAA en el router
(config)# tacacs-server host [IP] [single-connection]	Define el servidor TACACS+. Con la opción single-connection, se abre una única sesión con el servidor, y se mantiene abierta, en lugar de una por autenticación
(config)# tacacs-server key [password]	Define la password de TACACS+
(config)# radius-server host [IP]	Define un servidor RADIUS
(config)# radius-server key [password]	Define la password de RADIUS

(config)# aaa authentication [login | enable | arap | ppp | nasi] [default | nombre] [metodo1][metodo2][metodo3][metodo4]	Define la autenticación para:
	  login (acceso al router)
	  enable (acceso en modo enable)
	  arap (inicio de sesión appletalk)
	  ppp (inicio de sesión ppp)
	  nasi (inicio de sesión netware)
	Se puede poner un nombre o dejarlo como Default. Si se define nombres, se puede autenticar de manera distinta en cada acceso.
	Los métodos de autenticación son:
	  enable (se usa la password de enable)
	  line (se usa la password de la linea)
	  local (password local)
	  none (no autentica)
	  tacacs+
	  radius
	  guest (permite acceder sin password (para arap)
	  auth-guest (permite el acceso sin password si el usuario se ha logado como exec)
	  if-needed (si ya ha sido autenticado, no se vuelve a hacer)
	  krb5 (usa kerberos 5)

(config)# aaa authorization [network | exec | commands level | reverse-access] [if-authenticated | local | none | radius | tacacs+ | krb5-instance]	Define la autorización para:
	  Network (todos los servicios de red (ppp, SLIP, arap, etc)
	  Exec (acceso al propio router)
	  Commands level (privilegio de acceso exec)
	  Reverse-access (para reverse telnet)
	Los métodos de autorización son:
	  If-authenticated (si ha sido autenticado, se le autoriza)
	  Local (se usa password local)
	  None (siempre se autoriza)
	  Radius
	  Tacacs+
	  Krb5-instance (Se usa kerberos)

(config)# aaa accounting [comamnd level | connection | exec | network | system] [start-stop | stop-only | wait-start] [tacacs+ | radius]	Defina el accounting para:
	  Command level (audita todos los niveles de EXEC)
	  Connection (audita las conexiones como rlogin o telnet)
	  Exec (audita el proceso EXEC)
	  Network (audita el acceso a los servicios de red)
	  System (audita todos los procesos del sistema, como reload)
	La información almacenada será del tipo:
	  Start-stop (cuando empieza y cuando acaba)
	  Stop-only (solo cuando acaba)
	  Wait-start (como start-stop, pero no inicia el servicio hasta que el start es confirmado)
	Y puede ser almacenada en TACAS+ o en RADIUS

14.1.1 AAA con virtual profiles

La información de los virtual profiles puede ser almacenada en un servidor AAA. El proceso puede ser como el que sigue:

- Se comprueba la autenticación

- Se copia el virtual access interface desde el virtual template interface

- Se solicita al AAA la información de configuración para el usuario

- Se aplica la configuración recibida al virtual access interface

14.1.2 Cisco access control solutions

Las opciones de Cisco para dotar de seguridad una red de acceso son:

- **Clientes:** Los clientes pueden usar tarjetas token Card como medida de seguridad en dialup. Se soportan las tarjetas SDI, Enigma y CryptoCards

- **Protocolos de cliente:** IOS soporta PPP, CHAP, PAP y MS-CHAP. Se recomienda el uso de PPP+CHAP

- **Servidores de acceso:** En ellos se pueden configurar dialer profiles, access control list, per user access control list, lock and key, túneles L2F y L2TP y Kerberos V.

- **Protocolos en la central:** TACACS+, RADIUS y Kerberos V.

- **Servidores de seguridad:** CiscoSecure cubre muchas soluciones de seguridad, como servidores AAA para UNIX y NT, y firewall PIX para NT.

Cisco Secure Access Control Server (ACS) es un servidor AAA que soporta las tarjetas Token. Es administrado a través de un interface web java. Dispone de un método que suprime una cuenta si hay varios intentos fallidos, para prevenir la fuerza bruta. También dispone de un medio para conocer el número de accesos consecutivos de cada usuario, y limitarlo (a uno salvo que sea una RDSI).

14.1.3 CiscoSecure

Herramienta para controlar los accesos remotos. Trabaja con firewalls, servidores de acceso y routers. El CiscoSecure tiene tres componentes principales:

- **Servidor AAA**

- **Netscape FastTrack Server:** Servidor WEB para su gestión. Desde él se pueden crear, borrar o modificar los permisos de las cuentas. El cliente debe soportar java.

- **Relational Database Management System (RDBMS):** Es una base de datos interna y no escalable, pero CiscoSecure puede ser conectado a una base externa

También incluye el CryptoCard Authentication Server, pero no es necesario instalarlo si no se va a usar.

14.1.4 Kerberos

Kerberos: Kerberos es una muy segura forma de autenticación. Utiliza un KDC (Key Distribution Center). El KDC autentica al sistema y genera un ticket para él. El usuario que pretende acceder al sistema solicita antes un ticket al KDC, que luego presenta al sistema al que pretende acceder. De este modo ambos son autenticados, servidor y cliente. La criptografía utilizada para el intercambio de tickets es simétrica. El sistema necesita disponer de una buena fuente de tiempo (Servidor NTP o similar), ya que se basa en un análisis de tiempos para entregar tickets.

14.1.5 TACACS

Protocolo de control de acceso. Cisco tiene tres versiones:

- **TACACS:** Primera implementación del protocolo. Es un estándar, y ya no está soportada por Cisco

- **Extended TACACS (XTACACS):** Extensión de TACACS que proporciona información adicional del router. Ya no está soportada por Cisco

- **TACACS+:** Versión actual del protocolo, propietaria de Cisco. Proporciona información detallada y control administrativo flexible de los procesos de autenticación y autorización. Se soporta por Cisco ACS Server. Se habilita a través de comandos AAA. TACACS utiliza el puerto 49 en TCP y UDP.

14.1.6 Remote Access Dial-In User Service (RADIUS)

Radius fue credo por Livingston Enterprises y definido en la RFC2865 y 2866. Los servidores de acceso son los clientes encargados de pasar a RADIUS toda la información acerca del acceso, para que él decida si permitir o no el mismo. Las diferentas con TACACS+ son las siguientes:

	RADIUS	TACACS+
Protocolo de transporte	UDP	TCP
Encriptación	Solo encripta la password	Todo el mensaje viaja encriptado
AAA	Combina Autenticación y autorización	Separa las tres funciones
Standard	SI	Propietario de Cisco
Soporte Multiprotocolo	NO	SI
Soporte de autorización	No permite controlar los comandos introducidos en un router	Permite controlar los comandos introducidos en un router

14.2 SEGURIDAD EN EL MODELO JERARQUICO

En el modelo jerárquico, los componentes de seguridad deberían estar repartidos como sigue:

- **Capa de acceso:** Esta capa proporciona el acceso a los clientes, únicamente habrá que fijar la seguridad en dos parámetros:

  - **Port security:** Permite restringir el acceso a un puerto únicamente a la dirección MAC que ha sido configurada. Los comandos son:

ACCIÓN	COMANDOS SET	COMANDOS IOS
Activar port security	set port security [puerto] enable [mac]	(config-if)#port secure [número de macs]
Comprobar port security	show port [puerto]	show mac-address-table-security [puerto]

- o **Cambiar la VLAN de administración:** Por defecto, la VLAN de administración es la 1, es conveniente modificarla por otra.

- **Capa de distribución:** Toda la política de seguridad debe estar implementada en esta capa, donde se debe indicar el tipo de tráfico permitido, indicando origen y destino, o incluso puerto para el mismo, y denegando cualquier tipo de tráfico que, sin ser necesario, pueda hacer vulnerable la red.

  - o **Listas de acceso:** Hay dos tipos de listas de acceso, standards y extendidas. Pueden ser creadas para filtrar el tráfico en un interface (access-group), o para una línea vty (access-class), para la distribución de rutas (distribution-list) o para filtrar servicios (ipx-output-sap-filter)
  - o **Filtros de tráfico:** Filtrar las rutas tiene varias ventajas. Reduce el tamaño de la tabla de rutas en los elementos, y evita que los usuarios puedan alcanzar zonas de la red no permitidas. Hay dos modos de controlar la información de routing: Sumarización y listas de distribución. Con listas de distribución los comandos son los siguientes:
    distribute-list [lista de acceso] out [interface] [proceso de routing] [sistema autónomo]
    distribute-list [lista de acceso] in [proceso de routing] [sistema autónomo]

- **Capa de core:** En esta capa no debería haber ningún tipo de seguridad, ya que su función es únicamente hacer forwarding de los paquetes tan rápido como sea posible.

14.3 PARÁMETROS DE SEGURIDAD EN LOS EQUIPOS DE LA RED

- Controlar el acceso físico al equipo, definiendo una política de control para los elementos de cada capa. Se debe dar un entorno físico adecuado (temperatura, humedad) y cerrado. Es conveniente desactivar el puerto auxiliar y poner passwords en los otros (consola y accesos).

- Asignar passwords a la consola, auxiliar, servidores TFTP, herramientas de gestión, puertos virtuales (vty).

- Controlar el tiempo de timeout en los accesos a los equipos. (En Switch IOS es **time-out**, en SET es **set logout** y en IOS es **exec-timeout**)

- Se puede modificar los niveles de privilegios en los 15 modos enable. Por ejemplo, el comando **privilege exec level 3 ping** permite ejecutar el comando ping (además de los ya definidos) para el modo enable 3.

- Es conveniente configurar un mensaje de banner, que se vea al conectar con el equipo.

- Poner listas de acceso en los interfaces vty

- Poner listas de acceso en el acceso HTTP del propio router (**ip http access-class 1**) y seguridad de autenticación con

  ip http authentication [aaa | enable | local | tacacs]

14.4 CISCO LAYER 2 SECURITY

14.4.1 Ataques de nivel 2

Los principales ataques existentes a nivel 2 en una red son:

- CAM overflow

- VLAN hopping

- MAC sopoofing

- Private VLAN attacks

- DHCP attacks

14.4.1.1 CAM overflow

El ataque consiste en inundar la tabla CAM de un switch, enviando miles de paquetes con direcciones MAC origen diferentes. Cuando a tabla de CAM está llena, el switch se convierte en un hub, enviando todo el tráfico a todos los interfaces. Eso permite al atacante ver el tráfico de la red.

Cisco implementa port security para mitigar este ataque.

Port security puede configurarse para aceptar solo un número determinado de MAC's. Si se supera, puede poner el interface en shutdown, o descartar las celdas posteriores a las aprendidas legalmente (por debajo del umbral, las primeras aprendidas).

Port security debería activarse en interfaces de acceso controlados, pero no en enlaces de trunk o de acceso donde hay gran cantidad de MACs conectadas.

COMANDO	SIGNIFICADO
switch(config-if)#switchport port-security	Activa port-security
switch(config-if)#switchport port-security maximum 3	El switch aprende tres direcciones y al resto no las permite pasar. Cuando se reinita el switch debe volver a aprender tres nuevas
switch(config-if)#switchport port-security mac-address sticky	Con el modo sticky, recuerda las MAC aunque se reinicie el equipo.
switch(config-if)#switchport port-security mac-address 0016.cb96.9594	Permite el acceso exclusivamente a la MAC indicada
switch(config-if)#switchport port-security violation {shutdown, restrict, protect}	Por defecto, Port security desactiva el interface cuando se superan el número de VLAN permitidas. Puede ponerse en restrict (tira paquetes de MAC no conocidas e informa con SNMP o syslog) o Project (tira paquetes y no avisa)

14.4.1.2 VLAN hopping

VLAN hopping es el ataque con el que un usuario puede ver tráfico de una VLAN distinta a la que le ha sido asignada. La vulnerabilidad está en los enlaces trunk:

- Un atacante podría simular ser un trunk, con lo que el puerto del switch (en auto por defecto) podría convertirse en trunk y permitirle ver todo el tráfico.

- Un atacante podría usar doble etiquetado 802.1Q, con lo que podría usar una etiqueta de una VLAN y luego acceder a otra (también en puertos trunk).

Para evitarlo, habría que asegurar que los puertos no trunk nunca levantarán el trunk, y que la VLAN de los en los enlaces trunk es una no enrutada o no empleada por nadie:

Switch(config-if)# switchport mode access
Switch(config-if)# switchport trunk native vlan [numero de VLAN]

14.4.1.3 MAC spoofing

Un atacante aparece con la MAC de otro sistema (normalmente el Gateway e invita a los usuarios a acceder a través de él. Es difícil de mitigar, un modo sería usar port-security con límite de 1, pero su gestión podría ser compleja.

14.4.1.4 Private VLAN attacks

Private VLAN (PVLAN) son segmentos que, perteneciendo a la misma VLAN, no permiten el flujo de tráfico entre distintos interfaces. Las máquinas que están aquí, aunque comparten nivel 3 y acceden fuera del switch, no se ven entre ellas al estar en PVLAN diferentes. Es habitual en DMZ, donde un servidor no tiene necesidad de ver a otros.

El comando **private-vlan association 100,200** asocia las VLAN 100 y 200 con la VLAN primaria.

Un modo específico es PVLAN edge (puerto protegido), que solo tiene sentido en el switch local (no como las PVLAN). Un puerto protegido no envía tráfico a otro puerto protegido del mismo switch, deben pasar por un elemento de nivel 3. El tráfico de un puerto protegido a uno no protegido va normalmente. Se define un puerto en PVLAN edge con **switchport mode protected**.

Para activar PVLAN, el switch debe estar configurado como VTP transparente.

14.4.1.5 DHCP attacks

Hay dos ataques clásicos sobre DHCP. DHCP spoofing y DHCP starvation:

- **DHCP spoofing:** El atacante simula ser el DHCP de la red y asigna a los clientes el gateway o DNS de modo que tengan que pasar por él para cursar su tráfico, y ponerse como man-in-the-middle.

- **DHCP startvation:** El atacante inunda al servidor DHCP a peticiones DHCP de modo que consume todas las IP's disponibles, provocando un DoS.

Es habitual lanzar un ataque startvation antes de un ataque de spoofing, de este modo, aseguramos que el DHCP original no pueda atender a las solicitudes.

Ambos ataques pueden ser mitigados empleando en el switch DHCP snooping o IP Source Guard:

- **DHCP Snooping:** DHCP snooping, que debería haber sido configurado con tiempo suficiente para que se hayan asignado IP's (24 horas, por ejemplo), permite indicar en qué puertos del switch se permite que existan respuestas de DHCP, llamándolos trustred ports. El servidor DHCP se conecta a un trusted port.

COMANDO	SIGNIFICADO
Switch(config)#ip dhcp snooping Switch(config)# ip dhcp snooping vlan 10	Primero se activa a nivel global y se indica en qué VLAN funciona
Switch(config)# interface gigabit ethernet 0/1 Switch(config-if)# ip dhcp snooping trust	Se define el interface de confianza, el servidor DHSP deberá estar en este puerto
Switch(config)# interface gigabit ethernet 0/1 Switch(config-if)# ip dhcp snooping limit rate 15	Establece el número de respuestas por segundo que podrá emitir el servidor

- **IP Source Guard:** Usando DHCP snooping, se puede crear una lista de direcciones IP asignadas a direcciones MAC concretas, y asignarla a un interface, creando un PVACL (Per-port and VLAN Access Control List)

Switch(config)# interface gigabitEthernet 0/3
Switch(config-if)# ip verify source vlan dhcp-snooping

Este ejemplo verifica que la IP de un paquete que accede por el interface gigabitEthernet 0/3 ha sido asignada por un DHCP conectado al puerto trusted.

Además se puede crear un filtro más exacto, que autorice solo la MAC aprendida por port-security y la IP aprendida por DHCP:

Switch(config-if)# ip verify source vlan dhcp-snooping port-security

No puede configurarse en enlaces entre switches.

14.4.2 Identity Based Network Devices (IBNS)

IBNS es una solución que mejora la seguridad de nivel 2 empleando IEEE802.1x

IBNS asegura cumplimiento de políticas a nivel de puerto, permitiendo:

- Autenticación por usuario o por dispositivo

- Mapeo de políticas a una identidad de red

- Control de acceso basado en políticas de AAA

- Políticas adicionales basadas en nivel de acceso

Cisco IBNS permite:

- Asignar VLAN

- Seguridad vinculada a un puerto

- VLAN de voz

- VLAN de invitados

- Listas de control de acceso

- Alta disponibilidad (doble procesadora en catalyst)

14.4.3 802.1x

Protocolo de autenticación y control de acceso que evita que dispositivos o usuarios no autorizados conecten a una LAN.

Tres componentes principales:

- **Suplicant:** Es el cliente, habitualmente un software en un PC, como CSSC (Cisco Secure Services Client). El suplicant envía una solicitud de acceso a una LAN a través del autenticador (normalmente el switch) utilizando EAP (Extensible Authentication Protocol) sobre LAN (EAPOL)

- **Authenticator:** Es el dispositivo que aplica la política, permitiendo o no acceso a la red, habitualmente el switch. Actúa como Proxy, enviando la información entre el suplicante y el authentication Server.

- **Authentication Server:** Valida las credenciales facilitadas por el suplicante. Puede ser Cisco Secure Access Control Server (ACS).

La figura muestra el protocolo:

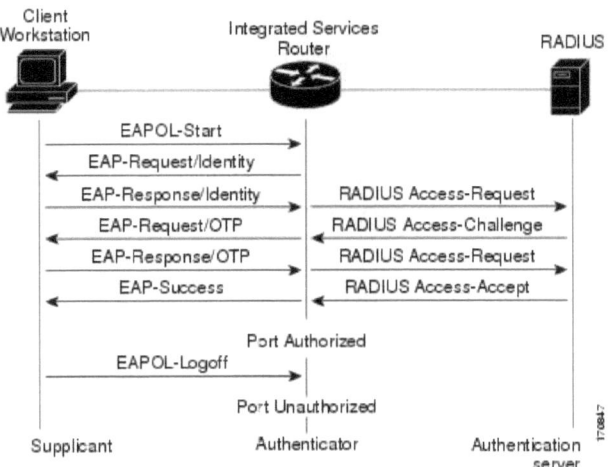

Los switches de Cisco pueden actuar como autenticador, configurando en ellos un servidor de RADIUS como servidor de autenticación, e instalando un software en el PC de acceso que hará las veces de suplicante.

COMANDO	SIGNIFICADO
switch(config)# aaa new-model switch(config)# aaa authentication dot1x default group radius switch(config)# aaa authorization network default group radius (opcional si solo hay una VLAN normal y una guest-VLAN) switch(config)# radius-server host 10.1.1.10 key securekey	Configurar RADIUS SERVER
switch(config)# dot1x system-auth-control	Activa el switch para ser un autenticador 802.1x
switch(config)# interface fastethernet 0/1 switch(config-if)#switchport mode access switch(config-if)# dot1x port-control auto switch(config-if)# dot1x guest-vlan 10	Se pide autenticación al cliente, si se autentica, RADIUS dirá a la VLAN a la que pertenecerá. Si no, entrará a la VLAN de invitados (10)

Cuando se pone un elemento NAD (Network Access Device) como cliente, en el ACS de configura la IP del dispositivo, protocolo a usar (RADIUS o TACACS+) y la password.

14.4.3.1   Otros modos de 802.1x

Si el cliente no dispone de suplicante 802.1x, pueden emplearse dos mecanismos de autenticación en el acceso, configurados en el Catalyst:

- **Web authentication:** Puede activarse en el puerto si el dispositivo no soporta 802.1x. Para activar el puerto, el cliente se conecta a cualquier página HTTP, cuya petición es interceptada. Entonces el cliente se autentica contra el AAA.

- **MAC authentication bypass:** habitualmente usado en impresoras u otros dispositivos que no tienen suplicante 802.1x, su autenticación está basada exclusivamente en la MAC del dispositivo.

14.4.3.2   IP admission

Permite dar acceso a la red a mediante IP:

Interface ethernet 0
 Ip admission AUTH
 Zone-member security INSIDE

Ip admission name AUTH proxy http inactivity-time 20
      (este ejemplo fuerza al usuario a autenticarse cada 20 minutos, hay que configurar aaa)

ip admission name admission-name [eapoudp [bypass] | proxy {ftp | http | telnet} | service-policy type tag {service-policy-name}] [list {acl | acl-name}]

admission-name	Name of network admission control rule.
eapoudp	(Optional) Specifies IP network admission control using EAPoUDP.
bypass	(Optional) Admission rule bypasses Extensible Authentication Protocol over UDP (EAPoUDP) communication.
proxy	(Optional) Specifies authentication proxy.
ftp	Specifies that FTP is to be used to trigger the authentication proxy.
http	Specifies that HTTP is to be used to trigger authentication proxy.
telnet	Specified that Telnet is to be used to trigger authentication proxy.
service-policy type tag	(Optional) A control plane service policy is to be configured.
service-policy-name	Control plane tag service policy that is configured using the **policy-map type control tag** {*policy name*} command, keyword, and argument. This policy map is used to apply the actions on the host when a tag is received.
list	(Optional) Associates the named rule with an access control list (ACL).
acl	Applies a standard, extended list to a named admission control rule. The value ranges from 1 through 199.
acl-name	Applies a named access list to a named admission control rule.

14.5 NETWORK ADDRESS TRANSLATION (NAT)

NAT permite traducir direcciones entre una red y el exterior. De este modo se permite el ahorro de direcciones públicas. La traducción puede ser estática o dinámica. El uso de NAT permite:

• Conectar a Internet los hosts de una red con una única dirección

- Conectar a un ISP que requiere que tengas un direccionamiento concreto

- Conectar dos intranet con el mismo direccionamiento privado

- Soportar balanceo de carga (traduciendo varias IP internas por una externa)

Con NAT se ahorran direcciones públicas, se reducen los casos de overlapping de direcciones entre redes, incrementa la flexibilidad en las conexiones a Internet y permite migrar las redes de privadas a públicas sin perder conectividad con Internet. Por otro lado, introduce retardos, se pierden las funciones de tracert y determinadas aplicaciones no lo soportan.

Aunque no ha sido diseñada para seguridad, NAT ayuda a proteger a los hosts internos, dado que dejan de ser accesibles desde el exterior.

Terminología:

- **Inside local IP address:** Dirección real asignada al host de la red.

- **Inside global IP address:** Dirección por la que se traduce

- **Outside global IP address:** Dirección de un host externo

- **Outside local IP address:** Dirección privada traducida de una publica externa

- **Simple Translation:** Traducción entre una pareja de IP

- **Extended translation entry:** Traducción entre una pareja de IP y puerto.

Funcionamiento:

- **Traducción de una dirección (NAT estático):** Se traduce la dirección fuente en paquetes salientes y la dirección destino en paquetes entrantes. El almacenamiento es estático (Siempre la IP1 se traduce por la IP1'). Hacen falta tantas direcciones públicas como privadas se deseen traducir.

- **NAT dinámico:** Se traduce un pool de direcciones internas por un pool de direcciones externas. Si el pool de externas es menor que el de internas, se aplica overload sobre la última de ellas

- **Traducción overload:** Es un caso de NAT dinámico, se traducen todas las direcciones fuente por una única IP en paquetes salientes y la dirección destino en paquetes entrantes. Se modifica el puerto origen, y se almacena la información de la traducción en base a él. (También se llama PAT)

- **TCP load distribution:** La dirección del router (traducida) responde al puerto del servidor (por ejemplo el 80) y los paquetes los traduce por varias direcciones privadas, haciendo round-robin por flujos, y mandándolo a los servidores internos al mismo puerto. De este modo, varios servidores internos pueden repartir la carga.

- **Unión de redes solapadas:** Se traducen ambas redes. El router es capaz de interceptar las peticiones DNS y traducirlas.

El timeout por defecto de NAT es 24 horas

14.5.1.1 Configuración

Traducción de una dirección estáticamente

```
ip nat inside source static 10.1.1.1 192.168.2.2
interface ethernet 0
   ip address 10.1.1.10 255.255.255.0
   ip nat inside
interface serial 0
   ip address 172.16.2.1 255.255.255.0
   ip nat outside
```

Traducción de una dirección dinámicamente

```
ip nat pool POOL 192.168.2.1 192.168.2.254 netmask 255.255.255.0
ip nat inside source list 1 pool POOL
interface ethernet 0
   ip address 10.1.1.10 255.255.255.0
   ip nat inside
interface serial 0
   ip address 172.16.2.1 255.255.255.0
   ip nat outside
access-list 1 permit 10.1.1.0 0.0.0.255
```

Traducción overload

```
ip nat pool POOL 192.168.2.1 192.168.2.2 netmask 255.255.255.0
ip nat inside source list 1 pool POOL overload
                                    o
ip nat inside source list 1 interface serial 0 overload
interface ethernet 0
   ip address 10.1.1.10 255.255.255.0
   ip nat inside
interface serial 0
   ip address 172.16.2.1 255.255.255.0
   ip nat outside
access-list 1 permit 10.1.1.0 0.0.0.255
```

TCP load distribution

```
ip nat pool POOL 10.1.1.1 10.1.1.126 prefix-length 24 type rotary
ip nat inside destination list 2 pool POOL
interface ethernet 0
   ip address 10.1.1.10 255.255.255.0
   ip nat outside
interface serial 0
   ip address 172.16.2.1 255.255.255.0
   ip nat inside
access-list 2 permit 10.1.1.127
```

Unión de redes solapadas

```
ip nat pool POOL-1 192.2.2.1 192.2.2.254 prefix-length 24
ip nat pool POOL-2 10.0.1.1 10.0.1.254 prefix-length 24
```

```
ip nat outside source list 1 pool POOL-1
ip nat inside source list 1 pool POOL-2
interface ethernet 0
    ip address 10.1.1.254 255.255.255.0
    ip nat inside
interface serial 0
    ip address 171.69.232.182 255.255.255.240
    ip nat outside
access-list 1 permit 10.1.1.0 0.0.0.255
```

El router 700 no soporta NAT, sólo PAT. que es igual que NAT, pero la dirección externa se corresponde con la del interface de salida. Con PAT, para conexiones de fuera a dentro, se puede indicar que las peticiones a determinados puertos sean dirigidas a determinadas máquinas del interior.

Para configurarlo:

SET IP PAT ON
SET IP PAT PORT FTP 10.0.0.108
SET IP PAT PORT DEFAULT 10.0.0.100

El comando **SHOW IP PAT** muestra lo que se está haciendo

14.5.1.2   Comandos de Troubleshoting

Show ip nat translations [verbose]
Show ip nat statistics
Debug ip nat [list | detailed]
Clear ip nat translation *
Clear ip nat translation inside [global IP] [local IP]
Clear ip nat translation outside [local IP] [global IP]

14.5.1.3   Easy IP

Combina NAT y IPCP (Internet Protocol Control Protocol), de manera que es capaz de coger dinámicamente una dirección IP, y luego usarla para hacer NAT a su red interna.

14.5.1.4   NAT virtual Interface (NVI)

NAT Virtual Interface (NVI) permite aplicar NAT en entornos más complejos, ya que evita tener que configurar los interfaces de entrada y salida en NAT.

Toda la configuración es idéntica, salvo que en lugar de definir un interface como entrada y otro como salida, se pone en todos:

Router(config-if)#ip nat enable

14.6 CISCO IOS FIREWALL

Un firewall es un dispositivo que permite implementar medidas de seguridad basadas en filtrados de paquetes. Suele establecerse un modelo de tres capas:

Internet -> Firewall -> DMZ -> Firewall > Red interna.

La DMZ es un zona que tiene servicios que deben ser accesibles desde el interior o desde el exterior de la red. En la red interna no debería haber servicios visibles desde el exterior.

Cisco IOS Firewall es una funcionalidad incluida en algunas Cisco IOS. Todas las versiones incluyen la funcionalidad de packet firewall, en forma de listas de acceso.

La primera versión de Cisco IOS Firewall implementada fue Context-Based Access Control (CBAC). Se trata de un statefull inspection firewall, y forma parte del actual Cisco IOS Classic Firewall.

Cisco IOS Firewall tiene tres características principales:

- Classic IOS Firewall

- IOS Application Firewall

- IOS Zone-Based Firewall

Cisco IOS Firewall permite:

- Proteger mediante stateful inspection firewall

- Segmentación de zonas

- Alta disponibilidad mediante el mantenimiento de sesiones

- Integración con Cisco IPS

- Controles de seguridad específicos para HTTP y P2P

- Integración con NAT

- Configuración sencilla, empleando Security Device Manager (SDM)

- Routing VPN y VRF.

- Proteccion DoS

- Audit trails

- Alertas

El SDM es un dispositivo que permite configurar vía WEB los routers, de un modo avanzado. Los routers y el SDM pueden autenticarse empleando certificados digitales, que pueden ser cargados en el router empleando SCEP (Simple Certificate Enrollment Protocol), donde el router se conecta a la CA y se lo descarga, o simplemente pegándolo en el router (copiar y pegar).

Para activar el router como CA (SCEP) basta con el comando **ip http server**

El SDM tiene una herramienta llamada Cisco SDM IPS Migration tool, que permite pasar de Cisco IOS IPS 4.0 a Cisco IOS IPS 5.0.

14.6.1 Configuración de IOS Classic Firewall

Cisco IOS Classic Firewall trabaja a nivel de aplicación. Permite identificar multitud de protocolos, de modo que cuando un tráfico de este tipo de protocolos atraviesa la red, es capaz de analizar el mismo con el patrón establecido. La tabla representa un ejemplo,m aunque en la versión 15.0(1)M se soportan 175 protocolos de nivel 7. Pueden verse todos los soportados con **router(config)# ip inspect name MYFW ?**

Protocol	Keyword
Internet Control Message Protocol (ICMP)	icmp
TCP	tcp
UDP	udp
Application Firewall	appfw
CU-SeeMe	cuseeme
Extended Simple Mail Transfer Protocol (ESMTP)	smtp
FTP	ftp
Internet Message Access Protocol (IMAP)	imap
Java	http
H.323	h323
Microsoft NetShow	netshow
POP3	pop3
Real Audio	realaudio
Remote Procedure Call (RPC)	rpc
Session Initiation Protocol (SIP)	sip
Simple Mail Transfer Protocol (SMTP)	smtp
Skinny Client Control Protocol (SCCP)	skinny
StreamWorks	streamworks

Para configurar IOS Classic Firewall se siguen tres pasos:

* Configurar la lista de acceso

* Crear las reglas de inspección

* Aplicarlo a un interface

En el ejemplo vamos a usar la red de la figura. El objetivo es denegar cualquier tráfico entrante, y permitir determinados tráficos en saliente

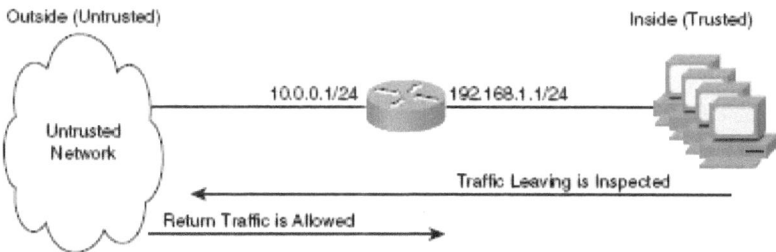

COMANDO	SIGNIFICADO
Router(config)# access-list 120 deny ip any any	Se crea la lista de acceso para bloquear tráfico entrante
Router(config)# ip inspect name MYFW tcp Router(config)# ip inspect name MYFW udp Router(config)# ip inspect name MYFW smtp Router(config)# ip inspect name MYFW icmp	Se indican los protocolos que serán analizados
Router(config)# interface fastethernet 0/0 Router(config-if)#ip access-group 120 in	El interface 0/0 es el de fuera. Se deniega cualquier tráfico entrante
Router(config)# interface fastethernet 0/1 Router(config-if)#ip inspect MYFW out	El interface 0/1 es el de dentro. Se permiten los protocolos indicados en MYFW. Se modificará dinámicamente la lista de acceso 120.
Show ip access-list Show ip inspect name [nombre] Show ip inspect config Show ip inspect all	Comandos de verificación

14.6.2 Configuración de IOS HTTP Application Firewall

IOS HTTP Application Firewall permite incrementar la seguridad en tráfico HTTP. Dado que el tráfico HTTP siempre está permitido en los firewalls y que siempre emplea el puerto 80, puede ser usado este puerto por aplicaciones maliciosas para atravesar los firewalls sin limitaciones.

IOS HTTP Application Firewall chequea el tráfico complete para asegurar que el tráfico satisface los protocolos HTTP (deep packet inspection).

La configuración de IOS HTTP Application Firewall se añade sobre la configuración de IOS Classic Firewall vista anteriormente:

COMANDO	SIGNIFICADO
Router(config)#appfw policy-name MYAPPFW	Entrar en modo Application Firewalll
Router(cfg-appfw-policy)#application http	Entrar en modo HTTP Application Firewall
Router(cfg-appfw-policy-http)#strict-http action allow alarm	Identifica los paquetes HTTP que no cunplan, los permite pasar pero genera una alarma
Router(cfg-appfw-policy-http)#content-length maximum 1 action allow alarm	Identifica los paquetes HTTP que no cumplan con el tamaño definido, los permite pasar pero genera una alarma
Router(cfg-appfw-policy-http)#content-type-verification match-req-rsp action allow alarm Router(cfg-appfw-policy-http)#max-header-length request 1 response 1 action allow alarm Router(cfg-appfw-policy-http)#max-uri-lenght 1 action allow alarm	Identifica el tráfico que excede de la política configurada, lo deja pasar pero genera una alarma.
Router(cfg-appfw-policy-http)#port-misuse default action allow alarm	Analiza tráfico qque use indebidamente tráfico HTTP, como túneles a través de

	HTTP y otros. Lo deja pasar y genera una alarma.
Router(cfg-appfw-policy-http)#request-method rfc pu: action allow alarm	Se comprueba que las peticiones HTTP coinciden con lo indicado en la RFC. Lo deja pasar y genera una alarma.
Router(cfg-appfw-policy-http)#transfer-encoding type default action allow alarm	Analiza los tipos de codificación
Router(cfg-appfw-policy-http)#timeout 60	Tira una sesión HTTP con 60 segundos de inactividad
Router(config)#ip inspect name MYFW http Router(config)#ip inspect name MYFW appfw MYAPPFW	Agrega la regla de análisis MYAPPFW a la configuración de IOS Classic Firewall MYFW

14.6.3 Configuración de IOS IM Application Firewall

Funcionalidad que permite establecer políticas al tráfico de mensajería instantánea. Soporta AOL Instant MNessenger, MSN Messenger y Yahoo Instant Messenger.

Es un tráfico difícil de seguir, ya que emplea puertos aleatorios. Necesita estar activado un servicio de DNS:

Router(config)#ip domain lookup
Router(config)#ip name-server [IP del DNS]

Al aplicar IOS IM Application Firewall, se comprobará que todo el tráfico de IM responde a la política seleccionada. En primer paso, se define esta política, después, se aplica a la política de IOS Classic Firewall, como en el caso de IOS HTTP Firewall.

COMANDO	SIGNIFICADO
Router(config)#appfw policy-name IMPOLICY	Entrar en modo Application Firewalll
Router(cfg-appfw-policy)#application im yahoo	Entrar en modo IM Application Firewall poara Yahoo
Router(cfg-appfw-policy-ymsgr)#server permit name scs.msg.yahoo.com Router(cfg-appfw-policy-ymsgr)#server permit name scsa.msg.yahoo.com Router(cfg-appfw-policy-ymsgr)#server permit name scsb.msg.yahoo.com Router(cfg-appfw-policy-ymsgr)#server permit name scsc.msg.yahoo.com	Identifica los servidores de Yahoo, y ayuda al router a identificar el tráfico cuando cambia de puerto.
Router(cfg-appfw-policy- ymsgr)#service text-chat action allow Router(cfg-appfw-policy- ymsgr)#service default action reset	Permite el uso de chat empleando texto y resetea la sesión en caso de emplearse para otro uso (video, ficheros, etc)
Router(cfg-appfw-policy)#application im aol	Entra en modo IM Application firewall para AOL
Router(cfg-appfw-policy- aim)#server deny name login.oscar.aol.com	Deniega conexiones al servidor de AOL
Router(cfg-appfw-policy)#application im msn	Entra en modo IM Application firewall para MSN
Router(cfg-appfw-policy- msnmsgr)#server deny name messenger.hotmail.com	Deniega conexiones al servidor de MSN
Router(config)#ip inspect name MYFW appfw IMPOLICY	Agrega la regla de análisis IMPOLICY a la configuración de IOS Classic Firewall MYFW

14.6.4 Configuración de IOS Zone-Based Firewall

Cisco IOS Zone-Based Firewall (ZFW) evoluciona el stateful inspection firewall del IOS Classic Firewall a un modelo basado en zonas, más sencillo y flexible.

Los interfaces son asignados a zonas, y se aplican políticas de seguridad al movimiento de tráfico entre estas zonas. Por defecto, el tráfico entre zonas está prohibido, salvo que se definen políticas permisivas.

Las políticas de firewall se configuran empleando C3PL (Cisco Common Clasification Policy Language), que usa una estructura jerárquica para definir protocolos y los grupos de hosts a los que debe aplicarse.

Gracias a la estructura de zonas, pueden aplicarse diferentes políticas a hosts conectados al mismo interface del router.

Para configurarlo, se crean las zonas, y luego se asocian interfaces a esas zonas. Hay que tener en cuenta que:

• El tráfico viaja normal entre interfaces no asignados a zonas, como un router normal (routed mode)

• Nunca hay tráfico entre un interface asignado a una zona y un interface sin zona asignada.

• El tráfico entre zonas dependerá de la política configurada. Por defecto no habrá ningún tráfico. (inspection mode)

• El tráfico dentro de una misma zona está permitido por defecto.

La configuración es similar a la de QoS, empleando class map y policy map. Para estudiar la configuración vamos a seguir este ejemplo:

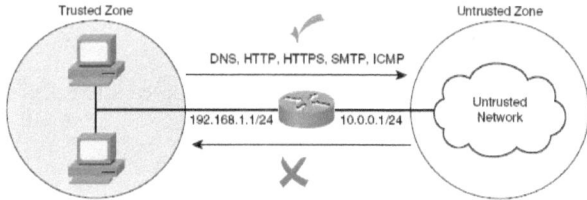

Para hacer la configuración se siguen 4 pasos:

• **Paso 1:** Se definen los class map que permiten tráfico entre zonas

• **Paso 2:** Se configura una policy map para inspeccionar el tráfico de esa class map

• **Paso 3:** Se configuran las zonas y se asocian interfaces a esas zonas

• **Paso 4:** Se aplica el policy map a una pareja de zonas

COMANDO	SIGNIFICADO
Router(config)# class-map type inspect match-any TRUSTED-ALLOWED Router(config-cmap)# match protocol http Router(config-cmap)# match protocol https Router(config-cmap)# match protocol dns Router(config-cmap)# match protocol smtp Router(config-cmap)# match protocol icmp	Se definen los protocolos que se autorizarán, y se agrupan bajo una class map
Router(config)# policy-map type inspect TRUSTED-POLICY Router(config-pmap)# class type inspect TRUSTED-ALLOWED Router(config-pmap-c)# inspect	Se configura una policy map que incluye la class map existente.
Router(config)# zone security trusted Router(config-sec-zone)# description TRUSTED inside security zone Router(config-sec-zone)# exit Router(config)# zone security untrusted Router(config-sec-zone)# description UNTRUSTED outside security zone	Se crean las zonas de seguridad
Router(config)# interface fa0/0 Router(config-if)# zone-member security UNTRUSTED Router(config-if)# exit Router(config)# interface fa0/1 Router(config-if)# zone-member security TRUSTED	Se asocian los interfaces a las zonas creadas
Router(config)# zone-pair security TRUSTED-UNTRUSTED source TRUSTED destination UNTRUSTED Router(config-sec-zone-pair)# service-policy type inspect TRUSTED-POLICY	Se aplican las policy-map a las zonas.
show zone security show zone-pair security	Verificar la configuración

14.6.5 Application Inspection Control

Permite analizar el contenido del paquete a nivel de aplicación, para detectar y bloquear ataques.

- **Payload minimization:** Incrementa la protección al permitir pasar sólo tipos de contenido y valores esperados

- **Protocol verification:** Puede ser configurada en un Zone-based firewall para prevenir ataques conocidos

- **Application Layer Inspection:** Puede prevenir tunneling

- **Protocol minimization:** Incremeta la protección ocultando características innecesarias de los protocolos.

14.6.5.1   Control SMTP

Zone Based Firewall soporta inspección de protocolos SMTP y ESMTP (Enhanced Simple Mail Transport Protocol), que permite:

- Los senders y receptores de correo pueden ser restringidos, para filtrar SPAM o correo de dominios sospechosos

- Se permite identificar cuando se reciben correos a varios destinos desconocidos, lo que permite identificar SPAM

- Se puede crear un patrón que permita identificar si un servidor se está siendo empleando como relay de correo

- Se analizan las cabeceras para evitar ataques de DoS

- Pueden bloquearse codificaciones equivocadas

- Pueden bloquearse determinados contenidos

- Una sesión SMTP puede ser bloqueada si se incumplen las políticas

COMANDO	SIGNIFICADO
Router(config)#parameter-map type regex BLOCKHOTMAIL Router(config-profile)#pattern "hotmail\.com"	Se define un patrón de tráfico con lo que contenga la expresión "hotmail\.com"
Router(config)# class-map type inspect smtp match-any CMHOTMAIL Router(config-cmap)# match sender address regex BLOCKHOTMAIL	Se crea una class-map con el patrón de tráfico creado.
Router(config)# policy-map type inspect smtp PMHOTMAIL Router(config-pmap)# class type inspect smtp CMHOTMAIL Router(config-pmap-c)# log Router(config-pmap-c)# reset	Se crea una policy-map con la clase creada, que loguea y resetea cualquier conexión a Hotmail.

Habrá que crear las zonas, asignar interfaces a las mismas y aplicar la política, igual que antes.

En la identificación de patrones de tráfico, pueden usarse las siguientes opciones:

Router(config)#parameter-map type ?
    consent   Parameter type consent
    inspect   inspect parameter-map
    ooo   TCP out-of-order parameter-map for FW and IPS
    protocol-info   protocol-info parameter-map
    regex   regex parameter-map
    trend-global   Trend global parameter-map
    urlf-glob   URLF glob parameter-map
    urlfpolicy   Parameter maps for urlfilter policy

14.6.6 Cisco IOS Content Filtering (Basado en suscripción)

El Zone-Based Firewall permite establecer un filtro de contenidos gracias al servicio de Trend Micro. Una vez activado, las solicitudes HTTP pasan por una política basada en grupos de contenidos, en la que Trend Micro categoriza la página en una clase, y la política dicta si esa clase puede ser visitada o no.

Se trata de un servicio de suscripción que debe ser comprado desde Cisco, que al comprarlo envía una PAK (Product Activation Key) que se valida en www.cisco.com/go/license. El certificado se instala en el router con el comando **trm register**.

Las categorizaciones de Trend Micro son cacheadas en el router, para minimizar las consultas hechas a Trend Micro.

Funciona en uno de estos tres modos:

- **Modo de filtrado local.** El router intenta machear la solicitud con una tabla configurada en local, en la que puede ponerse un dominio como confiable o no. Si no aparece se mira el siguiente modo.

- **Modo de Filtrado por URL Database.** La consulta se realiza al servicio de filtrado. Pueden ser Secure Computing o Websense.

- **Modo permisivo.** Si la consulta al servicio no puede ser realizada, pude optarse por permitir todo el tráfico o denegarlo

14.7 CISCO IOS IPS

Un IDS (Intrussion Detection System) es un dispositivo capaz de analizar el tráfico de la red y de detectar tráfico anómalo, y multitud de ataques a la red. Un IPS (Intrussion Protection System), además es capaz de bloquear el tráfico que contiene el ataque de forma preventiva.

Cisco tiene módulos de IPS en el ASA (Adaptive Security Appliance), en varios routers y como elemento independiente.

Cisco IOS IPS es una funcionalidad de IPS incluida en las versiones de IOS de los Routers ISR.

14.7.1 Firmas Cisco IOS IPS

Hay dos formatos de firmas de seguridad, el formato 4.x (usado hasta la IOS 12.4(11)T y el 5.x para las versiones superiores.

El formato 4.x se basaba en SDF (Signature Definition File) que eran cargadas en la flash del router. Había tres ficheros que se usaban en función de la memoria del equipo.

Las firmas de la versión 5.x están divididas en dos categorías, IOS Basic (128MB.sdf) o IOS Advanced (256MB.sdf). Ambas tienen un conjunto de firmas de virus, gusanos, IM, P2P, etc.

A partir de la IOS 15.x, existen las firmas ligeras, más eficientes y con menos consumo de recursos.

El comando **show subsys name ips** indica qué tipo de firmas está siendo empleado (Las 4.x se llaman 2.xxx.xxx, y la 5.x se llaman 3.xxx.xxx)

Las firmas 5.x pueden dividirse en categorías, que pueden verse con **router(config-ips-category)#category ?**

- adware/spyware   Adware/Spyware (more sub-categories)
- all   All Categories
- attack   Attack (more sub-categories)
- ddos   DDoS (more sub-categories)
- dos   DoS (more sub-categories)
- email   Email (more sub-categories)

- instant_messaging   Instant Messaging (more sub-categories)
- ios_ips   IOS IPS (more sub-categories)
- l2/l3/l4_protocol   L2/L3/L4 Protocol (more sub-categories)
- network_services   Network Services (more sub-categories)
- os   OS (more sub-categories)
- other_services   Other Services (more sub-categories)
- p2p   P2P (more sub-categories)
- reconnaissance   Reconnaissance (more sub-categories)
- viruses/worms/Trojans   Viruses/Worms/Trojans (more sub-categories)
- web_server   Web Server (more sub-categories)

Pueden retirarse firmas y volver a añadirse, pero al hacerlo el router recompila la base de datos de firmas, y puede afectar al performance del equipo mientras lo hace.

Cisco IOS IPS utiliza SME (Signature Micro-Engines) para cargar y escanear un grupo de firmas de ataques. Cada engine es preparado para analizar determinados protocolos de niveles superiores.

Con ello, Cisco IOS IPS protege contra 2.250 ataques, exploits, gusanos y virus.

Cuando se detecta un ataque, IOS IPS activa SEAP (Signature Event Action Procesing), y puede:

- Enviar una alarma a través de syslog o generar un evento SDEE (Secure Device Event Echange). SDEE es un protocolo de envío de alertas. SDEE no está activado por defecto, se activa con el comando **ip ips notify sdee**. Realmente los eventos no se envían, sino que al activarlo, los eventos quedan almacenados en el router y se permite a los sistemas autenticados que accedan a ellos para verlos.

- Tirar el paquete malicioso

- Enviar un reset a ambos extremos de la sesión TCP para tirar la conexión

- Denegar todos los paquetes del atacante temporalmente

- Denegar todos los paquetes que formen parte de la misma conexión TCP

Signature event action filtres permite eliminar una o más acciones de las firmas activas basándose en el atacante, objetivo del ataque y valoración de riesgo del ataque.

Signature event action override permite añadir una o más acciones de las firmas activas basándose en la valoración de riesgo del ataque.

14.7.2 Valoración de riesgos

Los riesgos son valorados empleando tres componentes independientes:

- **Signature Fidelity Rating**, mide la exactitud de una firma de IPS, entre 0 y 100

- **Alert Severity Rating**, mide el daño potencial de un riesgo con 4 valores: informativo (25), bajo (50), medio (75) y alto (100)

- **Target Value Rating**, indica el valor del activo, lo pone el administrador, tiene 4 valores: bajo (75), medio (100), alto (150) y de misión crítica (200)

14.7.3 Configuración de Cisco IOS IPS

Para configurar Cisco IOS IPS hay que seguir estos 5 pasos:

- Descargar la IOS e instalar las firmas de IPS en el router (Hace falta cuenta en CCO)

    o Podemos ver las que tenemos con **Show ip ips signatures count**
    o Conectar a **http://www.cisco.com/pcgi-bin/tablebuil.pl/ios-v5sigup**
    o Descargar archivos **IOS-Sxxx-CLI.pkg** (firmas) y **realm-cisco.ppub.key.txt** (clave publica)

- Crear un directorio en la memoria flash del router para ser usada por el IPS

    o **Router#mkdir ips**

- Instalar la clave pública de Cisco IOS IPS

    o Abrir el fichero **realm-cisco.pub.key.txt**, copiar su contenido y pegarlo en el prompt **router(config)#**
    o Con **show crypto key pubkey-chain rsa** se comprueba que lo ha hecho bien
    o **Copy running-config startup-config**

- Habilitar Cisco IPS

- Cargar el paquete de firmas

    o Copiar el fichero **IOS-Sxxx-CLI.pkg** a la carpeta ips creada en la flash, con el parámetro **idconf** al final (para que compile)
    o Con **show ip ips signatures count** se ve que ahora están activadas.
    o Con **show flash** se verá que hay varios ficheros creados en la flash (ya se han descompilado).

- Configurar las reglas de IOS IPS en el router

    o La figura muestra el entorno en el que se va a configurar:

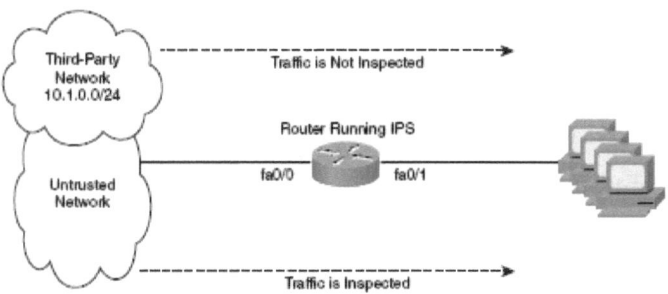

COMANDO	SIGNIFICADO
Router(config)# access-list 130 deny ip 10.1.0.0 0.0.0.255 any Router(config)# access-list 130 permit ip any any	Crear la lista de acceso del tráfico que será analizado
Router(config)# ip ips name IOSIPS list 130	Crear una regal de IPS y asociarla a la lista de acceso
Router(config)# ip ips config location flash:ips	Indicar la ubicación de las firmas
Router(config)# ip ips signature-category Router(config-ips-category)# category all Router(config-ips-category-action)# retired true Router(config-ips-category-action)# exit Router(config-ips-category)# category ios_ips basic Router(config-ips-category-action)# event-action produce-alert Router(config-ips-category-action)# event-action deny-packet-inline Router(config-ips-category-action)# retired false	Para asegurar que todas las firmas han sido agregadas, lo mejor es desactivarlas todas y activar las del IOS IPS. Se configura el IPS para enviar una alerta y tirar los paquetes que producen ataques.
Router(config)# interface fa0/0 Router(config-if)# ip ips IOSIPS in	Apicar el IPS al interface

En auto update, el router no se descarga las firmas directamente de Cisco, sino que lo hace de un PC, donde un administrador debe descargar las firmas y activar auto update. Entonces, el router se conecta y se bajas las más recientes. Es una buena práctica sincronizar los relojes del PC y el router, para evitar errores en las firmas con las que se actualiza.

14.7.4 Cisco IPS Manager Express

Cisco IPS Manager Express permite hacer una configuración de Cisco IOS IPS de un modo más gráfico que el modo CLI que hemos visto.

IPS Manager Express se soporta en:

- Cisco ASA 5500

- Cisco IPS 42xx Sensors

- Cisco IPS Advanced Integration Module (AIM) for IOS routers

- Cisco Network Module-NM-CIDS

- Cisco IOS IPS

Con IPS Manager Express se pueden gestionar eventos, monitorización de alarmas y reporting.

14.8 ALGORITMOS DE CIFRADO

Existen tres tipos de algoritmos de cifrado: Hashing, algoritmos simétricos y algoritmos asimétricos.

- **Hashing:** Es el proceso de convertir un texto a un valor numérico llamado hash. La técnica de hashing puede ser tanto en un sentido como en ambos, es decir, algunos algoritmos no permiten reconstruir el valor original a partir del hash y otros si. Existen dos estándares principalmente empleados:

- o **Secure Hash Algoritm (SHA):** Es un algoritmo empleado para dotar de integridad al mensaje. Se trata de un protocolo one-way que produce un hash. Posteriormente, este hash puede ponerse junto con el mensaje a transmitir y cifrarlo todo junto, firmando el mensaje. Fue desarrollado por NIST (National Institute os Standards and Technology) y produce un hash de 160 bits.

- o **Message Digest Algoritm (MD):** Es un algoritmo one-way que genera un hash a partir de un valor, usado para mantener la integridad. Es más rápido que SHA, pero se ha visto comprometido (se han localizado colisiones, es decir, varios mensajes que dan el mismo hash). MD5 fue desarrollado por Ronald Rivest para crear un hash de 128 bits.

- o **LANMAN y NTLM:** Son algoritmos de Microsoft (NTLM es la evolución de LANMAN) usados para autenticación. Emplean llaves SHA o MD5.

- • **Algoritmos simétricos:** Requiere que en ambos extremos haya una llave para poder cifrar o descifrar los mensajes. Es la misma llave en ambos extremos. Esta llave simétrica debe ser protegida, porque su pérdida compromete al sistema completo. La llave no es enviada por el mismo canal por el que se mandan los mensajes, sino que debe ser enviada por otros medios. Este es un problema. El otro es que todas las personas que forman parte del grupo deben tener la llave. Algunos algoritmos de cifrado utilizados son:

  - o **Data Encryption Standard (DES):** Algoritmo basado en llave de 56 bits, ya comprometido y sustituido por AES. DES ofrece integridad y confidencialidad.

  - o **Triple DES (3DES):** Es un upgrade tecnológico de DES, aunque se utiliza más AES. Genera llaves de hasta 192 bits.

  - o **Advanced Encryption Standard (AES):** Utiliza el algoritmo Rijndael y ha sustituido a DES. Soporta llaves de 128, 192 y 256 bits.

  - o **CAST:** Utilizado en algunos de Microsoft e IBM, utiliza llaves de entre 40 y 128 bits, y es muy rápido y eficiente.

  - o **Rivest's Cypher (RC):** Familia de algoritmos de cifrado de Laboratorios RSA. RC5 utiliza llaves de 2048 bits, consideradas muy robustas.

  - o **Blowfish:** Trabaja con llaves de 64 bits a velocidades muy rápidas. Se ha evolucionado con Twofish, con llaves de hasta 128 bits.

  - o **International Data Encryyption Algorithm (IDEA):** utiliza llaves de 128 bits, parecido a DES pero más seguro. Se utiliza con PGP (Pretty Good Privacy), sistema empleado en cifrado de correo electrónico.

- • **Algoritmos asimétricos:** Utilizan dos llaves, una para cifrar (clave pública) y otra para descifrar (clave privada). Cuando se desea enviar un mensaje a un destino se utiliza la clave pública de ese destino para cifrar el mensaje, y sólo el destino, empleando su clave privada, podrá descifrarlo. La clave pública puede ser pública o puede ser compartida sólo en un grupo cerrado de dos o más estaciones, para cambiar mensajes seguros entre ellos. La clave privada debe mantenerse segura, su pérdida compromete al sistema. Esta arquitectura se llama PKC (Public Key Cryptography). Una PKI (Public Key Infraestructure) utiliza PKC como parte de su sistema. Se utilizan cuatro sistemas asimétricos:

- o **RSA:** RSA es un sistema de clave pública muy implementado, que utiliza grandes números enteros como base del proceso. Trabaja tanto para cifrado como para firma digital. RSA es muy utilizado en varios protocolos, incluyendo Secure Socket Layer (SSL)

- o **Diffie-Hellman:** Se utiliza para realizar el envío de certificados a través de redes públicas, no se utiliza para cifrar el mensaje, sólo para el cifrado de las llaves. La criptografía asimétrica fue concebida inicialmente por Diffie-Hellman.

- o **Eliptic Curve Cryptography (ECC):** Proporciona funciones similares a RSA. Se utiliza en dispositivos menos inteligentes como teléfonos. Necesita menos recursos que RSA.

- o **El Gamal:** Algoritmo utilizado para el envío de firmas digitales y cambio de llaves. El método es similar a Diffie-Hellman, y se basa en cálculos logarítmicos.

14.9 CISCO VPNS

Una VPN es un modo de transmitir información segura sobre una infraestructura pública, mediante el empleo de túneles cifrados entre pares de extremos. Cisco soporta dos tipos de VPN's:

- **VPN site-to-site:** Entre sedes, habitualmente con IP fija, y con una VPN establecida por dispositivos hardware.

- **VPN remote access:** Para teletrabajadores, con IP dinámica, conectados desde cualquier punto, y con la VN habitualmente establecida con un cliente software en el PC.

14.9.1 IPsec

IPsec es un grupo de protocolos que permiten establecer túneles cifrados y autenticados. Tiene dos protocolos principales:

- **Authentication Header (AH):** Proporciona autenticación e integridad a los paquetes del túnel. Es el protocolo IP 51. No proporciona cifrado. AH da integridad creando un hash de todo el paquete. Si algo en el paquete cambia, no podrá verificarse la integridad, por eso, AH no soporta NAT

- **Encapsulating Security Payload (ESP):** Protocolo que proporciona cifrado, autenticación, integridad, servicio antireplicación, etc. Es el número de protocolo IP 50. ESP no soporta PAT, aunque Cisco ha desarrollado NAT Transversal (NAT-T) para que IPsec soporte PAT.

La imagen muestra ambos protocolos:

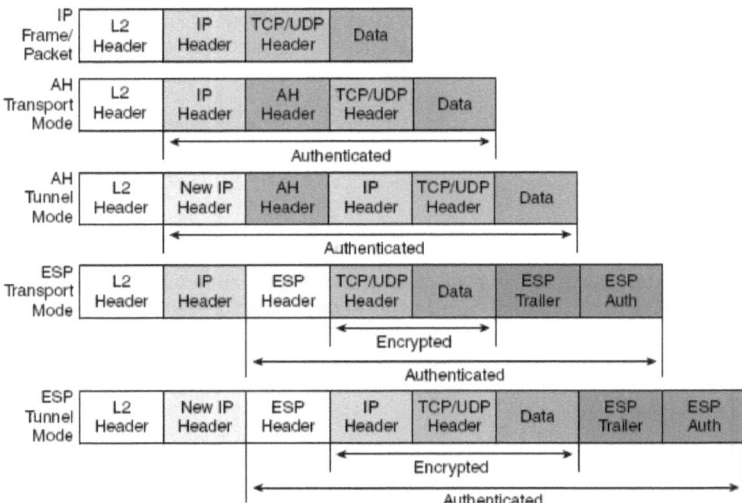

Cisco IOS soporta con IPsec una serie de protocolos de autenticación y cifrado, como:

- Data Encryption Standard DES)

- Triple DES (3DES)

- Advanced Encryyption Standard (AES)

- Diffie-Hellman (DH)

- Message Digest 5 (MD5)

- Secure Hash Algorihm (SHA)

- Firmas RSA

14.9.2 Internet Key Exchange (IKE)

IKE es sinónimo de ISAKMP (Internet Security Association Key Management Protocol) para los equipos de Cisco.

IKE es un protocolo que proporciona servicios a IPsec, en lo relacionado con la autenticación de los peers que forman el túnel, intercambio de claves de cifrado, etc.

En fase 1, IKE crea un canal seguro y autenticado entre los dos peers llamado IKE security asociation. Los dos peers acuerdan establecer una política de que les permite comunicarse con seguridad. En esta fase se establece el intercambio de claves empleando Diffie-Hellman, y los extremos se autentican. La fase 1 puede ser en modo principal o en modo agresivo.

En fase 2, IKE negocia las asociaciones de seguridad IPsec y genera las claves que IPsec necesita. El sender ofrece uno o varios conjuntos de parámetros (transform set). Además indica a qué flujo de tráfico debe aplicarse cada transform set. El receptor responde confirmando cual de los transform set ofrecidos utilizará. Puede volver a realizarse un intercambio de certificados empleando Diffie Hellman.

Para la autenticación en fase 1, Cisco soporta tres mecanismos:

* **Pre-shared key:** Una password configurada en ambos extremos

* **Firmas RSA:** Mediante cambio de certificados y autenticación con los mismos

* **RSA encrypted nonces:** Cifrado RSA para cifrar un nonce (número aleatorio)

14.9.3 Cisco IOS VPN

Cisco IOS VPN soporta varios tipos de VPN, combinando los tipos principales site-to-site y remote-access:

* **Hub and Spoke VPNs:** Es una VPN site-to-site donde muchas sedes remotas (spoke) se conectan a una sede principal (hub). El HUB es el que pasa tráfico de una sede a otra, lo que la convierte en un cuello de botella y en un punto único de fallo.

* **Meshed VPNs:** Es la evolución de la estructura Hub and spoke. Todas las sedes establecen un túnel con todas las demás. Tiene redundancia de rutas, pero una configuración más compleja debido al gran número de túneles:

$$N \times (N-1) / 2$$

* **Dynamic Multipoint VPNs (DMVPN):** Ofrece la flexibilidad y disponibilidad de una fully meshed VPN, sin tener que configurar cada túnel por separado. En DMVPN los túneles se crean automáticamente empleando mGRE (Multipoint Generic Routing Encapsulation) y NHRP (Next-Hop Resolution Protocol). Una ventaja es que los spoke pueden tener IP dinámica, usando NHRP, las direcciones dinámicas puedes ser pasadas de spoke a spoke usando el HUB, y después establecer el túnel de spoke a spoke.

* **Group Encrypted Transport (GET) VPNs:** Nueva tecnología de Cisco que elimina la necesidad de establecer túneles. GET VPN modifica el estándar IPsec para crear grupos de confianza, entre los cuales el transporte es cifrado.

* **Easy VPNs:** Es una tecnología de remote-access, que permite al router de la sede central actuar como concentrador de VPN para clientes que deben tener un software instalado (Cisco VPN Client).

* **Secure Socket Layer (SSL) VPNs:** Tecnología de remote-access que permite establecer túneles empleando SSL sin cliente en el acceso, aunque puede emplearse un cliente para mejorar las funcionalidades del acceso (como Cisco AnyConnect Client y Cisco Secure Desktop (CSD)).

14.9.4 Configuración VPN site-to-site

14.9.4.1   IOS VPN Preshared Keys

Para hacer la configuración de la VPN, se deben seguir 5 pasos:

- Preparar IKE e IPsec

- Configurar IKE (fase 1)

- Configurar IKE (fase 2)

- Probar y verificar IPsec

Se realizará la configuración basándose en el esquema siguiente

COMANDO	SIGNIFICADO
Router(config)#access-list 140 permit ip 192.168.1.0 .0.0.0.255 10.0.1.0 0.0.0.255	Una lista de acceso que indique el tráfico que se encriptará

Router(config)# crypto isakmp enable
Router(config)# crypto isakmp policy 100
Router(config-isakmp)# encryption aes-192
Router(config-isakmp)# hash sha
Router(config-isakmp)# authentication pre-share
Router(config-isakmp)# group 5
	Se configura la política de IKE (100 en el ejemplo)
	  Cifrado AES-192
	  Integridad SHA
	  Autenticación con claves compartidas

Router(config)# crypto ipsec transform-set MYSET esp-aes-192 esp-sha-hmac	Se configura el transform-set de IPsec
Router(config)# crypto isakmp key securepassword address 10.0.0.1	Se configura la password de cifrado utilizar y con quien se usará
Router(config)# crypto map MYMAP 10 ipsec-isakmp Router(config-crypto-map)# match address 140 Router(config-crypto-map)# set peer 10.0.0.1 Router(config-crypto-map)# set transform-set MYSET	Se crea el crypto map, que asocia la lista de acceso, el extremo remoto y el transform-set de IPsec
Router(config)# interface fa0/0 Router(config-if)# crypto map MYMAP	Se aplica el crypto map al interface que establece el túnel

show running-config
show crypto isakmp policy
show crypto ipsec policy
show crypto ipsec sa
  salida QM_IDLE: Los peers se han autenticado, existe SA, aun no hay tráfico
  salida ACTIVE: Peers autenticados, hay tráfico
show crypto engine connections active
	Comandos de verificación

14.9.4.2   IOS VPN Certificate Authority

En este modo, la autenticación entre peers no se hace mediante una clave compartida, sino mediante el cruce de certificados X.509 y su autenticación empleando una CA.

Para configurarlos, primero hay que cargar los certificados en los routers, y las CA de confianza, luego bastará con cambiar el comando **Router(config-isakmp)# authentication pre-share** por **Router(config-isakmp)# authentication rsa-sig**

COMANDO	SIGNIFICADO
Router(config)# clock timezone cst -6 Router(config)# ip domain-name ciscopress.com Router(config)# ip host CA 10.2.1.1 Router# clock set 10:00:00 06 january 2009 Router(config)# hostname SNRS SNRS(config)#	Ajustar la hora, se crea un host llamado CA con la IP de la CA, para su uso posterior. Es necesario cambiar el host del router, para evitar errores en el paso siguiente
SNRS(config)# crypto key generate rsa	Generar las claves RSA. Pregunta por el tamaño de las mimas
SNRS(config)# crypto ca trustpoint VPNCA SNRS(ca-trustpoint)# enrollment url http://CA:80	Se declara la CA para un trustpoint llamado VPNCA
SNRS(config)# crypto ca authenticate VPNCA	Se solicita autenticar a la CA, si el certificado el válido, devolverá un OK.
SNRS(config)# crypto ca enroll VPNCA	Se solicita y se descarga un certificado de la CA. Este proceso se llama enrollment.
SNRS(config)# crypto isakmp enable SNRS(config)# crypto isakmp policy 100 SNRS(config-isakmp)# encryption aes-192 SNRS(config-isakmp)# hash sha SNRS(config-isakmp)# authentication rsa-sig SNRS(config-isakmp)# group 5	Se asocia la autenticación rsa-sig al policy 100 que se creó en el ejemplo anterior.
show running-config show crypto isakmp policy show crypto ipsec policy show crypto ipsec sa show crypto engine connections active	Comandos de verificación

14.9.4.3   IOS VPN with a GRE tunnel

Generic Router Encapsulation (GRE) es un tunnel que permite encapsular tráfico no IP o no unicast sobre redes IP. En IPsec, solo se soporta tráfico unicast, por lo que gran cantidad de tráfico no se permite circular a través de la VPN.

GRE es el protocolo IP 47, está definida en RFC1701 y 1702. No soporta cifrado, ni autenticación. Para hacer la configuración se parte del siguiente ejemplo:

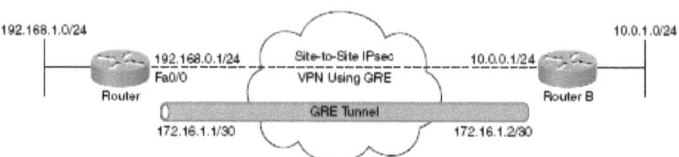

COMANDO	SIGNIFICADO
Router(config)# interface tunnel 0 Router(config-if)# ip address 172.16.1.1 255.255.255.252 Router(config-if)# tunnel source 192.168.1.1 Router(config-if)# tunnel destination 10.0.0.1	Se crea el túnel

Router(config)# ip route 10.1.0.0 255.255.255.0 tunnel 0	Se enruta el tráfico al otro extremo a través del interface túnel

14.9.4.4   GRE sobre IPsec

Crypto isakmp policy 1
  Authentication pre-share
  Group 2
Crypto isakp key cisco address 172.16.1.1

Crypto ipsec transform-set bc1 esp-des esp-sha-hmac

Crypto map dc1 10 ipsec-isakmp
  Set peer 172.16.1.1
  Set transform-set bc17
  Match address 102

Interface tunnel0
  Ip address 192.168.1.1 255.255.255.0
  Tunnel source Serial 1/0
  Tunnel destination 172.16.1.1
  Crypto msp dc1

Interface Ethernet 0/0
  Ip address 10.10.10.1 255.255.255.0

Interface serial 1/0
  Ip address 172.16.1.2 255.255.255.252

Access-list 102 permit udp any any eq 500
Access-list 102 permit esp any any
Access-list 102 permit gre any any

En el extremo remoto:

Interface tunnel0
  ip address 192.168.1.2 255.255.255.0
  tunnel source Serial 1/0
  tunnel destination 172.16.1.2
  crypto msp dc1

interface serial 1/0
  ip address 172.16.1.2 255.255.255.252

Las IP's de los interfaces tunnel deben estar en la mis
LAN. Las de los serial, por supuesto, no hace falta.

14.9.4.5   IOS VPN with a Virtual Tunnel Interface (VTI)

IPsec VTI funciona de manera similar a GRE, se crea un interface en el router. Así, no hay que crear una crypto access list y asociar el interface a la misma.

Simplifica la configuración de IPSec VPN, ya que los VTI son clonados desde un template. Cuando un cliente se conecta a un VTI dinámico en un hub y es autenticado, se crea un Virtual Access Interface que clona la configuración del template (ACL, NAC, etc). No hay que configurar nada en el virtual access interface.

COMANDO	SIGNIFICADO
Router(config)# crypto isakmp policy 1 Router(config-isakmp)# encryption aes 256 Router(config-isakmp)# authentication pre-share Router(config-isakmp)# group 2 Router(config-isakmp)# exit Router(config)# crypto isakmp key SECUREKEY address	Se configura ISAKMP y la configuración de IPsec

0.0.0.0 0.0.0.0 Router(config)# crypto ipsec transform-set MYSET esp-aes esp-sha-hmac Router(cfg-crypto-trans)# exit Router(config)# crypto ipsec profile VTIPROFILE Router(ipsec-profile)# set transform-set MYSET	
Router(config)# interface tunnel 0 Router(config-if)# ip address 172.16.1.1 255.255.255.252 Router(config-if)# tunnel source 192.168.1.1 Router(config-if)# tunnel destination 10.0.0.1 Router(config-if)# tunnel mode ipsec ipv4 Router(config-if)# tunnel protection ipsec profile VTIPROFILE	Se crea el interface tunel, y se asocia al mismo el perfil VTIPROFILE
Router(config)# ip route 10.1.0.0 255.255.255.0 tunnel 0	Ruta
Router# show interfaces tunnel 0	Verificación

14.9.4.6   IOS DMVPN (Dynamic Multipoint VPN)

DMVPN permite crear un entorno full mesh sin tener que configurar túneles entre cada peer y los demás.

DMVPN está basado en dos tecnologías:

- **NHRP (Next Hop Resolution Protocol).** NHRP está basado en roles de cliente/servidor, el servidor es el HUB en una topología HUB and SPOKE. Cada SPOKE registra su IP pública en una base de datos que se almacena en el server, de este modo, los SPOKE pueden consultar las direcciones IP públicas (y dinámicas) del resto de los SPOKE, que luego usarán para crear túneles entre ellos.

- **mGRE (Multipoint GRE).** Permite que varios túneles GRE estén asociados al mismo interface tunel. Cada túnel tiene una key distinta y única.

Ejemplo:

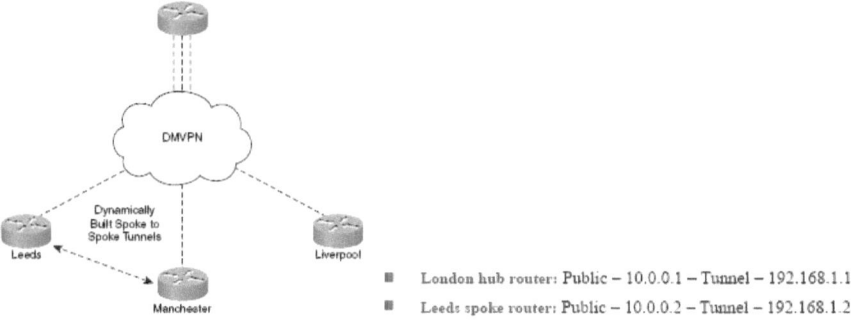

- London hub router: Public – 10.0.0.1 – Tunnel – 192.168.1.1
- Leeds spoke router: Public – 10.0.0.2 – Tunnel – 192.168.1.2

COMANDO (CONFIGURACIÓN DEL HUB)	SIGNIFICADO
London(config)# crypto isakmp enable London(config)# crypto isakmp policy 100 London(config-isakmp)# encryption aes-192 London(config-isakmp)# hash sha London(config-isakmp)# authentication pre-share London(config-isakmp)# group 5	Configura la política IKE

London(config)# crypto isakmp key securepassword address 0.0.0.0 0.0.0.0 London(config)# crypto ipsec transform-set MYSET esp-aes-192 esp-sha-hmac London(config)# crypto ipsec profile DMVPN London(ipsec-profile)# set transform-set MYSET	Configura la política IPsec. En el primer comando se crea la preshared key para los peers 0.0.0.0 0.0.0.0 (todos) ya que no se conocen las IP destinos
London(config)# interface tunnel 0 London(config-if)# ip address 192.168.1.1 255.255.255.0 London(config-if)# tunnel source fa0/1 London(config-if)# tunnel mode gre multipoint	Se configura el interface túnel y GRE, en modo multipunto
London(config-if)# ip nhrp authentication TESTDMVPN London(config-if)# ip nhrp map multicast dynamic London(config-if)# ip nhrp network-id 99 London(config-if)# ip nhrp holdtime 300 London(config-if)# tunnel key 100	Se configura NHRP
London(config-if)# tunnel protection ipsec profile DMVPN	Se asocia el perfil IPsec con el interfce tunel
London(config)# router eigrp 100 London(config-router)# no auto summary London(config-router)# network 192.168.1.0 London(config-if)# no ip split-horizon eigrp 100 London(config-if)# no ip next-hop-self eigrp 100	Routing. Debe desactivarse split horizon

COMANDO (CONFIGURACIÓN DEL SPOKE)	SIGNIFICADO
Leeds(config)# crypto isakmp enable Leeds(config)# crypto isakmp policy 100 Leeds(config-isakmp)# encryption aes-192 Leeds(config-isakmp)# hash sha Leeds(config-isakmp)# authentication pre-share Leeds(config-isakmp)# group 5	Configura la política IKE
Leeds(config)# crypto isakmp key securepassword address 0.0.0.0 0.0.0.0 Leeds(config)# crypto ipsec transform-set MYSET esp-aes-192 esp-sha-hmac Leeds(config)# crypto ipsec profile DMVPN Leeds(ipsec-profile)# set transform-set MYSET	Configura la política IPsec
Leeds(config)# interface tunnel 0 Leeds(config-if)# ip address 192.168.1.2 255.255.255.0 Leeds(config-if)# tunnel source fa0/1 Leeds(config-if)# tunnel mode gre multipoint	Se configura el interface túnel y GRE, en modo multipunto
Leeds(config-if)# ip nhrp authentication TESTDMVPN Leeds(config-if)# ip nhrp map 192.168.1.1 10.0.0.1 Leeds(config-if)# ip nhrp nhs 192.168.1.1 Leeds(config-if)# ip nhrp network-id 99 Leeds(config-if)# ip nhrp holdtime 300 Leeds(config-if)# tunnel key 100	Se configura NHRP ip nhrp map 192.168.1.1 10.0.0.1 mapea la IP del túnel con la física del interface
Leeds(config-if)# tunnel protection ipsec profile DMVPN	Se asocia el perfil IPsec con el interfce tunel
Leeds(config)# router eigrp 100 Leeds(config-router)# no auto summary Leeds(config-router)# network 192.168.1.0 Leeds(config-if)# no ip split-horizon eigrp 100 Leeds(config-if)# ip next-hop-self eigrp 100	Routing. Debe activarse split horizon

COMANDO	SIGNIFICADO
show running-config show crypto isakmp policy show crypto ipsec policy show crypto ipsec sa show crypto engine connections active show ip nhrp sh ip route	Comandos de comprobación

Ejenplo: **Show ip nhrp detail nhs** muestra detalles del next hop server

14.9.4.7 IOS GET VPN (Group Encrypted Transport)

Nueva tecnología de Cisco que elimina la necesidad de establecer túneles. GET VPN modifica el estándar IPsec para crear grupos de confianza, entre los cuales el transporte es cifrado. Los componentes principales de GET VPN son:

- **Group Domain of Interpretation (GDOI):** Protocolo que define el IKE DOI (Domain of interpretation) para la gestión de las claves en el grupo. Usa el puerto 848 de UDP.

- **Group Controller Key Server (GCKS):** Es el router responsable de gestionar las claves para el grupo.

- **Group Member (GM):** Un router que se registra con el GCKS y obtiene el IPsec SA para comunicarse con otros equipos del grupo.

El funcionamiento es como sigue:

1- Cada miembro del grupo (GM) envía una solicitud de registro al Key Server (GCKS). El Key Server utiliza el protocolo GDOI para autenticar y autorizar al miembro del grupo, y le manda la política de IPsec y las claves de cifrado.

2- El GM intercambia tráfico cifrado, cifrándolo con la TEK (Traffic Encryption Key)

3- Si la clave o la política cambian o van a expirar, el Key Server les manda a todo el grupo una nueva TEK y una nueva política. La política debe estar configurada en todos los miembros del grupo y ser idéntica a la que les manda el key Server.

La figura muestra el ejemplo que se va a usar en la configuración:

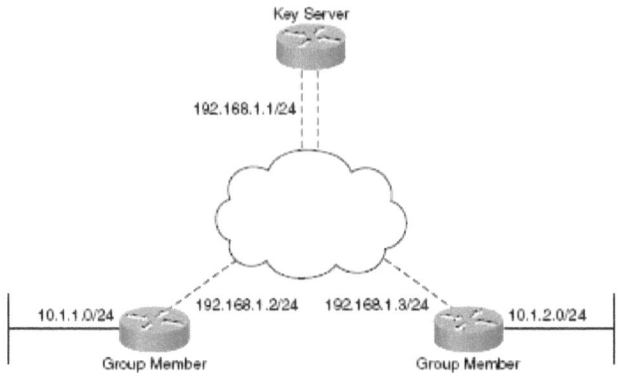

COMANDO (EN EL KEY SERVER)	SIGNIFICADO
Router(config)# crypto isakmp enable Router(config)# crypto isakmp policy 100	Configurar la política de IKE

Router(config-isakmp)# encryption aes-192 Router(config-isakmp)# hash sha Router(config-isakmp)# authentication pre-share Router(config-isakmp)# group 5	
Router(config)# crypto ipsec transform-set MYSET esp-aes-192 esp-sha-hmac Router(config)# crypto isakmp key securepassword address 192.168.1.2	Configura la política de IPsec
Router(config)# crypto ipsec profile GDOIPROFILE Router(ipsec-profile)# set transform-set MYSET	Configurar el perfil de GDOI
Router(config)# access-list 160 permit ip 10.1.0.0 0.0.255.255 10.1.0.0 0.0.255.255 Router(config)# crypto gdoi group GETVPN Router(config-gdoi-group)# identify number 1 Router(config-gdoi-group)# server local Router(config-gdoi-group)# rekey lifetime seconds 86400 Router(config-gdoi-group)# rekey retransmit 10 number 2 Router(config-gdoi-group)# rekey authentication mypubkey rsa getvpn-export-general Router(config-gdoi-group)# rekey transport unicast Router(gdoi-local-server)# address ipv4 192.168.1.1 Router(gdoi-local-server)# sa ipsec 1 Router(gdoi-sa-ipsec)# profile GDOIPROFILE Router(gdoi-sa-ipsec)# match address ipv4 160	Configurar el grupo GDOI

COMANDO (EN EL GROUP MEMBER)	SIGNIFICADO
Router(config)# crypto isakmp enable Router(config)# crypto isakmp policy 100 Router(config-isakmp)# encryption aes-192 Router(config-isakmp)# hash sha Router(config-isakmp)# authentication pre-share Router(config-isakmp)# group 5	Configurar la política de IKE
Router(config)# crypto ipsec transform-set MYSET esp-aes-192 esp-sha-hmac Router(config)# crypto isakmp key securepassword address 192.168.1.1	Configura la política de IPsec
Router(config)# crypto gdoi group GETVPNGROUP Router(config-gdoi-group)# identify number 1 Router(config-gdoi-group)# server address ipv4 192.168.1.1	Configurar el perfil de GDOI
Router(config)# crypto map GETVPNMAP 10 gdoi Router(config-crypto-map)# set group GETVPNGROUP Router(config-crypto-map)# exit Router(config)# interface fa0/0 Router(config-if)# crypto map GETVPNMAP	Configurar el crypto map

14.9.4.8   Alta disponibilidad de VPN con HSRP

Interface fastethernet 0/0
 Ip address …
 Standby ….
 Standby name GRUPO-BACKUP
 Crypto map VPN redundancy GRUPO-BACKUP (Este commando sincroniza la VPN con HSRP)

14.9.5 Configuración de VPN remote-access

Este apartado analiza las configuraciones de los dos tipos de VPN de acceso remoto:

* IOS SSL VPN
* Easy VPN Server

14.9.5.1   IOS SSL VPN

Cisco soporta VPN SSL de forma normal en ASA o en el módulo SSL en el Catalyst 6500, aunque también es soportada en un router con CISCO IOS SSL VPN.

Desde el punto de vista del cliente, hay tres modos de acceso:

- **Clientless.** Es la forma más restrictiva de acceso. El cliente accede a una página web y visualiza servicios que se encuentran en ella.

- **Thin client.** Utiliza un applet de Java para hacer TCP forwarding. Permite pasar aplicaciones como Telnet y otras, con puertos TCP estáticos.

- **Tunnel mode.** Es el modo menos restrictivo. Usa el cliente Cisco AnyConnect, aplicación que proporciona una conexión como si la VPN fuera un interface de red.

Configuración de servidor en IOS SSL VPN:

COMANDO	SIGNIFICADO
Router(config)# webvpn gateway SSLVPN	Entrar en modo configuración SSL VPN
Router(config-webvpn-gateway)# hostname VPNGW Router(config-webvpn-gateway)# ip address 192.168.1.1 port 443 Router(config-webvpn-gateway)# http-redirect Router(config-webvpn-gateway)# ssl encryption aes-sha1	Se especifica el hostname, IP y puerto del servidor, y los datos de cifrado
Router(config-webvpn-gateway)# inservice	Se activa el servicio (como un no shutdown)
Router(config)# webvpn contect SSLVPN	Se configura el contexto SSL VPN.
Router(config-webvpn-context)# aaa authentication list SSLLIST Router(config-webvpn-context)# gateway SSLVPN Router(config-webvpn-context)# max-users 5 Router(config-webvpn-context)# login-message "Please Enter Your Username and Password to Authenticate:" Router(config-webvpn-context)# title "Secure Access Only: Unauthorized users prohibited"	En el contexto se configura el look&feel del interface
Router(config-webvpn-context)# url-list "Internal" Router(config-webvpn-url)# heading "Quick Links" Router(config-webvpn-url)# url-text "Company Intranet" url-value intranet.corpdomain.com Router(config-webvpn-url)# url-text "Company CRM" url-value crm.corpdomain.com Router(config-webvpn-url)# url-text "Company Email" url-value owa.corpdomain.com Router(config-webvpn-url)# exit	Pueden definirse las URL's que el cliente verá una vez se haya autenticado
Router(config-webvpn-context)#nbns-list NAMESERVERS Router(config-webvpn-context)#nbns-server 10.1.1.1 master Router(config-webvpn-context)#nbns-server 10.1.1.2	Pueden definirse NetBIOS name servers para ser usados por el cliente
Router(config-webvpn-context)#inservice	Se activa el context
Router(config)# webvpn context SSLVPN Router(config-webvpn-context)# policy group POL1 Router(config-webvpn-group)# default-group-policy POL1 Router(config-webvpn-group)# banner "Login Successful" Router(config-webvpn-group)# url-list internal Router(config-webvpn-group)# nbns-list NAMESERVERS Router(config-webvpn-group)# timeout idle 1800 Router(config-webvpn-group)# timeout session 36000	Se configura un SSL Policy Group
Debug webvpn aaa (verifica errors de autenticación) Debug vpn dns (verifica problemas de DNS) Debug vpn port-forward (verifica problemas cuando se conecta con un thin-client)	Verificación

14.9.5.2   Easy VPN Server (EZVPN)

Easy VPN es un mecanismo de VPN de acceso remoto. En Easy VPN hay dos componentes principales:

- **Cisco Easy VPN Server:** Es el router servidor, realiza la autenticación de los clientes y los da acceso a la red

- **Cisco Easy VPN Client:** Es el que accede. Puede ser hardware (Cisco IOS, Cisco SOHO IOS, ASA5505) o software

Easy VPN tiene tres modos de operación:

- **Client mode:** También se conoce como modo PAT. Al cliente se le asigna una IP de un pool configurado en el servidor. Se usa PAT de modo que el cliente ve todos los servicios del servidor como una única IP, pero el servidor no puede acceder a servicios en el cliente.

- **Network extensión mode:** Se asigna una IP a los host del extremo remoto, con lo que son accesibles completamente.

- **Network extensión plus+ mode:** Igual que el anterior, solo que los host pueden solicitar una IP y asignarla a un interface de loopback para tráfico de gestión.

COMANDO	SIGNIFICADO
Router(config)# ip local pool VPNPOOL 192.168.1.10 192.168.1.19	Se crea el pool de direcciones para asignar a los clientes
Router(config)# aaa new-model Router(config)# aaa authentication login VPN-USERS local Router(config)# aaa authorization network VPN-GROUP local Router(config)# username vpnuser password securepassword	Configuración de la autenticación de los clientes.
Router(config)# crypto isakmp enable Router(config)# crypto isakmp keepalive 20 10 Router(config)# crypto isakmp xauth timeout 20 Router(config)# crypto isakmp policy 100 Router(config-isakmp)# encryption aes-192 Router(config-isakmp)# hash sha Router(config-isakmp)# authentication pre-share Router(config-isakmp)# group 2	Configurar la política IKE. Debe usarse DH grupo 2
Router(config)# crypto isakmp client configuration group VPNGROUP Router(config-isakmp-group)# key SECRETKEY Router(config-isakmp-group)# dns 192.168.1.2 192.168.1.3 Router(config-isakmp-group)# wins 192.168.1.4 192.168.1.5 Router(config-isakmp-group)# doman ciscopress.com Router(config-isakmp-group)# pool VPNPOOL	Configurar el dominio, DNS, servidor de WINS y el pool de direcciones que se usará
Router(config)# crypto ipsec transform-set MYSET esp-aes esp-sha-hmac	Crea un transform set llamado MYSET que usa AES y SHA
Router(config)# crypto dynamic-map VPN-DYNAMIC 10 Router(config-crypto-map)# set transform-set MYSET Router(config-crypto-map)# reverse-route	Se crea un crypto map llamado VPN-DYNAMIC, al que se asocia el transform MYSET. Se configura Reverse Route Injection, que inyecta una ruta en el servidor cuyo destino es el cliente VPN.
Router(config)# crypto map VPN-STATIC client configuration address respond Router(config)# crypto map VPN-STATIC client authentication list	Se configura el crypto map estático y se asocia al interface

VPN-USERS Router(config)# crypto map VPN-STATIC isakmp authorization list VPN-GROUP Router(config)# crypto map VPN-STATIC 20 ipsec-isakmp dynamic VPN-DYNAMIC Router(config)# interface fa0/0 Router(config-if)# crypto map VPN-STATIC	

Para configurar el cliente Cisco VPN Client:

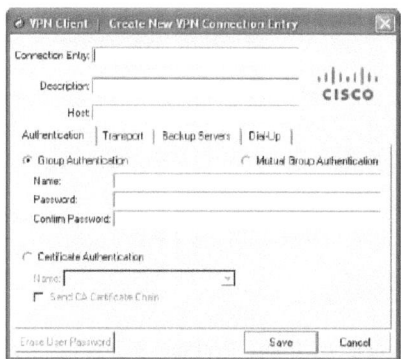

- Group name: VPNGROUP

- Group password: SECRETKEY

Para que se establezca el túnel, se siguen los siguientes pasos:

- El cliente VPN inicia IKE fase 1

- Cisco Easy VPN Server acepta la solicitud

- El cliente inicia una ISAKMP SA

- El servidor le manda un reto de user y password

- Se inicia el proceso de configuración MODE (Donde manda la IP, DNS y WINS al Cisco Easy VPN Client)

- Se inicia el proceso RRI

- IPSec quick mode completa el proceso de conexión

XAUTH proporciona seguridad adicional cuando se usa un PC con Easy VPN Client con las credenciales almacenadas. Si se roba, cualquiera puede acceder al túnel.

Con XAUTH se pregunta al usuario por sus credenciales con un pantallazo de autenticación. El usuario puede ponerlas:

- Con un web browser

- Guardando las credenciales para el router
- Metiendo info en el router por consola o SDM:
    - crypto isakmp client configuration Group GRUPO
    - save-password username USER password PASSWORD

En el servidor, puede ser almacenada con:

- crypto ipsec client ezvpn connect
- local user database
- almacenando las XAUTH en el archivo de configuración del router

14.10 CISCO NETWORK FOUNDATION PROTECTION (NFP)

NFP es una tecnología de Cisco para defenderse de ataques de red. Divide los equipos en tres planos:

- **Plano de control (Control Plane Protection, CPPr):** Routing, ICMP, etc.

- **Plano de datos:** Tráfico normal de datos.

- **Plano de gestión (Management Plane Protection, MPP):** Gestión y configuración de los equipos (Telnet, SSH, SNMP, HTTP, HTTPS)

14.10.1 Plano de control

La protección del plano de control puede realizarse mediante cuatro funcionalidades que trabajan juntas:

- **Control plane protection (CPPr):** Una forma de evitar ataques de DoS en el tráfico de control. Es la versión avanzada de CoPP. Notifica si un ataque trata de colapsar los recursos del router. CoPP aplica rate-limit a todo el plano de control, mientras que CPPr permite aplicar rate-limit a cada subinterface. Necesita CEF para funcionar.

- **AutoSecure:** Una forma de bloquear el equipo aplicando cambios de configuración on line.

- **Routing Protocol Protection/ Routing Protocol Autentication:** Para autenticar routing peers y filtrar la información de routing recibida y entregada a esos peers. Usa autenticación y firma MD5 para asegurar la integridad de las rutas recibidas.

- **CPU/Memory Thresholding (Management Plane):** Asegura que el control sigue estable ante elevada carga de CPU o memoria. Gracias al plano de gestión, pueden enviarse alertas de uso excesivo de estos recursos.

CONTROL PLANE PROTECTION	FUNCIÓN
Router(config)# access-list 110 remark CPPr ACL Router(config)# access-list 110 deny ip host 192.168.1.10 any Router(config)# access-list 110 deny ip host 192.168.1.11 any	Definir los host confiables. Este ejemplo hace confiables a los 192.168.1.10 y 192.168.1.11

Router(config)# access-list 110 permit ip any any	
Router(config)# class-map match-any CPPr-Map Router(config-cmap)# match access-group 110	Se crea un class-map que identifica a la lista de acceso
Router(config)# policy-map CPPr-Policy Router(config-pmap)# class CPPr-Map Router(config-pmap-c)# police 100000	Se define la policy-map. Los orígenes no confiables quedan limitados a 100.000 bps
Router(config)# control-plane host Router(config-cp-host)# service-policy input CPPr-Policy	Se aplica el plano de control al host

AUTO SECURE	FUNCIÓN
Router# auto secure [opcion]	Es un Lizard que va haciendo preguntas y cambia la configuración para proteger el equipo, según las directrices de la NSA. Puede limitarse el alcance con la opcion (firewall, forwarding, full, login, Management, no-interact, ntp, ssh, tcp-intercept)

14.10.2 Plano de datos

El plano de datos gestiona el tráfico de servicio del equipo. Este plano se protege empleando Flexible Pattern Matching (FPM). FPM utiliza Protocol Header Definition Files (PHDF) proporcionados por Cisco, que son archivos que contienen patrones o firmas de ataques, de modo que los ataques son detectados por FPM. Los PHDF tienen formato XML, y podrían ser creados por el usuario final para identificar un tráfico concreto.

Otra tecnología de protección del plano de datos es Unicast Reverse Path Forwarding (uRPF), que protege contra IP spoofing. uRPF analiza todos los paquetes recibidos como entrada en un interface y asegura que en la tabla de rutas se encuentra ese interface como Gateway para la dirección IP origen del paquete.

Debe activarse CEF (Cisco Express Forwarding)

USANDO FPM	FUNCIÓN
Router(config)# load protocol flash:ip.phdf Router(config)# load protocol flash:tcp.phdf	Cargar los PHDF's necesarios, definiendo los protocolos
Router(config)# class-map type stack match-all ip-tcp Router(config-cmap)# match field ip protocol eq 0x6 next tcp Router(config)# class-map type access-control match-all mydoom1 Router(config-cmap)# match field ip length gt 44 Router(config-cmap)# match field ip length lt 90 Router(config-cmap)# match start l3-start offset 40 size 4 eq 0x47455420 Router(config)# class-map type access-control match-all mydoom2 Router(config-cmap)# match field ip length gt 44 Router(config-cmap)# match start l3-start offset 40 size 4 eq 0x47455420 Router(config-cmap)# match start l3-start offset 78 size 4 eq 0x6d3a3830	Definir la class map para identificar el tráfico. El ejemplo identifica el tráfico de MyDoom (un gusano conocido)
Router(config)# policy-map type access-control fpm-tcp-policy Router(config-pmap)# class mydoom1 Router(config-pmap-c)# drop Router(config-pmap-c)# class mydoom2 Router(config-pmap-c)# drop	Se crea un policy-map que descarta el tráfico de la class-map mydoom
Router(config)# policy-map type access-control fpm-policy Router(config-pmap)# class ip-tcp Router(config-pmap-c)# service-policy fpm-tcp-policy	Se crea un policy-map que identifica el tráfico IP, y le aplica la policy map
Router(config)# interface FastEthernet 0/1 Router(config-if)# service-policy type access-control input fpm-policy	Se aplica el service-policy en el interface

USANDO uRPF	FUNCIÓN
Router(config)# ip cef Router(config)# interface fastethernet 0/1 Router(config-if)# ip verify unicast reverse-path Router(config-if)# interface fastethernet 0/2 Router(config-if)# ip verify unicast reverse-path	Activa uRPF
Router# show cef interface fastEthernet 0/1	Para comprobar que uRPF esta funcionando

En un switch forman parte del plano de datos:

- VLAN ACL

- Private VLAN

- Port ACL

- Port Security

14.10.3 Plano de gestión (Cisco IOS Management Plane Protection, MPP)

Se activan tres funciones que trabajan juntas para asegurar que el equipo es accedido de una forma segura.

- **Secure access:** Proporciona acceso al equipo empleando protocolos seguros (como SSH) desde orígenes conocidos (mediante una ACL)

- **Verificación de imagen:** Determina la integridad de la imagen Cisco IOS con la que arranca el router

- **Accesos CLI Basados en roles:** Proporciona una forma de aplicar control granular de los comandos que pueden ser accedidos, empleando autenticación AAA.

CONFIGURACIÓN	SIGNIFICADO
Router(config)# control-plane host Router(config-cp-host)# management-interface FastEthernet 0 allow ssh	Se permite la gestión sólo a través del interface FE0, empleando SSH
Router(config)# file verify auto	Activa el chequeo de la IOS, mediante la comprobación MD5 del fichero. Se comprueba que siempre es el mismo hash que cuando se instaló.

www.ingramcontent.com/pod-product-compliance
Lightning Source LLC
Chambersburg PA
CBHW031833170526
45157CB00001B/285